はじめて学ぶ・もう一度学ぶ 食品工学

［第2版］

安達修二・古田 武 著

恒星社厚生閣

はじめに

　ヒトはなぜ毎日ご飯（食事）を食べるのであろうか？　もちろん，生命（いのち）を維持するのに必要な物質とエネルギーを摂取するためである．物質の補給は別として，もし電気自動車のようにコンセントから充電したり，太陽光発電パネルを背負って得たエネルギーが利用でき，毎日食事をしなくても生命を維持できるとすれば，あなたはどのような毎日を過ごすだろうか？　食事のための時間を仕事などに振り向けて社会の発展に貢献するという方もあれば，食べなくても生きていけるなら怠惰な毎日を過ごすという方もあろう．食べるために生きるか？　生きるために食べるか？　は，昔からよくいわれる課題ではあるが，食べねばならないことが，生きる気力と活力を与えているように感じる．それを支えている学問分野が食品科学である．

　食品科学は，農畜水産物などの生物資源を加工して食品または食品素材を生産し，それらを調理して経口摂取したときに身体に及ぼす影響までを取り扱い，人類の健康で豊かな生活に貢献する総合科学である．このような目的を達成するには，調理学，食品化学，栄養学や応用微生物学などとともに，食品製造学に関する知識が必要である．それらを学ぶには，物理化学や有機化学などの化学全般や物理学，数学などの基礎科学の初歩的な知識が必要である．

　食品の加工や製造に関する学問には，調理学，食品加工学と食品工学がある．調理というと家庭での料理を想像されるかもしれないが，学校や病院での給食やホテルでのパーティーなどの多数の食事をつくるのも調理の範疇である．一方，食品に手を加えて販売する食品をつくることは，規模の大小にかかわらず，食品加工という．食材に手を加え，すぐに摂取する場合を調理といい，流通過程を経る場合を食品加工というように思われる．

　食品の加工に関して，食品加工学と食品工学という類似した名前の分野がある．前者は，食品または食品素材の生産の流れに沿って，それぞれの工程の目的と原理を学ぶので，比較的イメージしやすい．一方，加熱や撹拌などの多くの食品の製造工程に共通する操作の原理を学ぶ食品工学は，抽象的でやや難しく感じる学生が多いように思われる．食品加工学に関する教科書は多いが，食品の工学的な取り扱いに関する食品工学の教科書は少ない．しかし食品工学は，食品工業に限らず，化学工業や製薬工業などでも使われる操作の原理を学ぶので，汎用性が高い．

　上述したように，食品工学に関する教科書は少ない．また，内容的にはやや難解であるか，平易であるが物足りなく，学部生の教育に適した教科書が少ない．そこで，食品工学をはじめて学ぶ学部生を対象とした本書を企画した．本書は 15 章より構成されている．これは半期の授業回数が 15 回であることを意識したからである．しかし，それぞれの章を 1 回の授業時間で終えることは難しいと思う．通年の授業ではすべての章を扱うことも可能と思われるが，半期の授業では難しい．そこで，基礎となり，また食品

を扱ううえでより大切であると思われる操作を前に配置するようにした．なお，授業ですべての章を扱うことは難しいと思われるので，それぞれの章である程度流れを完結するように，一部では記述が重複する点があるが，趣旨をご理解いただきたい．また，全章を通じて使用記号を統一することが望ましいが，多くの物理量を取り扱うので，すべての物理量に対し異なる記号を定義することはできなかった．また，同じ物理量が章により異なる記号で書かれていることがある．しかし，それぞれの章では記号の定義を明記した．

　学生時代に食品加工学や食品工学を履修したが，数式などが多く面倒で，あまり身を入れて勉強しなかった．しかし，食品企業に勤務し，その重要性に気づいた方も少なくないように思われる．本書は，食品工学をはじめて学ぶ学部生を対象とした教科書であるが，書名にあるように，そのような方が改めて食品工学を復習する本として活用いただくことも意識した．初学者は全体を通読し，食品工学の考え方を理解したうえで，必要な章を深く学んでほしい．また，改めて学ぼうとする方は，例題にじっくりと取り組んでいただきたい．

　食品工学は数式や数値を扱うことが多く，単に本を読んでいるだけでは理解が深まらない．そこで，できるだけ多くの例題を設けるように心がけた．数値をグラフで表現すると，現象を理解しやすい．また，数式や数値を扱う分野では，計算することが理解を深める．最近はこれらの過程をパソコンで行うことが多いが，キーボードを叩き，モニターを眺めていても理解は深まらない．是非，鉛筆を動かしてグラフや数式を紙のうえに書き，関数電卓を押しながら，例題や演習問題に取り組んでいただきたい．本書で食品工学の基礎的な考え方を理解し，さらに体系的な成書などで理解を深めていただきたい．そのうえで，最初に述べたように，生きる気力と活力を与える安全でおいしい食品を安価に製造する技術者や研究者になることを志向していただければ，望外の喜びである．

　最後に，本書は筆者らの前書（『食品工学入門−食品を造る基礎科学−』）に基づいて執筆した部分が多い．前書の内容を本書に転用することを許可いただきましたカルチュレード（株）に感謝します．また，本書の出版を引き受けていただきました（株）恒星社厚生閣ならびに本書の編集にご尽力いただきました同社河野元春氏に感謝します．

2020 年 8 月

安達修二

古田　武

目 次

おもな使用記号

A 頻度因子（前指数因子）〔1/s〕
　　面積〔m^2〕

A_H ハマカー定数〔J〕

a 抽料中の抽質量〔mol または kg〕

a_m 界面占有面積〔m^2/分子〕

a_w 水分活性〔－〕

C 濃度〔mol/m^3 または kg/m^3〕

C_R 抵抗係数〔－〕

c ろ液あたりの固体質量〔kg-固体/m^3-ろ液〕

c_p 比熱〔$J/(kg \cdot K)$〕

D 拡散係数〔m^2/s〕
　　D 値〔min〕
　　留出液流量〔mol/s〕

d 管径〔m〕

d_p 粒子径〔m〕

E 活性化エネルギー〔J/mol〕
　　ヤング率〔N/m^2〕
　　抽出率〔－〕

F F 値〔min〕
　　原料供給流量〔mol/s〕
　　自由度〔－〕
　　力〔N〕

F_m 摩擦損失〔J/kg〕

f 摩擦係数〔－〕

G 空気流量〔kg/s〕
　　せん断弾性率，剛性率〔N/m^2〕

G_0 乾き空気流量〔kg-乾き空気/s〕

g 重力加速度〔m/s^2〕

H エンタルピー〔J/kg〕
　　絶対湿度〔kg-水/kg-乾き空気〕
　　高さ〔m〕
　　粒子間距離〔m〕

h 伝熱係数〔$W/(m^2 \cdot K)$〕

J_v ろ過流束〔$m^3/(m^2 \cdot s)$〕

K 粘性定数〔$N \cdot s^n/m^2$〕

K_m ミカエリス定数〔mol/m^3〕

K_P 透過係数〔m/(Pa·s)〕

k 速度定数〔速度式により異なる〕
　　熱伝導度〔$W/(m \cdot K)$〕

k_B ボルツマン定数〔J/K〕

k_m 物質移動係数〔m/s〕

L 厚さまたは長さ〔m〕
　　液流量〔mol/s〕
　　還流液流量〔mol/s〕
　　致死率〔－〕

M 質量〔kg〕

M_0 乾き材料の質量流量〔kg-乾き材料/s〕

m 重量〔kg〕
　　重量モル濃度〔mol/kg-溶媒〕
　　ビオ数〔－〕

N 回転数〔rps〕
　　生存数（生菌数）〔個〕
　　物質流束〔$kg/(m^2 \cdot s)$ または $mol/(m^2 \cdot s)$〕

N_A アボガドロ数〔分子/mol〕

Nu ヌッセルト数〔－〕

n イオン濃度〔mol/m^3〕
　　形状係数〔－〕
　　個数〔個〕
　　物質量〔mol〕
　　流動性指数〔－〕

P 圧力〔Pa〕

Pr プラントル数〔－〕

p 蒸気圧〔Pa〕

Q 伝熱量〔J/s〕
　　流量〔m^3/s〕
　　累積通過率〔－〕

q 原料液中の沸騰状態の液の割合〔－〕
　　水分収着量〔kg-水/kg-d.m.〕
　　熱流束〔W/m^2〕

R 乾燥速度〔kg-水/s〕
　　気体定数〔$J/(mol \cdot K)$〕
　　阻止率〔－〕

	半径〔m〕		距離〔m〕
	流体抵抗〔N〕		質量分率〔−〕
	ろ過抵抗〔1/m〕		反応率〔−〕
Re	レイノルズ数〔−〕	Y	回収率〔−〕
r	還流比〔−〕		収率〔−〕
	抽剤比〔−〕	y	気相のモル分率〔−〕
	半径方向の距離〔m〕	Z	長さまたは高さ〔m〕
	反応速度〔mol/(m$^3\cdot$s)〕	z	イオンの価数〔−〕
S	選択率〔−〕		長さ方向の距離〔m〕
	断面積〔m^2〕		z 値〔℃〕
	溶解度〔mol/m^3〕		
s	沈降係数〔s〕	α	温度伝導度〔m^2/s〕
T	温度〔K または℃〕		比揮発度〔−〕
	トルク〔N$\cdot$m〕		ろ滓比抵抗〔m/kg〕
T_g	ガラス転移温度〔K〕	Γ	表面過剰〔mol/m^2〕
t	時間〔s〕	γ	歪み〔−〕
U	総括伝熱係数〔W/(m$^2\cdot$K)〕		表面張力〔N/m〕
U_m	内部エネルギー〔J/kg〕	$\dot{\gamma}$	歪み速度〔1/s〕
u	流速〔m/s〕	ΔH	エンタルピー変化〔J/kg〕
$\bar{u}$	平均流速〔m/s〕		絶対湿度差〔kg- 水 /kg- 乾き空気〕
V	液量〔m^3〕		潜熱〔J/kg〕
	ポテンシャル〔J〕	ΔP	圧力損失〔Pa〕
	水の蒸発速度〔kg/s〕	δ	境膜の厚さ〔m〕
$\bar{V}$	モル体積〔m^3/mol〕		変形量〔m〕
v	残存液量〔m^3〕	ε	空隙率〔−〕
	体積流量〔m^3/s〕		歪み〔−〕
	落下または浮上速度〔m/s〕		誘電率〔F/m〕
	ろ過面積あたりのろ液量〔m^3-ろ液 /m^2-ろ過面積〕	Θ	無次元温度〔−〕
		θ	接触角〔°〕
v_m	比容積〔m^3/kg〕		無次元時間〔−〕
W	缶出液流量〔mol/s〕	λ	緩和時間〔s〕
	仕事率〔W または J/s〕	μ	粘度〔Pa$\cdot$s〕
	質量流量〔kg/s〕	ξ	無次元距離〔−〕
	重量〔kg〕	ρ	密度〔kg/m^3〕
W_0	乾き材料の重量〔kg- 乾き材料〕	ρ_w	水蒸気濃度〔kg/m^3〕
w	湿重量基準含水率〔kg-水/kg-湿り材料〕	τ	せん断応力〔N/m^2〕
	質量流量〔kg/s〕		滞留時間〔s〕
	重量分率〔−〕	ψ	電位〔V〕
X	乾重量基準含水率〔kg-水/kg-乾き材料〕	ϕ	関係湿度〔%〕
x	液相のモル分率〔−〕	ω	角速度〔rad/s〕

第 1 章　食品工学で学ぶこと

【課題 1.1】食品加工学と食品工学は何が違うのか？

〔指針〕
① 食品の特性を理解する．
② 食品製造の操作を知る．
③ 食品をつくるのに必要な知識をどのように学ぶか？
④ 食品加工学と食品工学の違いを知る．

1.1　食品と食品素材の特性

　食品や食品素材の原料は，食塩などを除き，ほとんどが生物資源である．したがって，季節，地域，年などによって品質が異なることが多いが，商品としての食品や食品素材は一定の規格を満たさなければならない．また，腐敗や変色により品質が劣化しやすく，ときには食中毒などを引き起こすこともある．さらに，食品または食品素材は，単一物質であることは少なく，多くの成分を含み，それらが物理的，化学的または生化学的に相互作用したり，不均一に存在することが多い．そのうえ，微量な成分が味や匂いなどに対して重要な役割を果たすことが多い．さらに，離乳食から介護食まで，長い人生で毎日欠かすことなく，長期にわたり（常識的な範囲で）大量に摂取しても，絶対に安全でなければならない．

【例題 1.1】食品の特性を，食品と同じように経口摂取する飲み薬と比べよ．

《解説》医薬品は賦形剤などを除くと基本的には単一成分であり，原料も天然物とは限らない．また，食品に比べて品質劣化も緩慢なものが多い．さらに，病状によっては，多少の副作用や高価なことも許され，美味しさが求められることはない．一方，食品は美味しくなければならないが，美味しさの基準は国や地域，世代などによっても異なる．食品には栄養素の補給による生命の維持（一次機能），色，味などの嗜好（二次機能）に加えて，生体防御，体調リズムの調節，老化制御，疾病の予防などの生体を調節する機能（三次機能）をもつ．しかし，食品によるこれらの効果は一般的には緩慢なものであり，医薬品のように短期に奏効することは少ない．終

　このように食品と医薬品には大きな相違点があるが，いずれかに優劣があるわけではない．重篤な疾病に対して特効を示す医薬品がもたらす福音は患者にとって計り知れない．しかし，その福音にあずかる人の数は，通常は多くない．一方，食品は栄養機能（一次機能），美味しさ（二次機能）および緩やかに奏効する生体調節機能（三次機能）を通じて，万人がその恩恵にあずかることができる．幸せを強さと数の積で評価すると，医薬品と食品では強度と数に違いがあるが，その積には大差がなく，いずれも人類の健康で豊かな生活に貢献する．

　食品を対象とする総合科学である**食品科学**は広い学術的知識と手法を包含する．すなわち，化学，物理学，生物学，生化学，数学，微生物学などの基礎科学と，栄養学，食品化学，衛生学などの応用科学について一通りの知識をもつ必要がある．食品を造る基礎科学である**食品工学**もそのような応用科学の一つである．

1.2　食品製造プロセスに共通の操作

　図 1.1 はある日の食事を示す．朝食には，マーガリンを塗った食パンを食べ，牛乳を飲んだ．昼食は，スパゲッティとマヨネーズをかけた野菜サラダを食べ，食後にコーヒーを飲んだ．また，夕食には，ご飯と味噌汁，刺身，野菜天ぷらを食べ，晩酌に焼酎を楽しんだ．これらの料理に使われているおもな食品素材を**表 1.1** に示す．これらの食品や食品素材のうち，パン，乾燥スパゲッティ，インスタントコーヒーと牛乳はおおむね次のような工程で製造される．

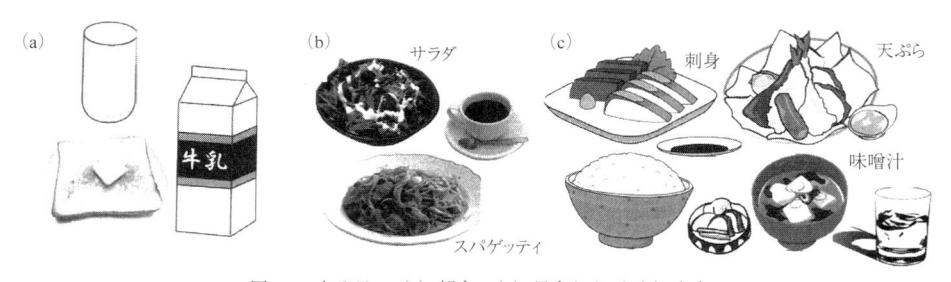

図 1.1　ある日の　(a) 朝食，(b) 昼食および (c) 夕食

表 1.1　ある日の食事に使われたおもな食品素材

	料 理	おもな食品素材
朝食	食パン マーガリン 牛乳	小麦粉，パン酵母 油脂，食塩，乳化剤
昼食	スパゲッティ 野菜サラダ マヨネーズ	小麦粉，ケチャップ 植物油，卵，食酢
	コーヒー	コーヒー
夕食	ごはん 味噌汁 刺身 天ぷら	 大豆，食塩 小麦粉
	焼酎	芋，麦など

　食パンは，小麦粉とパン酵母（イースト）に水を加えて混捏（こんねつ）したものを発酵させた中種（なかだね）に，さらに小麦粉や水に食塩などの副材料を加えて混捏した生地（きじ，ドウともいう）の形を整えてから焼成してつくられる（**図 1.2**）．一方，乾燥スパゲッティは，食パンに使うものとは異なる小麦粉に水を加えて混捏したドウを，ダイスと呼ばれる穴から押出した円柱状の生パスタを乾燥してつくられる（**図 1.3**）．また，インスタントコーヒーは，原料豆を焙煎（ばいせん）して粉砕し，それを熱水で抽出したものを濃縮したのちに乾燥して製造される（**図 1.4**）．乾燥方法には，噴霧乾燥（スプレードライ）と凍結乾燥（フリーズドライ）の2つの方法がある．前者によるインスタントコーヒーは，粒が細かくサラサラしている．一方，後者によるものは粒が大きくゴワゴワした感じである．

　一方，牛乳は乳牛から搾乳された生乳のみであり，他のものが加えられることはない．しかし，生乳中の脂肪球の大きさは揃っておらず，輸送や貯蔵中に分離することがある．これを避けるために，脂肪球は微細化（均質化）されるとともに，貯蔵中の腐敗を防ぐために，加熱殺菌される（**図 1.5**）．

　これらの食品を製造する工程で，混捏という操作は，パンとスパゲッティのいずれをつくる場合にも含まれている．また，マーガリンや牛乳の製造ではともに乳化と呼ばれる操作が行われる．同様に，

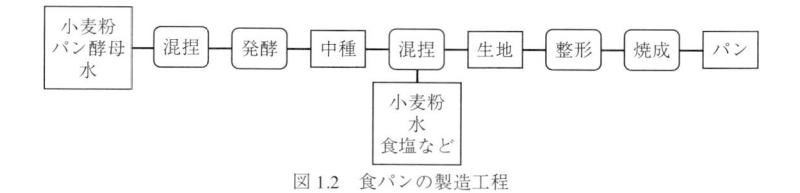

図 1.2 食パンの製造工程

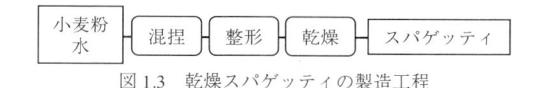

図 1.3 乾燥スパゲッティの製造工程

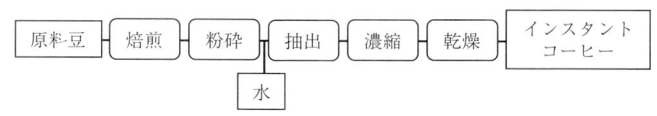

図 1.4 インスタントコーヒーの製造工程

図 1.5 牛乳の製造工程

乾かすという操作（乾燥）は，乾燥スパゲッティとインスタントコーヒーの製造で使われている．表 1.1 の料理の素材をつくるのに使われるおもな操作を**表 1.2** に示す．熱を加えるという操作（加熱）は，多くの食品や食品素材をつくる過程で広く使われることがわかる．一方，マーガリンやマヨネーズ，牛乳の製造工程でも混ぜるという操作が行われるが，これらは互いに溶解しない 2 つの液相（水相と油相）を混ぜて，ある相〔例えば，牛乳では油（脂肪）〕を別の相（水）のなかに分散させる操作（乳化）である．

　このように，食品を造る工程（食品製造工程）は，加熱，混捏，乾燥などの複数の操作が組み合わされて構成されることが多い．なお，「造る」は大きいものや大量のものをつくることを意味する．食品製造工程を構築する個々の操作を**単位操作**という．これらの単位操作では，熱や物質が移動することが多く，これを定量的に扱う学問分野を**移動現象論**という．また，反応を伴う現象を扱う分野を**反応工学**という．これらの移動現象論や反応工学は，物理化学とともに，多くの単位操作の基礎となっている．

　課題 1.1 で述べたように，食品の製造にかかわる分野として，食品加工学と食品工学がある．パンなどの個々の食品がつくられる過程を，原理を含めて，操作の流れに沿って学ぶのが**食品加工学**である．一方，乾燥スパゲッティやインスタントコーヒーの製造は，対象（食品）が異なっても，水分を少なくして「乾かす」という意味では同じ操作である．このように，種々の食品製造工程を構成する単位操作の原理と解析法を学ぶのが**食品工学**であり，

表 1.2 ある日の食事で使われた食材の製造工程中の操作

	料 理	加熱殺菌・	混乳化・	乾燥	濃縮	蒸留	抽出	発酵
朝食	食パン	○	○					
	マーガリン		○					
	牛乳	○	○					
昼食	スパゲッティ		○	○				
	マヨネーズ		○					
	コーヒー	○		○			○	○
夕食	ごはん	○						
	味噌汁	○						
	天ぷら	○						
	焼酎					○		○

3

いろいろな食品の製造に適用できる汎用性がある．すなわち，食品加工学と食品工学は横糸と縦糸の関係であり，実際に食品を製造するには，それぞれの食品をつくる過程で採用される操作の原理と，なぜそのような操作が行われるのかを学ぶ食品加工学と，それぞれの操作の原理と解析法に関する食品工学の両方の知識が必要である．

1.3　おもな単位操作

1.3.1　熱の移動を伴う操作

調理では，「煮る」「蒸す」「冷やす」などの熱を加えたり，取り除いたりする操作が多い．食品製造でも，加熱殺菌，加熱濃縮，凍結や解凍などの熱の出入りを伴う多くの操作があり，これらの操作は，熱の移動を伴うので**伝熱操作**という．

食品の保存性を高める殺菌操作には，熱を加えて微生物を死滅させる加熱殺菌と，薬剤や放射線を用いる冷殺菌（非熱殺菌）があるが，食品加工では前者が主流である．缶詰やレトルト食品は加熱殺菌により保存性を高めた食品の例である．なお，微生物は死滅させないが，増殖を抑える操作を**静菌**という．

食品を凍らせて長期の保存を可能にするのが**凍結**であり，それを融かして加工や喫食できるようにする操作が**解凍**である．最近広く用いられている冷凍食品がその例である．これらの過程では熱の出入りがあり，伝熱操作に含まれる．

1.3.2　流れを伴う操作

食品加工において，管路や容器内の流体（気体と液体を併せた名称）の流れの状態が熱や物質の移動に大きく影響する．また，管路に流体を流すとき，固体壁との摩擦によりエネルギーを失い圧力が低下する現象を**圧力損失**という．これらの現象を扱う分野を**流動**という．板コンニャクを指で押さえると凹（へこ）み，離すともとに戻る．また，手のひらで軽く押さえて横に滑らせると斜めに変形する．さらに，ハチミツを箸で混ぜると，箸の近くは動くが，箸から遠く離れたところはほとんど動かない．このような力学的な挙動を取り扱う分野を**レオロジー**といい，流動もその一部である．

1.3.3　相変化や物質の移動を伴う操作

液状食品の水分を低減し，固形物の濃度を高める操作を**濃縮**という．濃縮すると，容積が減少して貯蔵容器を小型化でき，輸送コストも低減できる．また，濃度が高くなると，浸透圧も高くなり，微生物が生育しにくく，保存性が向上する．濃縮には，加熱により水を蒸発させる蒸発濃縮，冷却すると水だけが凍る現象を利用した凍結濃縮および逆浸透膜などを利用する膜濃縮がある．果汁の濃縮などでは蒸発濃縮が用いられることが多い．

エタノール水溶液を加熱して発生する蒸気に含まれるエタノールの割合は，水溶液中のそれより高いので，蒸気を凝縮するともとの水溶液よりアルコール（エタノール）濃度の高い液が得られる．このように，揮発性の差を利用した分離法を**蒸留**といい，焼酎やウイスキーなどの蒸留酒の製造に用いられている．

粗挽きしたコーヒー豆に熱水を注いでコーヒーを淹（い）れるとき，固体中の成分が液相に移行する．このような操作を**固液抽出**といい，食品の製造ではよく行われる操作である．また，ある液相に含まれる成分を別の液相に移行させる**液液抽出**もある．

鑑賞魚を飼っている水槽に小さな気泡として空気を供給するのは，空気中の酸素を水に溶かすためである．このように気体中の成分を液体に溶解させる操作を**ガス吸収**という．パン酵母などの好気性微生物の培養などで用いられる．逆に，液体中の成分を気相に放出させる操作を**放散**という．

冷蔵庫に活性炭を入れ，臭いを軽減するのは**吸着**の例である．このように気体や液体中の成分を固体（吸着剤）に捕捉する操作を気相吸着および液相吸着という．食品加工では活性炭を用いた液相吸着が糖液の脱色などに利用されている．

このように，相変化やある相から別の相への物質の移動を伴う操作を**拡散系単位操作**という．

1.3.4 相変化や物質の移動を伴わない操作

相変化やある相から別の相への物質の移動を伴わない操作を**機械的単位操作**といい，撹拌（かくはん），乳化，粉砕，ろ過などが例である．

混ぜることにより物質の状態を均一にする操作を撹拌混合という．タンクの中の液体を混ぜて成分や温度のムラがないようにする操作は**撹拌**であり，きわめて粘稠（ねんちゅう）な液体をかき混ぜる場合は**捏和**（ねっか）という．一方，小麦粉のような粉体に水を加えて混ぜる（捏（こ）ねる）ことにより均一なドウをつくる操作は**混捏**という．上述した食パンやスパゲッティの製造工程で用いられている．また，油と水のように互いに溶け合わない液体を混ぜて，ある相に別の相を微細な液滴として分散させる操作を**乳化**という．マヨネーズやマーガリンは乳化により製造される食品の例である．

小麦粉は小麦粒を細かく砕いてつくられる．このような操作を**粉砕**という．粉砕した粒子は通常は大きさが揃っていないので，ある大きさ（粒子径）のものに分ける操作を**分級**という．

液体中に固体粒子が分散した懸濁液（スラリー）から固体粒子を漉（こ）しとる操作を**ろ過**という．発酵液から酵母を取り除いてビールを製造する場合が一例である．また，酒や醤油の醪（もろみ）から液体を絞り出す操作は**圧搾**という．

水分を除去して乾かす操作を**乾燥**といい，インスタントコーヒーの製造はその例である．液体の水が気体の水蒸気になるときには蒸発潜熱（気化熱）が必要であり，熱風などから供給される．乾燥は食品工業ではきわめて広く用いられている操作であるが，物質（水）と熱が同時に移動する複雑な現象である．

1.3.5 反応を伴う操作

食品加工では，ある物質を他の物質に変換する化学反応を伴う場合があり，反応操作と総称される．反応装置の設計や操作に関する工学を**反応工学**という．酵素や微生物などの生体触媒を用いた反応器を**バイオリアクター**といい，飲料などに含まれるブドウ糖果糖液糖（異性化糖）は水不溶性の担体に酵素を保持させた固定化酵素を充填したバイオリアクターを用いて製造される．日本酒，ビール，味噌，醤油などのように微生物の力を利用して食品をつくることを**発酵**という．そのときに用いる反応器を発酵槽という．なお，微生物の力による物質変換でも，人間にとって好ましくないものが生成する場合は**腐敗**という．

食品は冷蔵庫のように一般に低温で湿度の低い条件で保存されることが多いが，食品の多くは保存中に品質が変化する．食品をつくる場合には，食品の品質の劣化に影響を及ぼす因子に関する理解も必要である．

【例題 1.2】 食品の調理には、どのような単位操作が含まれるか？

《解説》 家庭や集団給食などで行われる調理操作と、食品工学の単位操作の対応を表 1.3 に示す。調理では、熱を加える伝熱と食材を混ぜる撹拌・乳化が多い。「漬ける」「調味」などは対応する調味成分を食材中に浸透させる操作であり、食品工学の多くの単位操作の基礎となる拡散が関与する操作である。一方、食品工学は小麦粉などの食品素材の製造も対象とするので、調理操作では使用されることが少ない濃縮、蒸留、流動、膜分離、反応や発酵などに関する操作が含まれる。

表 1.3 調理操作と食品工学の単位操作

調理操作	単位操作												
	伝熱	撹拌・乳化	粉砕	抽出	凍結・解凍	吸着・洗浄	ろ過	濃縮	蒸留	流動	殺菌	乾燥	反応・発酵
煮る	○												
蒸す	○												
焼く	○												
炒める	○												
煎（い）る	○												
茹でる	○												
漉（こ）す							○						
だしをとる				○									
高周波加熱	○												
洗浄・浸漬						○							
練（ね）る		○											
搗（す）る、潰す、しめる、固める、臭を抜く			○	○									
ねかす													
漬ける						○							
ゲル化													
エマルション		○											
泡立てる		○											
切る			○										
混ぜる		○											
和（あ）える		○											
冷やす													
フリージング					○								
調味													

なお、集団給食は基本的には家庭での調理と同じ操作であり、鍋や釜が大きくなっただけである。一方、規模が大きくなくても、調理とはいわず、食品加工ということがある。つくったものを比較的短時間のうちに消費するときは調理といい、流通過程を経るものは加工といわれることが多いので、規模だけでなく、操作自体も調理とは異なる場合が多い。また、食品工業では大量の製品を効率的に生産しなければならないので、流通過程に生産しなければならない、操作自体も調理とは異なる場合が多い。

演 習

1.1 今日の朝食の一品を取り上げ、その素材の製造工程を調べよ。

1.2　上記問 1.1 で取り上げた製造工程に含まれる単位操作は，他のどのような食品素材の製造に用いられているか？

1.3　サバの缶詰とレトルトカレーの製造工程を調べ，これらの工程に共通する単位操作を挙げよ．

第2章　食品工学の計算の基礎

【課題 2.1】 次元と単位は何が異なるのか？

〔指針〕
① 次元と単位の違いを知る.
② 国際単位系（SI）を理解する.
③ 収支の基本的な考え方を理解する.
④ 物質収支を例として，具体的な収支計算ができるようになる.

2.1　単　位

　次元は，長さ，時間，質量，温度などの物理量を表現する基本的概念である．一方，物理量を定量的に表現する手段が**単位**である．すなわち，次元は概念であり，単位は手段である．これが課題 2.1 に対するもっとも簡単な答えである．長さや時間などは**基本単位**（m，s など）（**表 2.1**）であり，面積や速度などは基本単位を組み合わせることによって表現でき，**組立て単位**（m × m = m^2 や m ÷ s = m/s など）という.

　単位は手段であるので，いろいろな表し方がある．以前は，基本単位として何を用いるかによって多くの単位系があり不便であった．そこで今日では，基本単位として長さ，質量，時間を用いる絶対単位系を基本として，それを合理的に体系化した**国際単位系**（Le Systeme International d'Unites（仏），SI と略称される）を用いるようになった.

表 2.1　SI 基本単位

物理量	単位の名称		単位記号
長さ	メートル	meter / metre	m
質量	キログラム	kilogram	kg
時間	秒	second	s
電流	アンペア	ampere	A
熱力学温度	ケルビン	kelvin	K
物質量	モル	mole	mol
光度	カンデラ	candela	cd

　SI では表 2.1 に示す 7 種の基本単位がある．なお，分子量は本来無次元の量であるが，次元的に健全な式（右辺と左辺で単位が同じ式）に含まれる分子量には kg/mol の単位で表した数値を代入しなければならない．このような単位を付した量を**モル質量**または**分子質量**という.

　基本単位からつくられる組立て単位のうちで固有の名称が与えられた単位が 17 個ある．それらのうちで，食品工学の分野で比較的よく使われるものを**表 2.2**に示す.

　SI では原則的には 1 つの物理量に対して 1 種の単位を用いるから，すべての物理量の間の換算係数は 1 になる．しかし，基本単位や誘導された単位で表された量が実用上便利な大きさになるとは限らない．例えば，京都から東京までの鉄道の距離は 513600 m であるが，513600 m = 513.6 × 10^3 m = 513.6 km と，m に 10^3 を表す k（キロ）という**接頭語**を付けて表現したほうが便利である．このように，SI では各種の接頭語（**表 2.3**）の使用が認められている.

表 2.2 固有の名称をもつおもな SI 組立て単位

物理量	SI 単位の名称	単位記号	SI 基本単位および組立て単位による定義
力	ニュートン newton	N	$m \cdot kg/s^2$
圧力・応力	パスカル pascal	Pa	$kg/(m \cdot s^2) = N/m^2$
エネルギー（仕事，熱量）	ジュール joule	J	$m^2 \cdot kg/s^2 = N \cdot m$
仕事率（工率）	ワット watt	W	$m^2 \cdot kg/s^3 = J/s$
電気量（電荷）	クーロン coulomb	C	$s \cdot A$
電圧（電位差）	ボルト volt	V	$m^2 \cdot kg/(s^3 \cdot A) = J/(A \cdot s) = J/C$
電気抵抗	オーム ohm	Ω	$m^2 \cdot kg/(s^3 \cdot A^2) = V/A$
コンダクタンス	ジーメンス siemens	S	$s^3 \cdot A^2/(m^2 \cdot kg) = A/V = \Omega^{-1}$
電気容量	ファラッド farad	F	$s^4 \cdot A^2/(m^2 \cdot kg) = A \cdot s/V$
周波数	ヘルツ hertz	Hz	s^{-1}
セルシウス温度（温度差）	セルシウス度 degree Celsius	℃	$t \, [℃] = T \, [K] - 273.15$　　$1 \, ℃ = 1 \, K$

表 2.3 SI 接頭語

大きさ	10^{-1}	10^{-2}	10^{-3}	10^{-6}	10^{-9}	10^{-12}
接頭語	デシ	センチ	ミリ	マイクロ	ナノ	ピコ
記号	d	c	m	μ	n	p
大きさ	10^{1}	10^{2}	10^{3}	10^{6}	10^{9}	10^{12}
接頭語	デカ	ヘクト	キロ	メガ	ギガ	テラ
記号	da	h	k	M	G	T

【例題 2.1】 ある家庭の 1 ヶ月の電気使用量は 546 kWh で，料金は 15180 円であった．電気の単価を円/J で表すといくらか？

《解説》電気使用量の単位 kWh の k は 10^3 を意味する接頭語（キロ）である．また，W は J/s で定義される単位で，J はエネルギーを表す組立て単位である．さらに，h は時間の単位で，1 h = 3600 s であるので，546 kWh = $(546)(10^3)(3600) = 1.97 \times 10^9$ J である．すなわち，kWh は使用した電気エネルギーの量を表し，その単価は $15180/(1.97 \times 10^9) = 7.71 \times 10^{-6}$ 円/J である． 終

2.2 物質収支

【課題 2.2】 洗剤が付着した容器を洗浄するとき，流水で洗うのと，容器を水で満たしてよく撹拌したのち排水し，また水を満たして同様の操作を繰り返して洗うのでは，どちらが水の使用量が少ないか？

2.2.1 物質収支の意味と意義

　食品の加工プロセスではいろいろな物質を扱い，これが化学的または物理的に変化する．また，いろいろな形態のエネルギーを扱う．これらは形を変えることはあっても，新たに作られたり消滅した

りすることはない．これが物質やエネルギーの**保存則**であり，これらに習熟することは，プロセスや装置を設計・運転するうえできわめて大切な関係である．ここでは，質量の保存則に基づく**物質収支**について，おもに例題を通して説明する．

　物質収支を計算するには，収支計算の対象となる範囲（**系**という）を設定し，そこに出入りする物質の量を考える．化学反応などにより物質が形を変える場合には，その生成や消失も考慮する．家計簿では，貯蓄高は収入や支出から計算されるが，物質収支も考え方は同様である．すなわち，物質収支の基礎式は次のように表される．

$$（蓄積量）=（流入量）-（流出量）+（生成量）-（消失量） \tag{2.1}$$

単位時間あたりの収支を考えるときには，物質収支式は式（2.1）の量を速度で表した式（2.2）で表される．

$$（蓄積速度）=（流入速度）-（流出速度）+（生成速度）-（消失速度） \tag{2.2}$$

式（2.1）または式（2.2）の左辺が 0 のときを**定常状態**といい，貯蓄高が増えも減りもしない状態に相当する．なお，化学変化を伴う場合には物質量基準（単位は mol）で計算すると便利なことが多い．

　物質やエネルギーの収支は，何のために考えるのであろうか．その意味は徐々に理解できるであろうが，例えば，装置やプラントの性能を調べるのに役立つ．流入量と流出量が測定できたとすると，収支関係によって測定値の精度を調べることができる．また，希望の精度で収支関係が成り立たないときには，測定値に誤差があるか，または漏洩や蓄積があると考えられる．さらに，多くのプロセスでは流入量と流出量のすべてを直接測定できないことが多いが，このような場合には収支関係に基づいて未知量を推測することができる．

2.2.2　物質収支の計算の手順

　収支計算は一般に以下の手順で行う．まず，①プロセスの簡単な略図（フローシート）を描く．つぎに，②これに既知のデータを記入する．③化学反応が起こる場合には，化学反応式を記入する．④計算のために適当な基準を選定し，それをフローシートに明記する．与えられた基準が必ずしももっとも便利であるとは限らない．さらに，⑤式（2.1）または式（2.2）を適用して，すべての物質や各成分について物質収支式をたてる．未知数の数が多くなると計算が複雑になる．系に流入する物質のうちで，系内で変化せずに流出する物質が存在することがある．このような物質を**手がかり物質**といい，この物質に着Ｅすると収支計算が簡単になることが多い．

【例題 2.2】 海水には 3.5 %（w/w）の塩が含まれる．1.0 kg の海水からすべての水を蒸発させて，無水の塩をつくると，何 kg の塩が得られるか？　また，このとき何 kg の水を蒸発させねばならないか？

《**解説**》1.0 kg の海水を計算基準とし，蒸発させる水の量を m_w〔kg〕，得られる無水の塩の量を m_s〔kg〕とする．このときのフローシートを**図 2.1** に示す．破線で囲った系を考えると，この系に流入するのは 1.0 kg の海水で，流出するのは水 m_w〔kg〕と無水の塩 m_s〔kg〕であり，系内で生成または消滅す

る物質はない．したがって，系に流入および流出するすべての物質についての収支式は式（2.3）で表される．

$$0 = 1.0 - (m_\mathrm{w} + m_\mathrm{s}) \tag{2.3}$$

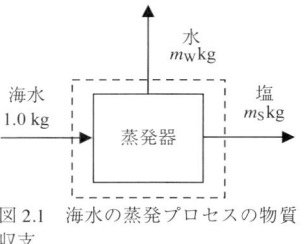

図2.1 海水の蒸発プロセスの物質収支

つぎに，海水に含まれる塩は系内で変化せずにそのまま流出するので，塩が手がかり物質になる．海水に含まれる塩の濃度を表すのに用いた単位の%（w/w）は**重量百分率濃度**といい，単位質量（例えば，1 kg）の海水に含まれる塩の質量〔kg〕を百分率で表したものである（付録Aを参照）．海水の質量は，海水中の水と塩の質量の和であるので，%（w/w）は以下の意味をもつ．

$$\%（\text{w/w}）= \frac{\text{kg-塩}}{\text{kg-海水}} \times 100 = \frac{\text{kg-塩}}{\text{kg-水} + \text{kg-塩}} \times 100 \tag{2.4}$$

したがって，手がかり物質である塩に対する物質収支式は式（2.5）で与えられる．

$$(1.0)(0.035) = m_\mathrm{s} \tag{2.5}$$

式（2.5）と式（2.3）から，$m_\mathrm{s} = 0.035$ kg，$m_\mathrm{w} = 0.965$ kg と求められる．　終

【例題 2.3】 スパゲッティはデュラムセモリナといわれる粗挽きした小麦粉に水を混捏してつくる（図 2.2）．湿重量基準含水率が14%のデュラムセモリナ 700 g に 330 g の水を加えて，十分に混捏したのち，円柱状の穴をもつダイスから押出して生スパゲッティをつくった．この生スパゲッティを乾重量基準含水率が11%になるように乾燥すると，何gの乾燥スパゲッティが得られるか？

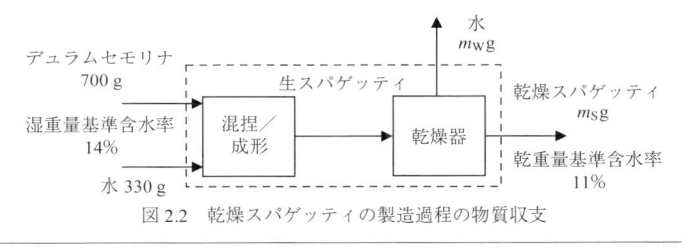

図2.2 乾燥スパゲッティの製造過程の物質収支

《解説》 食品に含まれる水の量は，水分や含水率と呼ばれることが多い．しかし，それらの定義が曖昧なままで用いられ，誤解を招くことがある．例えば，100 g のデュラムセモリナをよく乾燥させ，その重量を測定したところ 86 g であった．このとき，デュラムセモリナは，100 − 86 = 14 g の水を含む．このようなデュラムセモリナの含水率には2つの表し方がある．1つは，もとの少し水を含んだデュラムセモリナ（湿り材料）の重量に対する水の重量の比で表される**湿重量基準含水率**であり，14/100 = 0.14（すなわち，14%）である．このときの含水率は，g-水/g-湿り材料の単位をもつ．水分というときは，この含水率を表すことが多い．もう1つの表し方は，まったく水を含まないデュラムセモリナ（乾き材料）の重量に対する水の重量の比で表される**乾重量基準含水率**であり，14/86 = 0.16（16%）である．このときの含水率の単位は g-水/g-乾き材料であり，g-水/g-d.m. または g-水/g-d.s. と表されることがある．ここで，d.m. と d.s. はそれぞれ dry matter（または material）と dry solid の略で

ある．食品工学の分野では，単に含水率というと，乾重量基準含水率を表すのが一般的であるが，湿重量基準含水率を含水率という人や企業もあるので注意を要する．

このように，含水率は定義により値が異なる．多くの水を含む食品ほど，含水率の定義による数値の違いは大きい．例えば，食べ頃に茹でたスパゲッティ 100 g には 70 g の水が含まれる．このとき，湿重量基準含水率は 70/100 = 0.70（70％）である．一方，乾重量基準含水率は 70/(100 − 70) = 2.33（233％）である．このように，含水率の定義により数値は大きく異なる．定義からわかるように，湿重量基準含水率は 100％を超えることはないが，乾重量基準含水率は 100％を超えることも少なくない．

以上の点に留意して，例題を考える．乾燥スパゲッティの製造工程は，デュラムセモリナと水を混捏する工程と，生スパゲッティを乾燥する工程からなる．フローシートを描き，与えられた情報を記入する（図 2.2）．湿重量基準含水率が 14％のデュラムセモリナ 700 g を計算基準とする．また，このプロセスで変化しないのは，まったく水を含まない（無水の）デュラムセモリナであるので，これが手がかり物質である．乾燥工程から流出する乾燥スパゲッティと水のそれぞれの重量を m_S〔g〕と m_W〔g〕とする．まず，すべての物質に対する収支を考える．混捏および乾燥の工程で物質が生成または消滅することはないので，破線で表した系に流入する物質の重量と流出する物質の重量は等しい．したがって，次式が成立する．

$$700 + 330 = m_S + m_W \tag{2.6}$$

つぎに，手がかり物質の収支を考える．材料に用いたデュラムセモリナは湿重量基準含水率が 14％であるので，700 g のデュラムセモリナ中の乾き材料の重量は，(700)(1 − 0.14) g である．一方，製品の乾燥スパゲッティは乾重量基準で 11％の水を含む．乾重量基準含水率 X から次式により湿重量基準含水率 w が求められる．

$$w = \frac{X}{1 + X} \tag{2.7}$$

したがって，11％の乾重量基準含水率は湿重量基準では，0.11/(1 + 0.11) = 0.099（9.9％）であるので，m_S〔g〕の乾燥スパゲッティ中の乾き材料の重量は m_S (1 − 0.099)〔g〕であり，これは系に流入した乾き材料の量に等しい．

$$(700)(1 − 0.14) = m_S (1 − 0.099) \tag{2.8}$$

式（2.8）より m_S = 668 g であり，これを式（2.6）に代入すると，m_W = 362 g である．　終

【例題 2.4】 無水のスクロース（ショ糖）700 g に 300 g の温水を加えて溶解したのち，少量のインベルターゼ（酵素）を加えて，スクロースの 65％をグルコース（ブドウ糖）とフルクトース（果糖）に加水分解した．この糖液に含まれるスクロース，グルコース，フルクトースおよび水の割合（重量比）はそれぞれいくらか？　なお，スクロース，グルコース，フルクトースおよび水のモル質量はそれぞれ 342，180，180 と 18 g/mol とする．

《解説》スクロースの加水分解反応は次式で表される.

スクロース＋水 → グルコース＋フルクトース　　　　　　　　　　　　(2.9)

したがって，物質量で 1 mol のスクロースを加水分解するのに 1 mol の水が消費され，グルコースとフルクトースが 1 mol ずつ生成する．700 g のスクロースは物質量で表すと，700/342 = 2.05 mol である．その 65% が加水分解されると，そのときに消費される水の物質量と生成するグルコースとフルクトースの物質量はいずれも (2.05)(0.65) = 1.33 mol である．また，加水分解されずに残存するスクロースの物質量は (2.05)(1 − 0.65) = 0.72 mol（または，2.05 − 1.33 = 0.72 mol）である．300 g の水は物質量で表すと，300/18 = 16.67 mol である．そのうち，スクロースを加水分解するのに 1.33 mol が消費されるので，残存する水の物質量は 16.67 − 1.33 = 15.34 mol である．したがって，スクロースの 65% を加水分解したときに得られる糖液に含まれる各成分の物質量は**表 2.4** のようになる．また，それに各成分のモル質量を掛けると各成分の重量が求められ，各成分の割合（重量比）は表 2.4 の最下行で表される．

表 2.4　各成分の割合

成　分	スクロース	水	グルコース	フルクトース	計
物質量〔mol〕	0.72	15.34	1.33	1.33	18.72
重量〔g〕	246.2	276.1	239.4	239.4	1001.1
重量比	0.246	0.276	0.239	0.239	1.000

　700 g のスクロースと 300 g の水の合計は 1000 g であるので，反応後のすべての成分の重量の和も 1000 g にならなければならない．しかし，各成分の重量の合計が 1001.1 g となった．これは反応で何かが生成したのではなく，計算過程での丸め誤差に起因する．■終

2.2.3　非定常な過程の物質収支

　式（2.1）または式（2.2）の左辺が 0 とならず，系内の物質の量が時間とともに増加または減少する場合を**非定常状態**という．非定常状態の物質収支は微分方程式で表されることが多い．

【**例題 2.5**】鍋に入れた 1 kg の海水（塩濃度：重量百分率で 3.5%（w/w））を電熱器（出力 1 kW）で加熱して水を蒸発させて濃縮する．沸騰してから毎分 16 g の水が蒸発した．このときの塩濃度 w_s〔g-塩/g-溶液〕と時間 t〔min〕の関係を求めよ．また，このときの電熱器の効率はいくらか？　なお，水の蒸発潜熱（気化熱）は 2.25 kJ/g である．

《解説》海水を入れた鍋を系とすると，系に流入する物質はなく，蒸発した水が流出するだけであるので，全体の収支は式（2.2）より，

（蓄積速度）= −（流出速度）　　　　　　　　　　　　　　　　　　(2.10)

である．鍋のなかの海水の重量を W〔g〕とすると，その変化速度（蓄積速度）は dW/dt〔g/min〕で

表されるので,

$$\frac{dW}{dt} = -16 \tag{2.11}$$

最初の海水の重量は 1 kg = 1000 g である（これを式（2.11）に対する**初期条件**という）ので, 海水の重量 W と時間 t の関係は次式で与えられる.

$$W = 1000 - 16t \tag{2.12}$$

なお, 式（2.12）は式（2.11）から次のようにして求められる. 微分記号 d は " 少しの変化 " を意味し, dW と dt はそれぞれ少しの重量の変化〔g〕と少しの時間の変化〔min〕を表す. したがって, それらの比である dW/dt は時間が少し変化したとき重量がいくら変化するかという速度〔g/min〕を表す. 式（2.11）の dt（$d \times t$ ではなく, t の微小な変化の幅を表すので, 一つのまとまりとして扱う）を右辺に移項すると,

$$dW = -16\, dt \tag{2.13}$$

となり, 変数 W と t はそれぞれ左辺と右辺のみに現れる. このような操作を**変数分離**といい, 式（2.11）のように, 変数が分離できる微分方程式を**変数分離形**という（付録 G を参照）. 式（2.13）の左辺では dW の前に定数 1 があることに留意して, 式（2.13）の左辺と右辺を積分すると,

$$\int (1)\, dW = \int (-16)\, dt + c$$

$$W = -16t + c \tag{2.14}$$

ここで, c は積分定数である. 式（2.14）は式（2.11）に対する**一般解**であるが, 工学では多くの場合, ある条件を満たす解（**特殊解**という）が必要である. 式（2.11）に対する条件は, 上述した最初の海水の重量は 1000 g であるという初期条件, すなわち, $t = 0$ で $W = 1000$ である. この条件を式（2.14）に代入すると, $c = 1000$ であり, 式（2.12）が得られる.

　上記では, 式（2.13）の両辺を不定積分して得られる式（2.14）の積分定数 c を, 初期条件を用いて決め, 式（2.12）を得た. 式（2.13）を積分する際に, $t = 0$ で $W = 1000$ という初期条件を積分の下限とし, 任意の時間 t における海水の重量 W を上限として定積分すると,

$$\int_{1000}^{W} (1)\, dW = \int_{0}^{t} (-16)\, dt$$

$$W - 1000 = -16t \tag{2.15}$$

となり, 1 回の操作で式（2.12）が得られる.

　1 kg の海水には (1000)(0.035) = 35 g の塩が含まれており, これが手がかり物質である. すなわち, 鍋のなかの塩の量は変化しない. 塩の重量分率 w_S は塩の重量と食塩水の重量の比で表されるので,

$$w_S = \frac{35}{W} = \frac{35}{1000 - 16t} \tag{2.16}$$

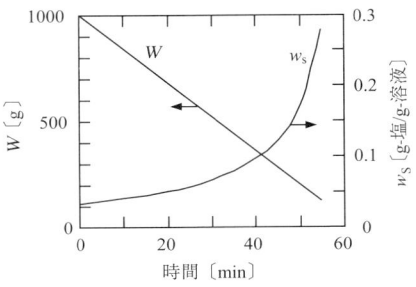

図2.3 海水の重量 W と塩の重量分率 w_S の時間的変化

と表される．なお，式（2.12）と式（2.16）が成立するのは，塩（塩化ナトリウムと仮定）の飽和溶解度である 28.1 %（w/w）になるまで（$t < 54.7$ min）である．海水の重量 W と塩の重量分率 w_S が時間 t とともにどのように変化するかを図2.3に示す．水は一定の速度で蒸発し，式（2.12）からわかるように，海水の重量 W は時間に対して直線的に減少する．一方，塩の重量分率 w_S は，最初はあまり上昇しないが，液量が少なくなる後半に著しく高くなる．

　電熱器の効率は，消費電力（電気エネルギー）のうち水の蒸発に使われたエネルギーの割合で求められる．電熱器の出力は 1 kW = 1000 W であり，W = J/s であることに留意すると，電熱器が1分間に消費する電気エネルギーは，1000 J/s × 60 s/min = 6.0×10^4 J/min である．一方，水が蒸発するにはエネルギー，すなわち蒸発潜熱，が必要である．毎分 16 g の水が蒸発するので，必要な熱エネルギーは 2.25 kJ/g × 16 g/min = 36 kJ/min = 3.6×10^4 J/min である．したがって，このときの電熱器の効率は $(3.6 \times 10^4)/(6.0 \times 10^4) = 0.6$，すなわち 60 % である．40 % のエネルギーは蒸発に使われることなく，電熱器の周りに放散される．　終

【例題 2.6】 0.15 g/L の濃度で界面活性剤（洗剤）を含む 1 L（リットル）の水溶液がある．ここに，0.4 L/s の流量で水道水を注ぎ，同じ流量で排出する（図2.4）．容器内の水はよく混ぜられており，容器内のどこをとっても洗剤の濃度は同じである（このような状態を**完全混合**という）．容器内の洗剤の濃度が 1/1000 の 1.5×10^{-4} g/L 以下になるのにかかる時間はいくらか？　また，この間に使われる水道水の量はいくらか？

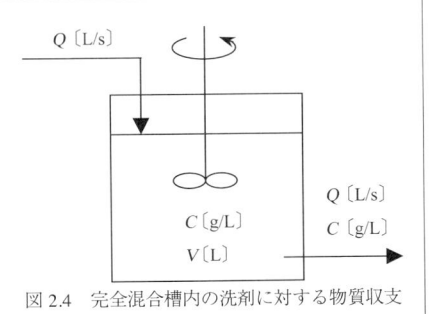

図2.4 完全混合槽内の洗剤に対する物質収支

《解説》このような操作を行ったとき，水溶液の洗剤濃度 C〔g/L〕の時間 t〔s〕による変化を表す式を考える．容器内の液量を V〔L〕，容器に流入および流出する水または液の流量を Q〔L/s〕とする．洗剤に注目して物質収支を考えると，容器内への洗剤の流入はないが，流出があるので，定常状態は成立しない．したがって，物質収支式では蓄積量（式（2.1）の左辺）を考える必要がある．なお，容器内で洗剤が生成または消滅することはないので，式（2.1）の右辺は流入量と流出量だけを考えればよい．

　時間 t における容器内の洗剤濃度を C，t より少し時間が経った $t + \Delta t$ における容器内の洗剤濃度を $C + \Delta C$ とすると，時間 Δt の間に容器内に蓄積する洗剤の量〔g〕は $V(C + \Delta C) - VC$ である．一方，この間（Δt）に容器に流入する洗剤の量は $Q(0)\Delta t = 0$ であり（流入する水道水には洗剤は含まれず，濃度は 0 である），また流出する洗剤の量は $QC\Delta t$ である（この間に洗剤の濃度は C から $C + \Delta C$ に変化するが，Δt が微小な時間であり，ΔC も微小であるので，この間の濃度は C に近似できる）．これらを式（2.1）に代入すると，

$$V(C + \Delta C) - VC = 0 - QC\Delta t \tag{2.17}$$

であり，V は一定であることに留意して，式（2.17）の両辺を Δt で割ると，

$$V \frac{(C + \Delta C) - C}{\Delta t} = - QC \tag{2.18}$$

ここで，$\Delta t \to 0$ の極限をとると，微分の定義より，

$$V \frac{dC}{dt} = - QC \tag{2.19}$$

を得る．これがいま考えている系に対する物質収支式である．式（2.19）は変数分離形の常微分方程式である．変数を分離すると，

$$\frac{dC}{C} = - \frac{1}{V/Q} dt \tag{2.20}$$

となる．ここで，V/Q は時間の次元（単位）をもち，**平均滞留時間**と呼ばれる．時間 $t = 0$ における容器内の洗剤濃度を C_0 とすると（これが式（2.19）に対する初期条件である），式（2.20）の両辺を積分すると，

$$\int_{C_0}^{C} \frac{dC}{C} = - \frac{1}{V/Q} \int_0^t dt$$

$$\ln \left(\frac{C}{C_0} \right) = - \frac{t}{V/Q} \tag{2.21}$$

$$\frac{C}{C_0} = e^{-t/(V/Q)} = \exp \left(- \frac{t}{V/Q} \right) \tag{2.22}$$

を得る．式（2.21）を変形すると，

$$t = - \frac{V}{Q} \ln \left(\frac{C}{C_0} \right) \tag{2.23}$$

が得られる．式（2.23）に，$C_0 = 0.15$ g/L，$C = 1.5 \times 10^{-4}$ g/L，$V = 1$ L，$Q = 0.4$ L/s を代入すると，

$$t = - \frac{1}{0.4} \ln \left(\frac{1.5 \times 10^{-4}}{0.15} \right) = 17.3 \tag{2.24}$$

であり，17.3 s かかる．この間に容器に注がれる水道水の量は，$(0.4)(17.3) = 6.92$ L である．■

　上記では，洗剤の濃度が初期濃度の 1/1000 の濃度になるまで水を流し続けた．洗剤濃度を低くするため，容器内の液の一部を捨て，捨てたのと同量の水道水を加えて洗剤の濃度を低くする操作を数回繰り返し，所定の濃度にすることもよく行われる．このときに必要な水の量を，水を流し続ける場合に必要な水の量と比べる．濃度 C_0〔g/L〕の洗剤溶液の液量を V〔L〕，容器を傾けて液を排出したとき，容器に残存する液の量を v〔L〕とする．容器内に残存する洗剤の量は $C_0 v$〔g〕であるので，排出したのと同量の水を加えたときの洗剤の濃度 C_1 は，

$$C_1 = C_0 v/V = C_0 \left(\frac{v}{V} \right) \tag{2.25}$$

である．同様の操作をもう一度行ったのちの洗剤濃度 C_2 は，

$$C_2 = C_1 \left(\frac{v}{V}\right) = C_0 \left(\frac{v}{V}\right)\left(\frac{v}{V}\right) = C_0 \left(\frac{v}{V}\right)^2 \tag{2.26}$$

である．同様の操作を n 回繰り返したのちの洗剤濃度 C_n は

$$C_n = C_0 \left(\frac{v}{V}\right)^n \tag{2.27}$$

となる．したがって，初期濃度 C_0 の洗剤の濃度を C_n にするまでの繰り返し回数 n は，式（2.27）を

$$\left(\frac{v}{V}\right)^n = \frac{C_n}{C_0} \tag{2.28}$$

と変形して，式（2.28）の両辺の常用対数をとると，

$$n \log\left(\frac{v}{V}\right) = \log\left(\frac{C_n}{C_0}\right)$$

$$n = \frac{\log(C_n/C_0)}{\log(v/V)} \tag{2.29}$$

で計算できる．このとき，式（2.28）の自然対数をとってもよいが，このような場合には，常用対数をとることが多い．なお，常用対数と自然対数のいずれを用いても答えは同じである．

　例題 2.6 と同様の条件で，容器内の液 980 mL を排出し，残った 20 mL の液に，排出したのと同量の 980 mL の水道水を加える操作により，容器内の洗剤濃度を 1.5×10^{-4} g/L 以下にするのに必要な繰り返し回数を求める．$C_0 = 0.15$ g/L，$C = 1.5 \times 10^{-4}$ g/L，$V = 1$ L，$v = 0.02$ L を式（2.29）に代入すると，

$$n = \frac{\log(1.5 \times 10^{-4}/0.15)}{\log(0.02/1)} = 1.77 \tag{2.30}$$

であるので，2 回の操作で洗剤濃度は 1/1000 以下になる．このときに使用する水の量は，(0.98)(2) = 1.96 L であり，水を流し続ける場合の 28％の量でよい．水を排出したとき容器内に残存する液の量が 5 倍量の 100 mL であったとしても，繰り返し回数は 3 回であり，このときに必要な水の量は (0.90)(3) = 2.70 L と水を流し続けるときの 39％でよい．

　この例題からわかるように，課題 2.2 において，洗剤が付着した容器を水で満たしたのちによく撹拌して排水する操作を繰り返したほうが水道水の使用量が少ない．

演　習

2.1 テレビ番組で放送された次の表現の不適切な点を指摘し，それらを正せ．

　ア）台風 15 号は南大東島の北北西 180 キロの海上を時速 20 キロで北西に進んでいる．中心気圧は 960 ヘクトパスカル，中心付近の最大風速は 35 メートルである．

　イ）台風 10 号の影響で断続的に雨が降り続き，雨量は 140 ミリに達している．多いときには 35 ミリの雨が集中的に降っている．

　ウ）重さ 830 キロの車が 60 キロの速さで壁に衝突すると，シートベルトを締めていないと，激しい衝撃で後部座席に乗っている人は前方に投げ出される．

エ）75％の水を含む魚を天日で乾燥すると，50％の水が蒸発して干物が作られる．

2.2 非 SI で表された次の量を SI で表せ．

ア）気体定数 $R = 0.0821$ L·atm/(mol·K)，イ）氷の融解潜熱 79.7 cal/g，ウ）水の蒸気圧（25℃）0.0323 kgf/cm²，エ）水の粘度（25℃）8.90×10^{-3} g/(cm·s)，オ）水の熱伝導度（25℃）0.00145 cal/(cm·s·℃)

2.3 湿重量基準含水率が14％のデュラムセモリナ 20 kg から乾重量基準含水率が11％の乾燥スパゲッティ 18.7 kg が製造できた．このとき，使用した原料のうち製品として回収できた割合（**歩留まり**という）はいくらか？

2.4 湿重量基準含水率（水分）が91％のイチゴ 10 kg に 5.0 kg のグラニュー糖（スクロース）を加えたのち煮詰めて，水分が45％のイチゴジャムをつくった．このとき製造されるイチゴジャムの重量はいくらか？　なお，グラニュー糖に含まれる水分は0.02％程度であるので，ここでは水は含まないと仮定してよい．

2.5 パンや麺などの品質向上に用いられているタピオカデンプンは，キャッサバの根のデンプン粒を水分 66％（w/w）から 5％（w/w）に乾燥し，粉末に粉砕して作製する．5000 kg/h のタピオカデンプンを製造するには何 kg/h のデンプン粒を乾燥しなければならないか？　また，乾燥工程で蒸発する水の量はいくらか？

2.6 **図 2.5** は大豆に 3 段階の処理を施し，大豆油と圧偏大豆を製造する工程である．原料大豆の組成は，タンパク質 35.0％（w/w），炭水化物 27.1％（w/w），繊維質 9.4％（w/w），水 10.5％（w/w），油 18.0％（w/w）である．第 1 段の処理では，大豆を粉砕・圧搾して油を取り除き，大豆油と 6.5％（w/w）の油を含んだ圧偏大豆を得る．圧搾操作では大豆からは油のみが取り除かれ，他の成分は除去されないものと仮定する．第 2 段の処理では，圧偏大豆中の油をヘキサンで抽出し，0.4％（w/w）の油を含む圧偏大豆と油を含んだヘキサンが得られる．ここでは，抽出された圧偏大豆中にはヘキサンは残留しないと仮定する．最後に，油を抽出した圧偏大豆を湿重量基準含水率 7.0％（w/w）まで乾燥する．原料大豆 10000 kg を処理するとき，以下の量を求めよ．ア）第 1 段処理で得られる圧偏大豆の重量，イ）第 2 段処理で得られる圧偏大豆の重量，ウ）最後に得られる乾燥圧偏大豆の重量と含まれるタンパク質の組成．

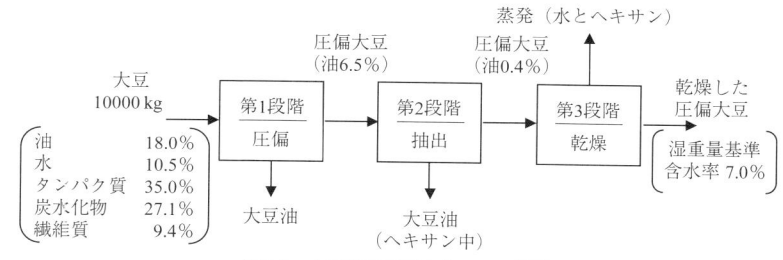

図 2.5　大豆油を製造する 3 つの段階

2.7 黄色の色素を含む水が入った内容量が 1.0 m³ のタンクに一定の流量 Q〔m³/min〕で水を供給し，同一の流量でタンク内の水を排出した．タンク内の水の 450 nm における吸光度 A を測定して**表2.5**の結果を得た．タンク内の水はよく撹拌されており，吸光度 A は色素の濃度に比例するとき，時間 t〔min〕と吸光度 A の関係は，式（2.22）と同様に，次式で表される．

$$\frac{A}{A_0} = \exp\left(-\frac{t}{V/Q}\right) \tag{2.31}$$

ここで，A_0 は吸光度の初期値，V はタンク内の液量である．片対数方眼紙（付録 C を参照）を用いて流量 Q を求めよ．

表2.5　色素水溶液の 450 nm における吸光度 A の変化

t 〔min〕	0	5	10	15	20	25
A	0.854	0.469	0.257	0.141	0.077	0.043

第3章　殺　菌

【課題 3.1】 牛乳パックには，殺菌条件として 130℃，2 秒などと表示されている．なぜ，このような高温でかつ短時間の殺菌条件が採用されるのか？

〔指針〕

① 微生物の死滅過程を表現する速度式を理解する．

② 反応速度の温度依存性を表す式を理解する．

③ 高温短時間殺菌の原理を理解する．

④ 非等温過程の殺菌率を計算できる．

3.1　死滅速度過程

　殺菌方法は，熱を加えて微生物を死滅させる**加熱殺菌**と，薬剤や放射線などによる**冷殺菌**（非熱殺菌ともいう）に大別される．食品では前者の加熱殺菌が主流であり，栄養細胞を標的とする低温殺菌（概ね 100℃以下）と，より高温で胞子を標的とする殺菌（無菌化）がある．

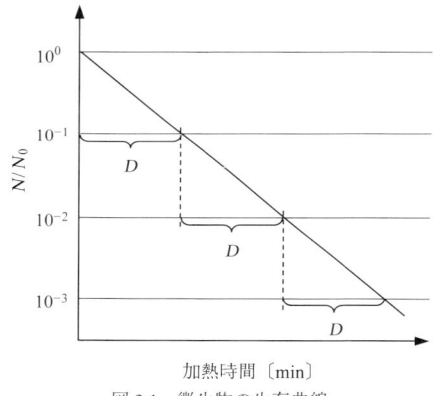

図 3.1　微生物の生存曲線

　一定の温度で加熱すると，時間とともに微生物の生存数（生菌数）N が急激に減少する．牛乳などの液体中の微生物の初期生存数を N_0 とし，生存率 N/N_0 と加熱時間 t を片対数方眼紙上にプロットすると直線となることが多く（**図 3.1**），これを**生存曲線**という．このような関係が得られるとき，微生物の死滅過程は 1 次反応とみなすことができる．すなわち，微生物の死滅速度が生存数に比例すると考える式（3.1）から導出できる．

$$\frac{dN}{dt} = -k_\mathrm{d}N \tag{3.1}$$

ここで，k_d は**死滅速度定数**〔s^{-1}〕である．$t = 0$ で $N = N_0$ の初期条件のもとで式（3.1）を解くと，式（3.2）または式（3.3）を得る（付録 G を参照）．

$$\frac{N}{N_0} = e^{-k_\mathrm{d}t} = \exp(-k_\mathrm{d}t) \tag{3.2}$$

$$\log \frac{N}{N_0} = -\frac{k_\mathrm{d}}{2.30} t \tag{3.3}$$

しかし食品工業では，微生物の死滅速度を表すのに，このような反応速度式ではなく，生存数を 1/10 に減少させるのに必要な時間である **D 値** D を用いることが多く，単位は慣用的に min（分）を用いる．k_d と D との間には次の関係がある．

$$D = 2.30/k_d \tag{3.4}$$

【例題 3.1】 ある微生物の胞子の懸濁液を 95℃ で加熱したとき,加熱時間と生存率の関係は**表 3.1**のようになった. D 値と k_d の値を求めよ.

表 3.1 ある微生物の 95℃ における死滅過程

加熱時間〔min〕	5	15	25	40	60
生存率 N/N_0	2.82×10^{-1}	1.63×10^{-2}	1.52×10^{-3}	2.22×10^{-5}	1.41×10^{-7}

《解説》表 3.1 の結果を片対数方眼紙にプロットすると**図 3.2** のようになる. N/N_0 が 1 桁低下する横軸の値(加熱時間)である D 値は,N/N_0 が n 桁低下する横軸の値を n で除しても求められる. そこで,縦軸の切片が 1(= 10^0)を通る直線から N/N_0 の値が 6 桁(N/N_0 が 10^0 から 10^{-6} に)低下するときの時間 $6D$ をグラフから読み取ると 52.2 min である. したがって,$D = 52.2/6 = 8.70$ min である. つぎに,式(3.4)の関係から,$k_d = 2.30/D = 2.30/8.70 = 0.264$ min^{-1} である. また,k_d は次のようにしても求められる. N/N_0 が 10^0 から 10^{-6} に低下するときの縦軸の値の差は $\log 10^{-6} - \log 10^0 = -6 - 0 = -6$ である. このときの横軸の変化量は上記より 52.2 min であるので,図 3.2 の直線の傾きは $-k_d/2.30 = -6/52.2 = -0.115$min^{-1} である. したがって,$k_d = (-0.115)(-2.30) = 0.264$ min^{-1} である. 終

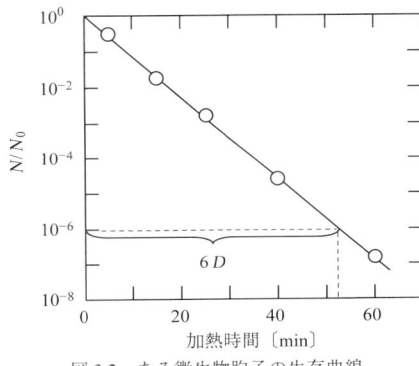

図 3.2 ある微生物胞子の生存曲線

3.2 死滅速度の温度依存性

種々の温度 T〔℃〕における D 値を片対数方眼紙にプロットすると直線的な関係になることが多い(**図 3.3**). この関係を**熱耐性曲線**(または,熱破壊曲線)という. D 値が 1 桁(1/10)に変化するのに相当する温度差〔℃〕を z 値という. 栄養細胞を湿熱殺菌するときの z 値は 4 〜 7℃,胞子の湿熱殺菌では 8 〜 13℃ である. したがって,栄養細胞は胞子より温度感受性が大きく,少し温度が上昇すると著しく死滅しやすくなる.

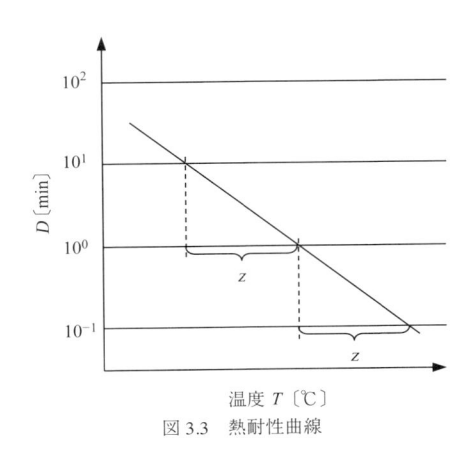

図 3.3 熱耐性曲線

上述したように,死滅速度定数は微生物の死滅過程を 1 次反応とみなしたときの速度定数である. 化学反応の速度定数の温度依存性は**アレニウス**(Arrhenius)式で表現されることが多い. したがって,この式を適用すると,死滅速度定数 k_d の温度依存性は式(3.5)で表される.

$$k_{\rm d} = A_{\rm d} e^{-E_{\rm d}/(RT)} = A_{\rm d} \exp\left(-\frac{E_{\rm d}}{RT}\right) \tag{3.5}$$

ここで，$E_{\rm d}$ は微生物の死滅過程に対する**活性化エネルギー**〔J/mol〕，$A_{\rm d}$ は**頻度因子**（または，**前指数因子**）〔s^{-1}〕である．なお，式（3.5）の T は摂氏温度〔℃〕ではなく絶対温度〔K〕を用いる．また，R（$= 8.31$ J/(mol·K)）は気体定数である．式（3.5）の両辺の常用対数をとると，次のようになる．

$$\log k_{\rm d} = -\frac{E_{\rm d}}{RT}\log e + \log A_{\rm d} = -\frac{E_{\rm d}}{2.30R}\frac{1}{T} + \log A_{\rm d} \tag{3.6}$$

したがって，種々の（絶対）温度で測定して得られた死滅速度定数 $k_{\rm d}$ を絶対温度の逆数（$1/T$）に対して片対数プロットすると直線となり，その傾きから活性化エネルギー $E_{\rm d}$ が求められる．さらに直線上の任意の点の座標を読み取り，その値を式（3.5）または式（3.6）に代入すると，頻度因子 $A_{\rm d}$ の値が求められる．

【例題 3.2】 例題 3.1 と同じ微生物の胞子の懸濁液を 90℃，92.5℃ および 97.5℃ で加熱したときの生存率を測定し，**表 3.2** の結果を得た．各温度での死滅速度定数 $k_{\rm d}$ を求め，それらの値から式（3.5）に基づいて，この微生物の死滅過程に対する活性化エネルギー $E_{\rm d}$ と頻度因子 $A_{\rm d}$ を求めよ．

表 3.2 ある微生物の種々の温度における死滅過程（生存率）

加熱時間〔min〕	5	10	15	20	25	30
90.0℃				1.64×10^{-1}		
92.5℃		1.81×10^{-1}				5.82×10^{-3}
97.5℃	5.12×10^{-2}	2.28×10^{-3}	1.34×10^{-4}	5.26×10^{-6}	2.78×10^{-7}	

加熱時間〔min〕	50	70	80	90	110	140
90.0℃	1.03×10^{-2}		7.32×10^{-4}		4.64×10^{-5}	3.28×10^{-6}
92.5℃	2.11×10^{-4}	6.51×10^{-6}		2.46×10^{-7}		

《解説》 例題 3.1 と同様に，各温度での加熱時間と生存率を片対数方眼紙にプロットすると**図 3.4** が

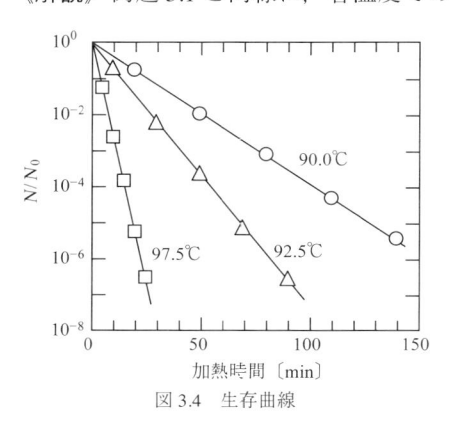

図 3.4 生存曲線

得られる．この直線の傾きより 90℃，92.5℃ および 97.5℃ での死滅速度定数を求めるとそれぞれ 0.0901, 0.169 と 0.606 min^{-1} である．また，例題 3.1 より，95℃ での死滅速度定数は 0.264 min^{-1} である．これらの値を加熱温度（絶対温度）の逆数に対して片対数方眼紙にプロットすると**図 3.5** となる．この直線の傾きから活性化エネルギー $E_{\rm d}$ が求められる．しかし，上記のグラフでも見てきたように，片対数方眼紙は縦軸と横軸の目盛の取り方が異なるため，図 3.5 の線分 AC と線分 BC の長さを測り，その比を傾きとすることはできない．そこで，シンボルを通る線上の任意の 2 点の座標を読み取り，傾きの値を計算する．ここでは，縦軸の値が読みやすいように，シンボルを通る線を破線のように延長し，点 A と点 B の座標を読み取ると，それぞれ（$2.681\times10^{-3}, 1.0$）と（$2.749\times10^{-3}, 0.1$）である．したがって，縦軸方向の変化は $\log 0.1 - \log 1.0 = -1 - 0 = -1$ である．また，

横軸方向の変化は $(2.749 - 2.681) \times 10^{-3} = 6.8 \times 10^{-5}$ なので，直線の傾きは $-E_d/(2.30R) = -1/(6.8 \times 10^{-5}) = -1.47 \times 10^4$ である．したがって，$E_d = (1.47 \times 10^4)(2.30)(8.31) = 2.81 \times 10^5$ J/mol $= 281$ kJ/mol である．

つぎに，この E_d の値と点 A の座標の値を式（3.6）に代入すると，

$$\log 1 = -\frac{2.81 \times 10^5}{(2.30)(8.31)} 2.681 \times 10^{-3} + \log A_d$$

$$\log A_d = 0 + 39.4 = 39.4$$

$$A_d = 10^{39.4} = 2.51 \times 10^{39} \text{ min}^{-1}$$

となる． 終

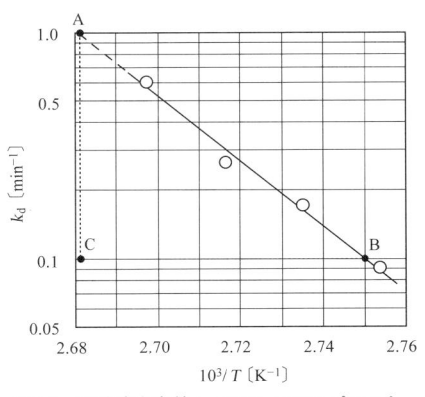

図 3.5 死滅速度定数 k_d のアレニウスプロット

3.3 高温短時間殺菌の原理

食品の殺菌過程では微生物が死滅するだけでなく，食品に含まれる成分も加熱の影響を受ける．そのなかには食品中の有用な成分の分解などの好ましくない反応もある．その過程が 1 次反応速度式に従い，反応速度定数の温度依存性が，微生物の死滅過程と同様に，アレニウス式で表現される場合を考える．すなわち，有用な食品成分の濃度 C と加熱時間 t の関係は式（3.7）で表される．

$$\frac{C}{C_0} = e^{-k_b t} = \exp(-k_b t) \tag{3.7}$$

ここで，C_0 は有用成分の初期濃度である．また，k_b は有用成分の分解速度定数〔s^{-1}〕で，その温度依存性は式（3.8）で表される．

$$k_b = A_b e^{-E_b/(RT)} = A_b \exp\left(-\frac{E_b}{RT}\right) \tag{3.8}$$

ここで，E_b は有用成分の分解過程に対する活性化エネルギー〔J/mol〕，A_b は頻度因子〔s^{-1}〕である．

【例題 3.3】 ビタミン B_1 水溶液を種々の温度で加熱したときの加熱時間と残存率 C/C_0 の関係を表 3.3 に示す．各温度における分解速度定数 k_b を求めよ．また，水溶液中でのビタミン B_1 の熱分解に対する活性化エネルギー E_b と頻度因子 A_b を求めよ．

表 3.3 種々の温度におけるビタミン B_1 の分解過程（残存率）

加熱時間〔min〕	60	90	180	270	360	450
90℃	0.946	0.931	0.843	0.802	0.718	0.679
98℃	0.886	0.831	0.716	0.608	0.493	0.435
107℃	0.754	0.649	0.447	0.294	0.186	0.131
115℃	0.552	0.424	0.168			

《解説》各温度における残存率 C/C_0 と加熱時間を片対数方眼紙にプロットすると図 3.6 が得られる．いずれの温度においてもプロットは直線となるので，各温度での分解過程は 1 次反応として扱える．

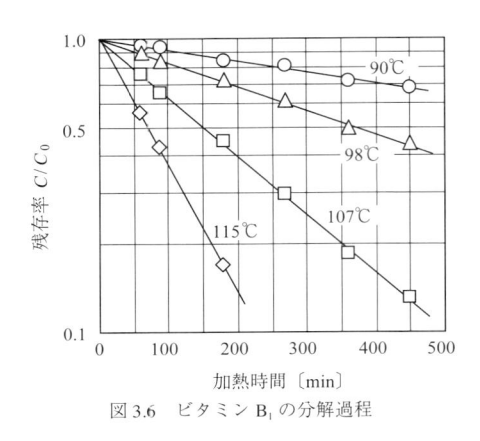

図 3.6 ビタミン B_1 の分解過程

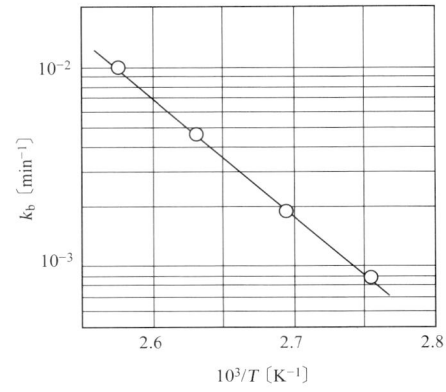

図 3.7 分解速度定数 k_b のアレニウスプロット

そこで，式（3.7）に基づいて，直線の傾きから各温度での分解速度定数 k_b は，90℃，98℃，107℃，115℃でそれぞれ 8.76×10^{-4}，1.89×10^{-3}，4.57×10^{-3}，9.84×10^{-3} min^{-1} と求められる．つぎに，式（3.8）より分解速度定数を加熱温度（絶対温度）の逆数に対して片対数方眼紙にプロットすると，**図 3.7** のように直線が得られ，その勾配からビタミン B_1 の熱分解に対する活性化エネルギー $E_b = 1.14 \times 10^5$ J/mol = 114 kJ/mol が求められる．また，直線上の任意の点の座標を読み取り，その値と活性化エネルギーの値を式（3.8）に代入すると，頻度因子は $A_b = 2.06 \times 10^{13}$ min^{-1} である．終

例題 3.2 で求めた微生物（胞子）の死滅過程に対する活性化エネルギーは，例題 3.3 で得た食品成分の分解過程に対する活性化エネルギーよりかなり大きい．これは一般的な傾向であり，胞子の死滅過程に対する活性化エネルギーは加熱による食品成分の劣化（分解など）に対するそれより数倍大きく，胞子の死滅は温度の影響を受けやすい．栄養細胞の死滅過程に対する活性化エネルギーはさらに大きく，加熱温度を少し上昇させると著しく死滅しやすい．

このように微生物の死滅と食品成分の劣化に対する活性化エネルギーが異なることに基づいて，殺菌温度が食品成分の劣化に及ぼす影響を考察する．温度 T_1 と T_2（$T_2 > T_1$）における微生物の死滅速度定数は大きく異なる．一方，食品成分の劣化速度は高温ほど大きいが，活性化エネルギーが小さいので，その差はあまり大きくない．したがって，T_1 と T_2 における微生物の生存率 N/N_0 と食品成分の

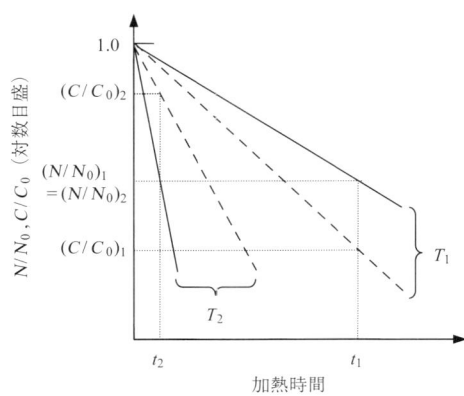

図 3.8 温度 T_1 と T_2（$T_2>T_1$）における微生物の死滅過程（実線）と食品成分の分解過程（破線）

残存率 C/C_0 は時間とともに，それぞれ**図 3.8** の実線と破線のように変化する．食品加工では微生物の生存率をあるレベル以下にしなければならない．高温 T_2 で生存率を $(N/N_0)_2$ にするのに要する時間は t_2 であり，このときに残存する食品成分の割合は $(C/C_0)_2$ で与えられる．一方，低温 T_1 で処理したときも微生物の生存率は同じレベル以下にしなければならない．すなわち，$(N/N_0)_2 = (N/N_0)_1$ である．温度 T_1 で生存率がこのレベルに達する時間は t_1 で，このときの食品成分の残存率は $(C/C_0)_1$ であり，$(C/C_0)_1$ は $(C/C_0)_2$ よりはるかに小さくなる．したがって，高温で所定の生存率（殺菌率）

まで殺菌するほうが，低温で同じ生存率まで殺菌するときよりはるかに多くの食品成分が残存している．このような理由で，牛乳は高温で短時間の殺菌条件が採用される．これが課題 3.1 に対する答えである．

【例題 3.4】 ビタミン B を含む飲料が例題 3.2 と同じ微生物の胞子で汚染されている．この飲料を加熱殺菌して微生物（胞子）の生存率を 100 万分の 1（$N/N_0 = 10^{-6}$）以下にしたい．加熱温度が 121℃ と 85℃ のとき，殺菌後のビタミン B_1 の残存率はそれぞれいくらか？

《解説》121℃における死滅速度定数は $k_{d,121} = 2.51 \times 10^{39} \exp[-2.81 \times 10^5/(8.31)(273 + 121)] = 134$ min^{-1} である．したがって，生存率を 10^{-6} にするのに必要な加熱時間は式（3.2）より，$t_{121} = \ln(N/N_0)/(-k_{d,121}) = \ln 10^{-6}/(-134) = 0.103$ min $= 6.18$ s である．121℃におけるビタミン B_1 の分解速度定数は $k_{b,121} = 2.06 \times 10^{13} \exp[-1.14 \times 10^5/(8.31)(273 + 121)] = 0.0156$ min^{-1} であるので，式（3.7）より $C/C_0 = \exp[(-0.0156)(0.103)] = 0.998$ であり，ほとんど分解されない．一方，85℃ では $k_{d,85} = 0.0239$ min^{-1} であるので，生存率を 10^{-6} にするための加熱時間は 578 min である．また，85℃ では $k_{b,85} = 4.70 \times 10^{-4}$ min^{-1} であり，ビタミン B_1 の残存率は $(C/C_0)_{85} = \exp[(-4.70 \times 10^{-4})(578)] = 0.762$ と約 24％ が分解される．　終

3.4 非等温過程の殺菌率

3.4.1 加熱致死時間

　耐熱性の指標として，ある温度で系に存在する一定濃度の微生物をすべて死滅させるのに要する加熱時間と定義される**加熱致死時間** TDT〔min〕がある．温度に対して TDT 値を片対数プロットした曲線を **TDT 曲線**という（図 3.9）．熱耐性曲線（図 3.3）と同様に，TDT 曲線は直線になり，TDT 値と D 値は比例するので，このプロットからも z 値が求めれる．

　一方，ある温度 T℃における TDT を α min としたとき，基準温度の 121℃（華氏温度で 250℉）における TDT を F_m（*F* 値）〔min〕と定義すると，図 3.9 から式（3.9）が成り立つ．

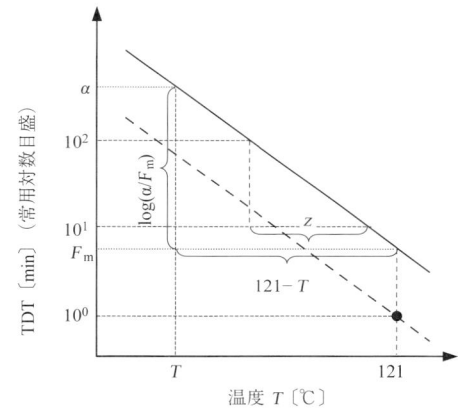

図 3.9　TDT 曲線
実線は実測の TDT 曲線，破線は仮想的な TDT 曲線（擬 TDT 曲線）．黒点は 121℃ で TDT = 1 min（= 10^0 min）の位置を表す．

$$\log \frac{\alpha}{F_m} = \frac{121 - T}{z} \tag{3.9}$$

式（3.9）は次のように変形できる．

$$\alpha = F_m 10^{(121-T)/z} \tag{3.10}$$

3.4.2 加熱プロセスの殺菌能力の評価

　食品の加熱殺菌プロセスは一般に，昇温，定温保持，冷却の各過程からなり，定温保持過程だけでなく，昇温や冷却の過程でも菌は死滅する．したがって，昇温と冷却の非定温過程を含むプロセス全

体の殺菌能力を評価する必要がある．その方法には，数式解析法（数式法）と図解法（一般法ともいう）があるが，ここでは後者について述べる．

ある微生物の TDT が温度 T で α min のとき，この微生物の単位時間あたりの死滅率（殺菌率）を $1/\alpha$ とみなすと，その温度で τ min 加熱処理したときの殺菌率は τ/α である．温度が変化する場合にも各温度で同様に扱い，ある時間（温度）における殺菌率 $1/\alpha$ を時間 0 から t まで積分することにより，プロセス全体の殺菌率 A_p が求められる．

$$A_\mathrm{p} = \int \frac{1}{\alpha} dt \tag{3.11}$$

$A_\mathrm{p} = 1$ となる条件が過不足のない殺菌条件である．

さらに，異なる殺菌プロセスの間の殺菌効率を比較するために，各温度における殺菌時間の長さを基準の温度における値に換算し，これらを合計した時間〔min〕の数値を**致死率価**と定義し，**プロセスの F 値** F_p と呼ぶ．なおこのとき，プロセスは基準の温度に保たれ，加熱や冷却に伴う温度変化の期間はないものとする．基準の温度には 121℃ が用いられることが多い．例えば，F_p 値が 4 の殺菌プロセスは，昇温と冷却の過程を含まない 121℃ の定温で 4 min 処理したときと同等の効果をもつことを意味し，この条件では F_m が 4 min の値をもつ微生物を過不足なく殺滅できる．

実測した TDT 曲線に平行に，121℃ における TDT（すなわち F_m）が 1 min の点を通る TDT 曲線（この曲線を**擬 TDT 曲線**という）を描く（図 3.9）．このとき，式（3.10）の関係は $F_\mathrm{m} = 1$ を代入して

$$\alpha = 10^{(121-T)/z} \tag{3.12}$$

となる．このときの単位時間あたりの殺菌率 $1/\alpha$ を**致死率**（致死割合とも呼ばれる）L とすると，

$$L = \frac{1}{\alpha} = 10^{(T-121)/z} \tag{3.13}$$

となる．

式（3.11）と同様に，式（3.13）を時間 0 から t まで積分することにより，プロセスの F 値 F_p は次式により求められる．

$$F_\mathrm{p} = \int L dt = \int 10^{(T-121)/z} dt \tag{3.14}$$

したがって，各温度での致死率 L を時間に対してプロットし，得られる致死率曲線と x 軸とで囲まれる部分の面積を求めると，F_p が得られる．

式（3.14）で，z 値を 10℃ に固定したときの F_p 値を F_o 値と呼ぶ．このとき，F_o 値は式（3.15）で表され，温度変化のデータだけからこの値を求めることができる．

$$F_\mathrm{o} = \int 10^{(T-121)/10} dt \tag{3.15}$$

なお，式（3.14）と式（3.15）では，F_p や F_o は時間の単位（次元）をもつが，慣用的に，時間の単位として min を用いたときの数値のみで表される．

一般には，微生物の耐熱性試験によって z 値を求めることなく殺菌プロセスの能力を評価できる F_o 値を用いることが多い．

【例題 3.5】 ある殺菌プロセスの温度変化を測定し，表 3.4 の結果を得た．このプロセスの F_0 値はいくらか？

表 3.4　殺菌プロセスの温度変化と致死率 L

t 〔min〕	T 〔℃〕	$(T-121)/10$	$L\ (=10^{(T-121)/10})$
0.0	17.1	−10.39	4.07×10^{-11}
5.0	35.5	−8.55	2.85×10^{-9}
10.0	68.2	−5.28	5.26×10^{-6}
15.0	90.3	−3.07	8.53×10^{-4}
20.0	101.6	−1.94	1.16×10^{-2}
25.0	107.8	−1.32	4.78×10^{-2}
30.0	112.4	−0.86	1.38×10^{-1}
35.0	113.9	−0.71	1.97×10^{-1}
40.0	115.3	−0.57	2.68×10^{-1}
45.0	115.3	−0.57	2.68×10^{-1}
50.0	115.3	−0.57	2.68×10^{-1}
52.5	112.4	−0.86	1.38×10^{-1}
55.0	87.8	−3.32	4.80×10^{-4}
57.5	69.2	−5.18	6.56×10^{-6}
60.0	55.0	−6.60	2.49×10^{-7}
62.5	46.1	−7.49	3.25×10^{-8}
65.0	38.4	−8.26	5.53×10^{-9}
67.5	33.6	−8.74	1.83×10^{-9}
70.0	30.4	−9.06	8.63×10^{-10}

《解説》表 3.4 の結果を図 3.10 に図示する．また，式（3.13）で $z = 10℃$ とし，各温度 T における致死率 L を求める（表 3.4）．また，その値を図 3.10 にプロットする．式（3.15）の定義より，致死率曲線と x 軸で囲まれた部分（図 3.10 の網掛けした部分）の面積が式（3.15）の右辺の値，すなわち F_0 値を与える．式（3.15）の積分は数値積分または図積分により求められる（付録 F を参照）．ここでは，台形公式による数値積分を採用すると，

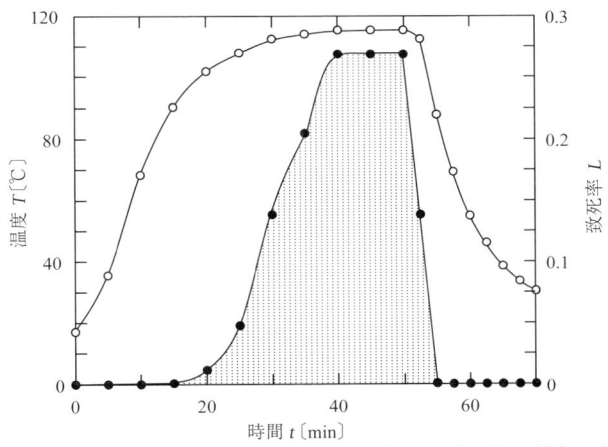

図 3.10　加熱殺菌プロセスにおける温度（○）と致死率 L（●）の経時変化

$$F_0 = (5)(4.07 \times 10^{-11} + 2.85 \times 10^{-9})/2 + (5)(2.85 \times 10^{-9} + 5.26 \times 10^{-6})/2+\cdots$$

$$+ (2.5)(5.53 \times 10^{-9} + 1.83 \times 10^{-9})/2 +(2.5)(1.83 \times 10^{-9} + 8.63 \times 10^{-10})/2 = 6.01$$

である．すなわち，$F_0 = 5.01$ である．　終

演 習

3.1 ある微生物を 110℃ で殺菌したときの加熱時間 t と生存率 N/N_0 の関係を**表 3.5** に示す．このときの D 値および死滅速度定数 k_d の値を求めよ．

表 3.5 微生物の死滅過程

時間 t〔min〕	3	6	9	12	15
生存率 N/N_0	0.351	0.119	0.0431	0.0147	0.00531

3.2 ある細菌（栄養細胞）の種々の温度における D 値を**表 3.6** に示す．この細菌の z 値はいくらか？

表 3.6 ある細菌の殺菌温度と D 値

温度〔℃〕	54	56	58	60	62
D 値〔min〕	8.12	4.04	2.01	0.96	0.48

3.3 ある芽胞の種々の温度における D 値を**表 3.7** に示す．この芽胞の死滅に対する活性化エネルギーと頻度因子はいくらか？　また，この芽胞を 105℃ で殺菌するとき，生存率を 10^{-6} にするのに要する時間はいくらか？

表 3.7 殺菌温度と D 値

温度〔℃〕	90	100	110	120
D 値〔min〕	51.4	7.02	1.18	0.19

3.4 電気圧力鍋で加熱調理したときの内部の温度を記録し，**表 3.8** の結果を得た．この調理過程の F_0 値を求めよ．

表 3.8 電気圧力鍋内部の温度変化

t〔min〕	0	4	8	12	16	20	24	28	32	36
T〔℃〕	21.0	27.5	45.0	71.0	94.0	108.5	112.5	113.0	113.0	111.0
t〔min〕	40	44	48	52	56	60	64	68	72	76
T〔℃〕	108.5	106.5	104.5	102.5	100.5	98.5	97.0	95.5	77.0	54.0

第4章 熱の移動と熱交換器

【課題 4.1】ある厚さのコンニャク（室温）の中心に温度計を差し込み沸騰水に漬けると，3分後に中心の温度が 80℃ になった．同じ材質で厚さが 2 倍のコンニャクを沸騰水に漬けたとき，中心の温度が 80℃ になるのは何分後か？

〔指針〕

① 3種の熱の伝わり方（伝導，対流，放射）を知る．

② 伝導による伝熱量を計算する方法を理解する．

③ 対流による伝熱量を表現する方法を理解する．

④ 総括伝熱係数と熱交換器の計算法を理解する．

4.1 熱の伝わり方

固体内の 2 点間に温度差があるとき，熱は固体内を高温側から低温側に流れる（伝わる）ことは経験的によく知られている．このような熱エネルギーの移動形式を**伝導伝熱**（熱伝導）と呼ぶ．液体や気体などの流体の移動に伴い，熱が移動する現象を**対流伝熱**という．対流伝熱には，温度差があると，流体の密度に差を生じ，流体が自然に移動し，それに伴って熱も移動する**自然対流伝熱**と，攪拌などにより流体を強制的に移動させて，熱を移動させる**強制対流伝熱**がある．また，空気などの媒体を通さずに高温の物体の表面から電磁波として熱が伝わる現象を**放射**（輻射）**伝熱**という．太陽やストーブを暖かいと感じるのは，この放射伝熱による．

4.2 伝導による熱の移動

4.2.1 フーリエの法則

厚さ L〔m〕の平板の片面の温度を T_1〔K〕，もう一方の面の温度を $T_2 (< T_1)$ に保ったとき（**図 4.1**），平板の厚さ方向（x 軸方向）に垂直な単位面積を単位時間に流れる熱量である**熱流束** q〔W/m^2 $(=$ (J/s) /m^2)〕は次のフーリエ（Fourier）の**法則**で表される．

$$q = -k \frac{dT}{dx} \tag{4.1}$$

ここで，k は平板の**熱伝導度**（熱伝導率）〔W/(m·K)〕と呼ばれ，この値が大きいほど熱は伝わりやすい．また，x は厚さ方向の距離〔m〕で，dT/dx は平板の厚さ方向の温度分布の傾き（温度勾配）である．式(4.1)の右辺の負号（マイナス）は，熱が高温側から低温側に（温度勾配

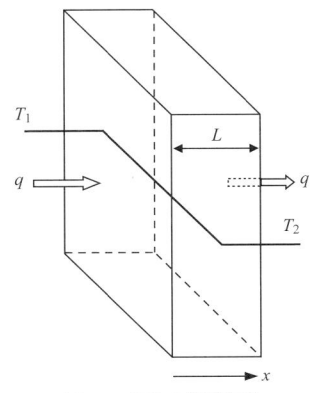

図 4.1 固体の伝導伝熱

の向きとは逆方向に）流れるという経験則に由来する．温度分布が時間によって変化しない状態（定常状態）では，q は x によらず一定値となる（そうでないと，x 方向のある位置で熱エネルギーの増減が起こり，定常にならない）．

4.2.2　平板内の熱伝導

(A) 単一平板　図 4.1 に示すように，平板内の温度分布は x 方向に直線的に変化する．式（4.1）を $qdx = -kdT$ と変形して，$x = 0$ で $T = T_1$，$x = L$ で $T = T_2$ の条件で積分すると，

$$\int_0^L qdx = -k \int_{T_1}^{T_2} dT \tag{4.2}$$

$$qL = k(T_1 - T_2) \tag{4.3}$$

となり，これを変形すると次式が得られる．

$$q = k\frac{T_1 - T_2}{L} = \frac{T_1 - T_2}{L/k} = \frac{\Delta T}{L/k} \tag{4.4}$$

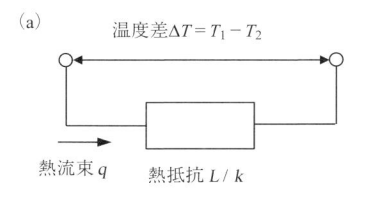

すなわち，熱流束 q は推進力である温度差 $\Delta T = T_1 - T_2$ に比例し，L/k に反比例する．この関係は，直流回路を流れる電流 I が電位差 E に比例し，電気抵抗 R に反比例する電気のオームの法則（式（4.5））に類似する（**図 4.2**（a）と（b）））．

$$I = \frac{E}{R} \tag{4.5}$$

式（4.4）の L/k は式（4.5）の電気抵抗 R に相当し，熱の伝わりにくさを表すので，**熱抵抗**と呼ばれる．

図 4.2　(a) 熱流束と (b) オームの法則との類似性

【**例題 4.1**】 1 kg の水と 1 kg の氷が入った厚さ 5 mm のプラスチック製容器を気温が 30℃ のところに置いた．氷がすべて融けるのに要する時間はいくらか？　なお，容器内はよく混合されており，どこも 0℃ に保たれている．また，容器内外の温度境膜（後述）の影響は考えなくてよい．プラスチックの熱伝導度は 0.25 W/(m·K)，氷の融解潜熱は 334 kJ/kg であり，伝熱面積は 950 cm² とする．

《解説》 1 kg の氷を融解するには 334 kJ = 3.34×10^5 J の熱エネルギーが必要である．温度差 $\Delta T = 30 - 0 = 30℃ = 30$ K，$L = 0.005$ m，$k = 0.25$ W/(m·K) を式（4.4）に代入すると，熱流束 $q = 30/(0.005/0.25) = 1500$ J/(m²·s) である．熱流束 q に伝熱面積 950 cm² = 0.095 m² を掛けると，1 秒間に容器内に流入する熱量は $(1500)(0.095) = 142.5$ J/s である．したがって，氷が融解するのに要する時間は，$3.34 \times 10^5/142.5 = 2344$ s = 39 min である．🔲

(B) 多層平板　図 4.3 のように，複数の平板が重なっているとき，定常状態では各層の熱流束 q は等しく，それぞれの平板に対して式（4.4）が成立するので，

$$q = \frac{T_1 - T_2}{L_1/k_1} = \frac{T_2 - T_3}{L_2/k_2} = \frac{T_3 - T_4}{L_3/k_3} \tag{4.6}$$

の関係が成立する．ここで，L_i と k_i はそれぞれ第 i 層（$i = 1, 2, 3$）の厚さと熱伝導度である．$a/b = c/d = e/f = (a + c + e)/(b + d + f)$ という加比の理を用いると，式 (4.6) は次のように表される．

$$q = \frac{(T_1 - T_2) + (T_2 - T_3) + (T_3 - T_4)}{L_1/k_1 + L_2/k_2 + L_3/k_3}$$

$$= \frac{T_1 - T_4}{L_1/k_1 + L_2/k_2 + L_3/k_3} \tag{4.7}$$

式 (4.7) の分母は各層の熱抵抗の和であり，複数の電気抵抗が直列につながったときの合成抵抗に相当する．

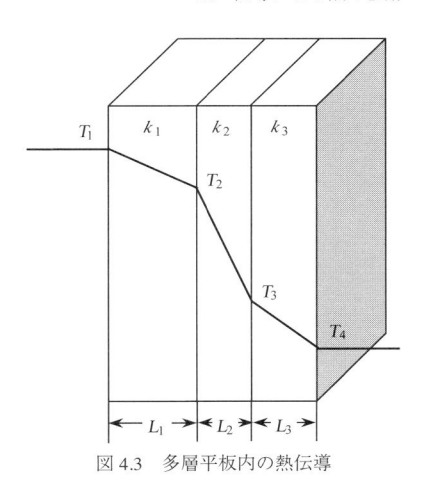

図 4.3 多層平板内の熱伝導

【例題 4.2】 例題 4.1 のプラスチック製容器を厚さ 2 cm の発泡スチロール板で覆うと，氷がすべて融けるのに要する時間はいくらか？ なお，発泡スチロール板の熱伝導度は 0.035 W/(m·K) で，伝熱面積は 950 cm² で変わらないものとする．

《解説》プラスチック製容器の厚さ $L_1 = 0.005$ m，熱伝導度 $k_1 = 0.25$ W/(m·K) と発泡スチロール板の厚さ $L_2 = 0.02$ m，熱伝導度 $k_2 = 0.035$ W/(m·K) を式 (4.7) に代入すると，熱流束は

$$q = \frac{30 - 0}{0.005/0.25 + 0.02/0.035} = 50.7 \text{ J/(m}^2 \cdot \text{s)}$$

である．したがって，氷が融解するのに要する時間は $3.34 \times 10^5/[(50.7)(0.095)] = 6.93 \times 10^4$ s = 19.3 h である．終

4.2.3 円筒管の熱伝導

内径 R_1〔m〕，外径 R_2〔m〕，長さ Z〔m〕の円筒（熱伝導度 k_s）の内壁から外壁への熱伝導を考える（図 4.4）．円筒の中心から距離 r〔m〕における熱流束 q〔J/(s·m²)〕は，式 (4.1) と同様に次式で表される．

$$q = -k_s \frac{dT}{dr} \tag{4.8}$$

円筒壁では，熱の移動方向に垂直な面の面積（伝熱面積）A〔m²〕は r に依存し，長さが Z であるので $A = 2\pi r Z$ である．定常状態では，熱流束 q は位置により異なる（内壁に近いところは大きく，外壁に近づくにつれて小さくなる）が，A と q の積で与えられる全伝熱量 Q〔J/s〕は円筒壁内の位置に依存しない一定の値であり，

$$Q = 2\pi r Z q = -2\pi r Z k_s \frac{dT}{dr} \tag{4.9}$$

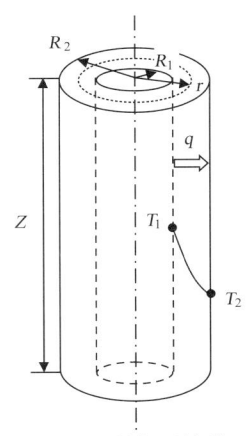

図 4.4 円筒管の熱伝導

で表される．そこで，式 (4.9) の変数を分離し，

$$\frac{Q}{2\pi Z}\frac{dr}{r} = -k_s dT \tag{4.10}$$

左辺を r について R_1 から R_2 まで，右辺を T について T_1 から T_2 まで積分すると，

$$\frac{Q}{2\pi Z}\int_{R_1}^{R_2}\frac{dr}{r} = -k_s\int_{T_1}^{T_2} dT \tag{4.11}$$

$$\frac{Q}{2\pi Z}\ln\frac{R_2}{R_1} = k_s(T_1 - T_2) \tag{4.12}$$

であるので，

$$Q = \frac{2\pi Zk_s(T_1 - T_2)}{\ln(R_2/R_1)} \tag{4.13}$$

である．熱が移動する推進力は温度差 $(T_1 - T_2)$ であり，熱抵抗は $\ln(R_2/R_1)/(2\pi Zk_s)$ である．

4.2.4　非定常伝熱

　中心に温度計を差し込んだ板コンニャクを温水に漬けると，図4.5（a）のように，温水に漬けてしばらくは，温度は初期の値 T_0 のままであるが，その後徐々に上昇し，ついには温水の温度 T_∞ に等しくなる．すなわち，コンニャク内部の温度は時間とともに変化する．このような現象を**非定常伝熱**という．

　平板内の中心から距離 x の位置にある厚さ Δx で単位面積（1 m × 1 m）の微小要素に対する熱収支を考える（図4.5（b））．微小要素内では熱の発生や消失はないので，熱収支は式（4.14）で与えられる．

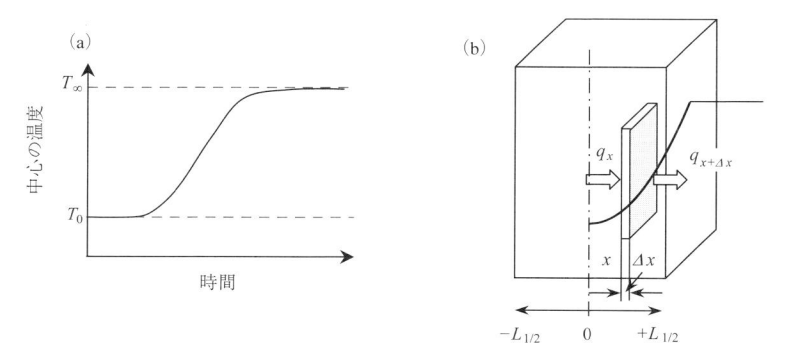

図4.5　（a）非定常過程における中心温度の変化と　（b）平板内の微小要素における熱収支

$$(\text{蓄積量}) = (x\,\text{からの入熱}) - (x + \Delta x\,\text{からの出熱}) \tag{4.14}$$

時間 $t \sim t + \Delta t$ の間に微小要素に蓄積された熱量は，平板の密度を ρ〔kg/m³〕，比熱を c_p〔J/(kg·K)〕とすると，次式で表される．

$$(\text{蓄積量}) = (1)\Delta x[\rho c_p(T + \Delta T) - \rho c_p T] \tag{4.15}$$

ここで，T は時間 t における温度，$T + \Delta T$ は時間 $t + \Delta t$ における温度である．一方，x からの入熱と $x + \Delta x$ からの出熱は熱流束 q を用いてそれぞれ次のように与えられる．

$$(x\,\text{からの入熱}) = (1)q_x\Delta t \tag{4.16}$$

$$(x + \Delta x \text{ からの出熱}) = (1)q_{x+\Delta x}\Delta t \tag{4.17}$$

ここで，式（4.15）〜式（4.17）の右辺の 1 は熱が伝わる面積〔m²〕を表す．式（4.15）〜式（4.17）を式（4.14）に代入すると次式を得る．

$$\Delta x[\rho c_{\mathrm{p}}(T + \Delta T) - \rho c_{\mathrm{p}}T] = q_x\Delta t - q_{x+\Delta x}\Delta t \tag{4.18}$$

式（4.18）の両辺を $\Delta x\Delta t$ で割ると，

$$\rho c_{\mathrm{p}}\frac{(T + \Delta T) - T}{\Delta t} = -\frac{q_{x-\Delta x} - q_x}{\Delta x} \tag{4.19}$$

となる．ここで，$\Delta t \to 0$，$\Delta x \to 0$ とすると，微分の定義より，

$$\rho c_{\mathrm{p}}\frac{\partial T}{\partial t} = -\frac{\partial q}{\partial x} \tag{4.20}$$

を得る．温度 T は時間 t と距離 x の関数であるので，得られた熱収支式は偏微分方程式となる．式（4.20）の熱流束 q に式（4.1）の定義式を代入すると，次のようになる．

$$\rho c_{\mathrm{p}}\frac{\partial T}{\partial t} = -\frac{\partial}{\partial x}\left(-k\frac{\partial T}{\partial x}\right) \tag{4.21}$$

k が x に関して一定であるとすると，

$$\rho c_{\mathrm{p}}\frac{\partial T}{\partial t} = k\frac{\partial^2 T}{\partial x^2} \tag{4.22}$$

ここで，

$$\alpha = \frac{k}{\rho c_{\mathrm{p}}} \tag{4.23}$$

とおくと，式（4.22）は次のようになる．

$$\frac{\partial T}{\partial t} = \alpha\frac{\partial^2 T}{\partial x^2} \tag{4.24}$$

ここで，α は**温度伝導度**と呼ばれ，m²/s の単位をもつ．温度伝導度の単位は拡散係数のそれと同じであるので，**熱拡散率**と呼ばれることもある．

なお，図 4.5（b）のように，温度が中心から右方向（x の正の方向）に高くなるとき，熱は右から左に向かって流れるが，中心から x および $x + \Delta x$ の位置における熱流束 q_x と $q_{x+\Delta x}$ を表す矢印は右方向（正の方向）を向いており，違和感を覚えるかもしれない．しかし，熱収支をとるときの熱の流入と流出は，実際の熱の流れとは関係なく，形式的に x 軸の正の方向に考える．x および $x + \Delta x$ のいずれの位置においても，温度勾配 dT/dx は正であるので，式（4.1）より熱流束 q_x と $q_{x+\Delta x}$ はともに負の値であり，熱が x の負方向（左方向）に流れることがわかる．また，式（4.18）の右辺第 1 項は負，負号を含めた第 2 項は正となるので，実際の熱の流れは厚さ Δx の平板の $x + \Delta x$ の位置から入り，x の位置から左方向に出ていくことになり，直感と一致する．

式（4.24）は無限に広い平板に対する非定常伝熱の基礎式である．式（4.24）を解けば任意の時間 t と距離 x における温度 T を知ることができる．式（4.24）を解くには**初期条件**（I.C.）と**境界条件**（B.C.）

が必要であり，それらはそれぞれ式（4.25）と式（4.26）で与えられる．なお，平板の表面の伝熱係数（後述）は十分大きいとする．

$$\text{I.C.} \quad t < 0, \quad -L_{1/2} \le x \le L_{1/2}; \quad T = T_0 \tag{4.25}$$

$$\text{B.C.} \quad t \ge 0, \quad x = \pm L_{1/2}; \qquad T = T_\infty \tag{4.26}$$

ここで，$L_{1/2}$〔m〕は平板の半分の厚さであり，平板は最初均一な温度 T_0 であり，温度 T_∞ の温水に漬けると板の表面はつねに温度 T_∞ に保たれていることを示す．

式（4.24）の解を求めることは本書の範囲を越えるので，結果のみを示す．

$$\Theta = \frac{T_\infty - T}{T_\infty - T_0} = \frac{4}{\pi} \sum_{n=0}^{\infty} \frac{(-1)^n}{(2n+1)} \exp\left[-\frac{(2n+1)^2 \pi^2 \alpha t}{4L_{1/2}^2}\right] \cos \frac{(2n+1)\pi x}{2L_{1/2}} \tag{4.27}$$

ここで，Θ は無次元温度である．$t = 0$ では $T = T_0$ であるので $\Theta = 1$ であり，$t = \infty$ では（十分長い時間が経つと）平板の温度は温水のそれと同じ（$T = T_\infty$）になり，$\Theta \to 0$ である．

平板の中心（$x = 0$）の温度 T_c は，式（4.27）に $x = 0$ を代入した次式で表される．

$$\Theta_c = \frac{T_\infty - T_c}{T_\infty - T_0} = \frac{4}{\pi} \sum_{n=0}^{\infty} \frac{(-1)^n}{(2n+1)} \exp\left[-\frac{(2n+1)^2 \pi^2 \alpha t}{4L_{1/2}^2}\right] \tag{4.28}$$

式（4.28）は無限級数の和となっているが，$\pi^2 \alpha t/(4L_{1/2}^2) > 0.5$ では急速に収束し，第2項以下は無視できるようになり，次式で近似できる．

$$\Theta_c = \frac{T_\infty - T_c}{T_\infty - T_0} = \frac{4}{\pi} \exp\left[-\frac{\pi^2 \alpha t}{4L_{1/2}^2}\right] \tag{4.29}$$

材料の形状が球や無限に長い円柱についても，非定常過程の温度分布を記述する解析解が得られているが，ここでは省略する．

4.2.5　ガーニー・ルーリー線図

上述のように，熱収支の基礎式を考え，それを解くのはたいへんである．式（4.27）で，

$$\theta = \frac{\alpha t}{L_{1/2}^2} \tag{4.30}$$

$$\xi = \frac{x}{L_{1/2}} \tag{4.31}$$

とおくと（θ は無次元の時間でフーリエ数といい，ξ は無次元距離である），無次元温度 Θ は θ と ξ のみの関数となる．

$$\Theta = \frac{T_\infty - T}{T_\infty - T_0} = \frac{4}{\pi} \sum_{n=0}^{\infty} \frac{(-1)^n}{(2n+1)} \exp\left[-\frac{(2n+1)^2 \pi^2 \theta}{4}\right] \cos\left[\frac{(2n+1)\pi \xi}{2}\right] \tag{4.32}$$

式（4.32）は一度計算しておけば，材料の厚さ L（その半分の厚さ $L_{1/2}$）やその温度伝導度 α，初期の材料温度 T_0 と周りの温度 T_∞ に依らずに適用でき便利である．このように，無次元温度 Θ を無次元時間 θ と無次元距離 ξ の関数として計算し，線図として表したものをガーニー・ルーリー（Gurney-Lurie）線図という．

材料の形状が球または無限に長い平板や円柱の中心の無次元温度 Θ_c に対するガーニー・ルーリー線図を図 4.6 に示す．なお，無限に長い平板や円柱は存在しないが，そのように近似できるときに適

用できる．

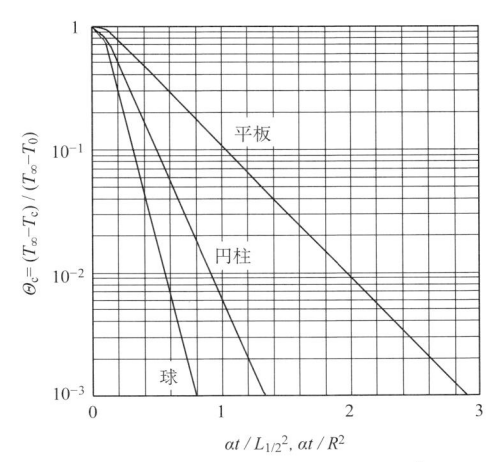

図 4.6　中心温度に対するガーニー・ルーリー線図
T_c は中心の温度であり，R は円柱および球の半径である．

【例題 4.3】 室温（25℃）に置いておいた厚さ 2 cm の平板状に切ったスイカと直径 30 cm の球形のスイカを庫内温度が 4℃ の冷蔵庫に入れたとき，中心温度が 10℃ になるのに要する時間を図 4.6 を用いて求めよ．ただし，スイカの温度伝導度は 1.5×10^{-7} m²/s とする．

《解説》 10℃ に対応する中心の無次元温度 Θ_c は，

$$\Theta_c = \frac{T_\infty - T_c}{T_\infty - T_0} = \frac{4 - 10}{4 - 25} = 0.286$$

である．ガーニー・ルーリー線図（図 4.6）より，$\Theta_c = 0.286$ となる無次元時間 θ を求めると，平板では $\theta = at/L_{1/2}^2 = 0.63$，球では $\theta = at/R^2 = 0.22$（R は半径〔m〕）である．したがって，中心温度が 10℃ になるのに要する時間は，厚さ 2 cm の平板状に切ったスイカ（$L_{1/2} = 0.01$ m）では，

$$t = \frac{\theta L_{1/2}^2}{\alpha} = \frac{(0.63)(0.01)^2}{1.5 \times 10^{-7}} = 420 \text{ s} = 7 \text{ min}$$

である．一方，直径 30 cm の球形のスイカ（$R = 0.15$ m）は

$$t = \frac{\theta R^2}{\alpha} = \frac{(0.22)(0.15)^2}{1.5 \times 10^{-7}} = 33000 \text{ s} = 550 \text{ min} = 9.2 \text{ h}$$

となる．したがって，冷えたスイカを早く食べたければ，平板状に切ってから冷蔵庫に入れたほうがよい．　終

中心の無次元温度 Θ_c がある値になる無次元時間 θ はガーニー・ルーリー線図から求められる．無次元時間 θ と実際の時間 t は，$t = \theta L_{1/2}^2/\alpha$ または $t = \theta R^2/\alpha$ で関係づけられるので，実際の時間 t は平板の厚さ（または，半分の厚さ）や球や円柱の半径の 2 乗に比例する．したがって，課題 4.1 ではコンニャクの厚さが 2 倍になると，中心温度が 80℃ になるのに要する時間は，厚さの 2 乗に比例するので，$3 \times 2^2 = 12$ min である．

4.3　対流による熱の移動

4.3.1　温度境膜と伝熱係数

低温の液状食品を高温の水や水蒸気（スチーム）で加熱するとき，これらの 2 つの流体はステンレスのような固体壁で仕切られた別々の流路に供給される．このとき，固体壁を通して高温流体から低温流体に熱が伝わる．図 4.7（a）は厚さ L の固体壁（プレートや円管など）を挟んで温度 T_h の高温流体から温度 T_c の低温流体への熱移動を示す．高温流体と接する固体壁面の温度を T_{i1}（< T_h）とする．流体が固体壁に沿って流れるとき，固体壁面にごく近い流体中に T_h から T_{i1} への急激な温度変化を引き起こす流体層が生じる．この層は**温度境膜**（または，**温度境界層**）と呼ばれ，層内ではほとんど流体流れの乱れがないため，熱は近似的に伝導伝熱で伝わると考えてよい．したがって，温度境膜の厚さを δ_h〔m〕とすると，この部分の熱流束 q は式（4.4）と同様に，次式で表される．

$$q = k_h \frac{T_h - T_{i1}}{\delta_h} \tag{4.33}$$

ここで，k_h は高温流体の熱伝導度である．温度境膜の厚さ δ_h は流体の流動状態，固体壁の形状および流体の特性値（粘度，密度など）によって複雑に変化するため，これを理論的に求めることはできず，実験的に測定するしかない．そこで，式（4.33）の右辺の k_h/δ_h を h_h とおき，熱流束 q を次式のように表す．

$$q = h_h(T_h - T_{i1}) \tag{4.34}$$

式（4.34）は**ニュートン（Newton）の冷却の法則**と呼ばれる．また，h_h を高温流体側の温度境膜の**伝熱係数**（熱伝達係数）〔W/(m²·K)〕という．前述したオームの法則と対比すると，$1/h_h$ は熱抵抗を表す．低温流体側の温度境膜の熱流束も，低温流体側の温度境膜の伝熱係数 h_c を用いて，式（4.34）と同様の式で表される．

高温流体から固体壁に到達した熱は固体壁内を伝導伝熱で流れ，低温流体に存在する温度境膜を通って低温流体へ移動する．定常状態では，高温側温度境膜，固体壁部分および低温側温度境膜にお

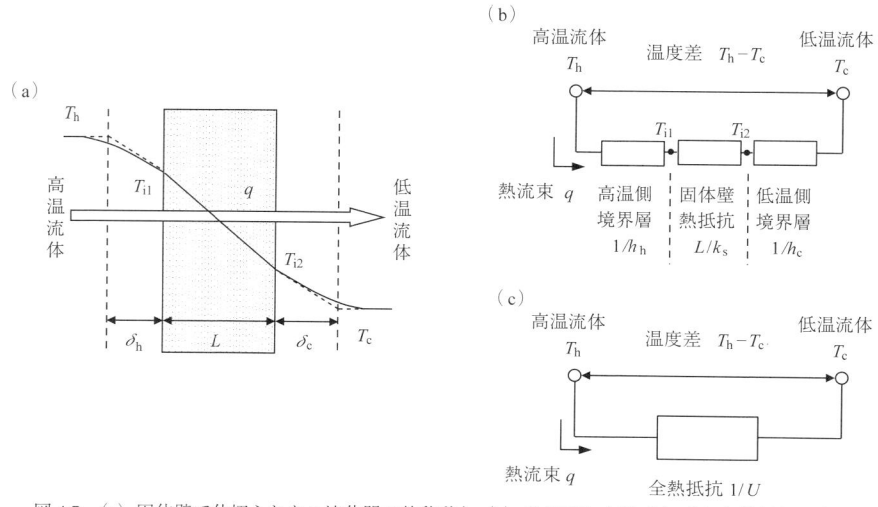

図 4.7　（a）固体壁で仕切られた 2 流体間の熱移動と（b）熱抵抗および（c）それと等価な回路

ける熱流束 q はすべて等しいので次の関係が成立する.

$$q = h_\mathrm{h}(T_\mathrm{h} - T_\mathrm{i1}) = k_\mathrm{s}(T_\mathrm{i1} - T_\mathrm{i2})/L = h_\mathrm{c}(T_\mathrm{i2} - T_\mathrm{c}) \tag{4.35}$$

ここで,k_s は固体壁の熱伝導度である.式(4.35)の T_i1 と T_i2 は界面の温度であり,これらは通常は測定できないので,このままでは熱流束 q が計算できない.図4.7(b)に示すように,$1/h_\mathrm{h}$,L/k_s,$1/h_\mathrm{c}$ はそれぞれ高温側温度境膜,固体壁部分および低温側温度境膜の熱抵抗であり,これらは直列に並んでいる.そこで,これらの合成抵抗($1/h_\mathrm{h} + L/k_\mathrm{s} + 1/h_\mathrm{c}$)を考えると,図4.7(b)と等価な回路は図4.7(c)のように表される.したがって,q は測定できる高温流体と低温流体の温度の差 $T_\mathrm{h} - T_\mathrm{c}$ を推進力とする次式で表せる.

$$q = U(T_\mathrm{h} - T_\mathrm{c}) \tag{4.36}$$

ここで,U は**総括伝熱係数**〔W/(m^2·K)〕と呼ばれ,全熱抵抗の逆数であるので,次の関係が成立する.

$$\frac{1}{U} = \frac{1}{h_\mathrm{h}} + \frac{1}{k_\mathrm{s}/L} + \frac{1}{h_\mathrm{c}} \tag{4.37}$$

4.3.2 伝熱係数の推算

流体の流れの状態は乱れのない層流と,乱れながら流れる乱流に分類され,これらの状態はレイノルズ数と呼ばれる無次元数の値により定まる(第9章を参照).伝熱係数 h の値は,流体の特性値(熱伝導度 k,比熱 c_p,粘度 μ,密度 ρ),流動状態,伝熱面の形状(管径 d,管長 Z,構造)の影響を受けるが,これを理論的に解析することはできない.そこで,実験的に得られた h の値がいくつかの無次元数のべき乗の積とした相関式にまとめられている.以下に,2つの例を示す.

(A)管内乱流の場合 管長が十分に長く($Z/d > 60$),レイノルズ数 $Re = du\rho/\mu > 10^4$(9.2.2を参照)のときには,次の相関式が適用できる.

$$Nu = 0.023 Re^{0.8} Pr^{0.4} \tag{4.38}$$

ここで,Nu と Pr はそれぞれ**ヌッセルト**(Nusselt)**数**と**プラントル**(Prandtl)**数**と呼ばれる無次元数であり,式(4.39)と式(4.40)で定義される.

$$Nu = \frac{hd}{k} \tag{4.39}$$

$$Pr = \frac{c_\mathrm{p}\mu}{k} \tag{4.40}$$

なお,式(4.38)は $Pr = 0.7 \sim 10$ の範囲では,$Re = 2300 \sim 10^4$ の乱流域でも成立する.

管の断面が円形でない流路を流体が流れる場合には,管内径 d の代わりに,式(4.41)で計算される**伝熱的相当直径** d_e を用いると,伝熱係数が推算できる.

$$d_\mathrm{e} = 4 \times \frac{流路の断面積}{伝熱辺長} \tag{4.41}$$

なお,流体が流れる管路の断面で,流体と管壁が接している長さのうち,熱移動に関係する部分の長さを伝熱辺長という.

　例えば，内径 d_o の外管と外径 d_i の内管からなる二重管の環状部の流路の断面積は $(\pi/4)(d_o{}^2 - d_i{}^2)$ であり，伝熱辺長は内管の外径の円周の長さ πd_i であるから，環状部の伝熱的相当直径は次式で計算できる．

$$d_e = \frac{d_o{}^2 - d_i{}^2}{d_i} \tag{4.42}$$

(B) 管内層流の場合　内径が大きくない管内を流体が層流で流れ，流体と管壁面の温度差があまり大きくないときには次式が適用できる．

$$Nu = 1.86 Re^{1/3} Pr^{1/3} \left(\frac{d}{Z}\right)^{1/3} \left(\frac{\mu}{\mu_w}\right)^{0.14} \tag{4.43}$$

ここで，μ_w は壁面温度における流体の粘度であり，それ以外の物性値は流体本体の温度における値を用いる．

4.4　放射による熱の移動

　すべての物体は，その温度に応じて表面から熱を放射しており，低温の物体の表面に到達すると，一部が吸収されて熱になる．残りは反射または透過する．それぞれの割合を吸収率，反射率および透過率といい，それらの総和は 1 である．吸収率が 1 である物体を**黒体**という．

　温度 T 〔K〕で面積 A 〔m^2〕の固体から単位時間に放射される熱量 q_r 〔J/s〕は次式で表される．

$$q_r = \sigma A \varepsilon T^4 \tag{4.44}$$

ここで，σ はステファン・ボルツマン（Stephan-Boltzmann）定数といい，$\sigma = 5.67 \times 10^{-8}$ J/(s·m^2·K^4) である．また，ε は固体面の**黒度**（または，熱放射率）と呼ばれる値で，固体の種類や表面の状態，温度などによって異なる．黒体は $\varepsilon = 1$ であり，非金属は $\varepsilon = 0.75 \sim 0.95$ 程度である．

4.5　熱交換器

【課題 4.2】二重円管の内管に室温の麺つゆを，外管に 140℃の水蒸気を流して麺つゆを殺菌する．このとき，麺つゆと水蒸気を同じ向きに流すときと，向かい合うように（反対向きに）流すときで，効率は同じであろうか？

4.5.1　熱交換器の構造

　加熱や冷却は食品を作る際に頻繁に用いられる操作である．液状食品の加熱殺菌では，高温の流体を用いて外部から熱が加えられ，熱エネルギーは高温流体から低温の流体に移動する．このような現象を**熱交換**といい，そのための装置を**熱交換器**と呼ぶ．熱エネルギーは高価であるので，効率よく使わなければならず，熱エネルギーの移動をよく理解することが大切である．

　図 4.8 に示すように，熱交換器には多くの種類があるが，食品の加熱や冷却に用いられるものは，安全性の観点から，熱媒体と食品が固体壁（金属やプラスチックなど）によって分けられている場合がほとんどである．液体食品の加熱や冷却にもっともよく用いられるのは，プレート式熱交換器（図

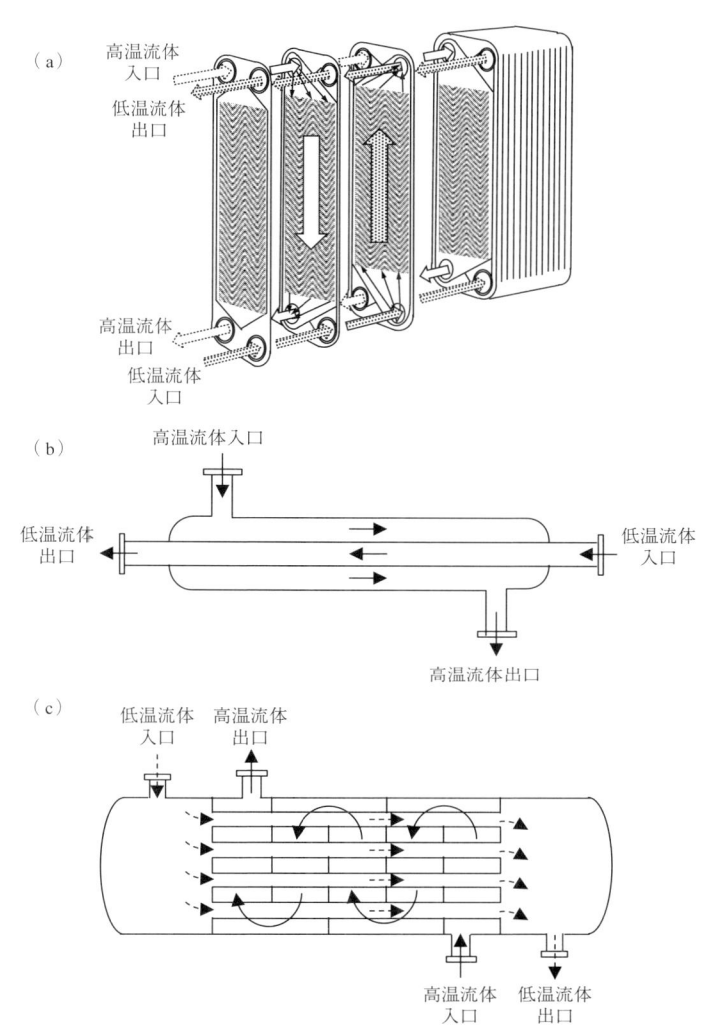

図 4.8　(a) プレート式, (b) 二重管型および (c) 多管型熱交換器

4.8 (a)) と管型熱交換器 (図 4.8 (b) と (c)) である.

　図 4.8 (a) のプレート式熱交換器は乳製品や飲料の製造に用いられる. 狭い間隙で複数のステンレス板 (プレート) が重ね合わされており, プレート間に高温流体と低温流体を交互に流して熱交換する. プレートの表面は特殊な凹凸のパターンが施されており, 流れに乱れを生じさせて熱交換の効率を上げるように工夫されている. プレート式熱交換器は粘性の低い液体食品($< 5\,\mathrm{Pa \cdot s}$) に用いられる. また, 液体が固形分を含む場合には, その大きさが 3 mm 以下であることが望ましい. 乳製品に適用するときは, 乳タンパク質などが**スケール (汚れ)** としてプレート表面に固着する**ファウリング現象**を防止することが重要である. この熱交換器は洗浄が容易であるなどの利点があり, 乳製品などの殺菌装置として用いられている.

　管型熱交換器はもっとも汎用されている熱交換器である. もっとも単純なものは, 一本の管の内部にもう一本の管が同心円状に組み込まれた二重管型の熱交換器 (図 4.8 (b)) であり, 内管の内部と内管と外管の間隙 (環状部) にそれぞれ高温または低温の流体を流して熱交換を行う. 構造が簡単で

洗浄しやすいため，液状食品の殺菌などにも用いられている．図4.8（c）の多管型熱交換器はもっとも一般的に使用される熱交換器であり，濃縮工程での液状食品の予熱や熱回収に用いられている．構造は簡単であるが，流体のデッドスペースが多く，洗浄が困難であるのが欠点である．

その他，熱交換面に固着した糖やタンパク質などを掻き取ってファウリングを防止する掻き取り型熱交換器があり，高粘度の溶液にも使用されている．

4.5.2　二重管型熱交換器

二重管型熱交換器のように，高温流体と低温流体が円管で隔てられているとき，定常状態で，高温流体から低温流体へ移動する単位時間あたりの熱量 Q〔W（= J/s）〕は，単位面積あたりの熱の移動速度である熱流束 q に熱が伝わる面の面積（伝熱面積）A を掛けた値になる．

$$Q = qA = UA(T_\mathrm{h} - T_\mathrm{c}) \tag{4.45}$$

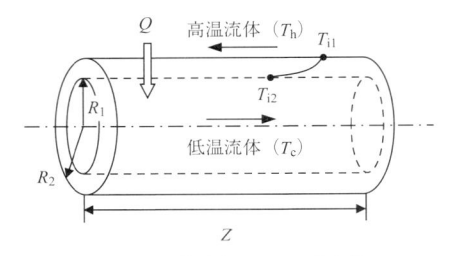

図4.9　円筒壁を通しての熱交換

このとき，円管の内側と外側では面積が異なるので，円管の内面と外面のいずれの面積を基準にするかによって U の値は異なる．しかし，Q の値は熱が移動する位置によって変化せず一定である．すなわち，U と A を別々に考えず，UA としてひとまとめにすると，この値は基準とする面や伝熱方向の位置に依らず一定であり，便利である．内半径 R_1，外半径 R_2，長さ Z の円管の内部に低温流体，外部に高温流体が流れており（**図4.9**），それぞれの流体と固体壁（円筒）との境に温度境膜が存在するとき，式（4.35）に伝熱面積を考慮して，高温流体から低温流体に伝わる全伝熱量 Q〔J/s〕は次式で表される．

$$Q = 2\pi R_2 Z h_\mathrm{h}(T_\mathrm{h} - T_\mathrm{i1}) = 2\pi Z k_\mathrm{s}(T_\mathrm{i1} - T_\mathrm{i2})/\ln(R_2/R_1) = 2\pi R_1 Z h_\mathrm{c}(T_\mathrm{i2} - T_\mathrm{c}) \tag{4.46}$$

式（4.35）と同様に，全伝熱量 Q は $(T_\mathrm{h} - T_\mathrm{c})$ を推進力とし，3つの熱抵抗が直列に並んでいると考えると，

$$Q = \frac{2\pi Z(T_\mathrm{h} - T_\mathrm{c})}{\dfrac{1}{R_2 h_\mathrm{h}} + \dfrac{\ln(R_2/R_1)}{k_\mathrm{s}} + \dfrac{1}{R_1 h_\mathrm{c}}} \tag{4.47}$$

で表される．これを式（4.45）と対比すると，

$$UA = \frac{2\pi Z}{\dfrac{1}{R_2 h_\mathrm{h}} + \dfrac{\ln(R_2/R_1)}{k_\mathrm{s}} + \dfrac{1}{R_1 h_\mathrm{c}}} \tag{4.48}$$

の関係がある．式（4.48）で与えられる UA を式（4.45）に代入すると，伝熱量 Q が計算できる．円管の内面と外面の面積はそれぞれ $2\pi ZR_1$ と $2\pi ZR_2$ であるので，これらを式（4.48）の A に代入すると，管内面基準および外面基準の**総括伝熱係数** U_1 と U_2 はそれぞれ式（4.49）と式（4.50）で表される．

$$\frac{1}{U_1} = \frac{R_1}{R_2 h_\mathrm{h}} + \frac{R_1 \ln(R_2/R_1)}{k_\mathrm{s}} + \frac{1}{h_\mathrm{c}} \tag{4.49}$$

$$\frac{1}{U_2} = \frac{1}{h_h} + \frac{R_2\ln(R_2/R_1)}{k_s} + \frac{R_2}{R_1 h_c}$$ (4.50)

4.5.3 熱交換器の大きさ

熱交換器の大きさを決めることは，熱移動が起こる面の面積（伝熱面積）を決定することにほかならない．このときに重要なことは，固体壁（円管など）を境に互いに平行または逆方向に流れている高温流体と低温流体の温度はいずれも流れ方向に変化している点である．二重管型熱交換器を例として，その内管と環状部にそれぞれ低温流体および高温流体を流したときの各流体の温度 T_c と T_h の流れ方向の変化を，**図 4.10** に模式的に示す．高温流体と低温流体を同じ方向に流す場合を**並流**といい，それぞれの流体を対向して（反対の方向に）流す場合を**向流**という．いずれの場合も低温流体は入口から出口へ向かって温度が上昇し，高温流体は低下しており，2 流体間の温度差 ΔT は熱交換器の場所により異なる．とくに，並流の場合は，低温流体の入口で ΔT がもっとも大きく，出口に向かうにつれて小さくなり，ΔT は流れ方向で大きく変化する．一方，向流の場合は，ΔT は変化するが，その変化は並流の場合ほど大きくはない．熱交換器の入口から出口までの間に交換される全熱量 Q は式 (4.45) で計算されるが，高温流体と低温流体の温度差 $T_h - T_c$（$= \Delta T$）が位置によって変化するので，以下に示すように，入口の温度差 ΔT_1 と出口の温度差 ΔT_2 の対数平均を用いる．

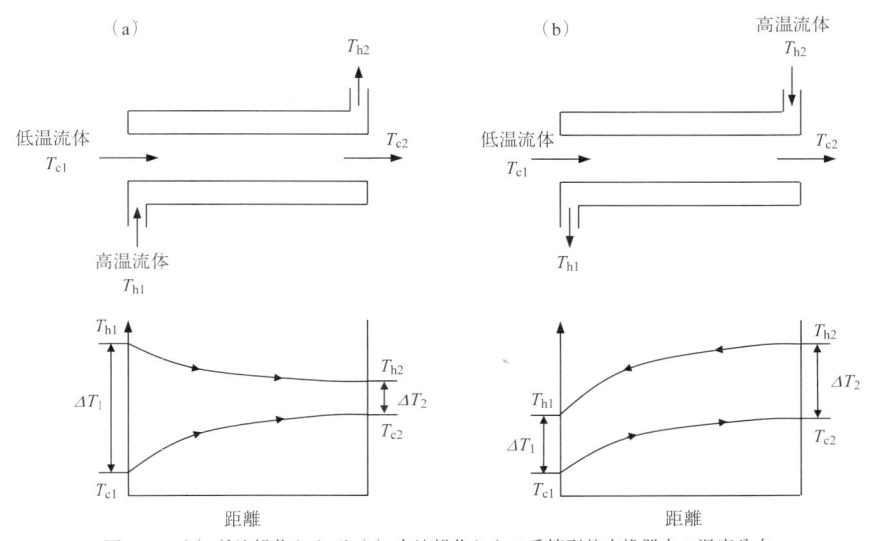

図 4.10　(a) 並流操作および (b) 向流操作した二重管型熱交換器内の温度分布

低温流体と高温流体が向流で流れる二重管型熱交換器を考える（**図 4.11**）．低温流体の入口を原点とし，流れ方向に z 軸をとり，熱交換器の長さを Z〔m〕とする．微小区間 dz におけるそれぞれの流体の熱収支を考える．微小区間 dz で高温流体から低温流体に移動する熱量を dQ〔J/s〕とすると，この熱の移動によって高温流体の温度は dT_h だけ低下し，低温流体の温度は dT_c だけ上昇する．区間 dz におけるそれぞれの流体に対する熱収支より次式が得られる．

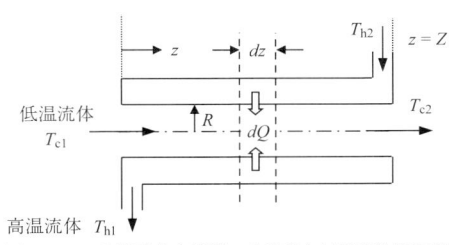

図 4.11　二重管型熱交換器の熱移動と対数平均温度差

$$dQ = c_{ph}W_h dT_h = c_{pc}W_c dT_c \tag{4.51}$$

ここで，c_{ph} と c_{pc} はそれぞれ高温流体と低温流体の比熱〔J/(kg·K)〕，W_h と W_l は高温流体と低温流体の質量流量〔kg/s〕である．高温流体が dQ の熱を失うと同時に，同じ熱量（dQ）が温度差（$T_h - T_c$）を推進力として低温流体に伝わる．したがって，内管の半径を R，総括伝熱係数を U とすると，伝熱面積は $2\pi R dz$ であるので，式（4.45）より，

$$dQ = U(2\pi R dz)(T_h - T_c) \tag{4.52}$$

である．式（4.51）と式（4.52）から次の 2 つの式が得られる．

$$\frac{dT_h}{T_h - T_c} = \frac{2\pi RU}{c_{ph}W_h}\,dz \tag{4.53}$$

$$\frac{dT_c}{T_h - T_c} = \frac{2\pi RU}{c_{pc}W_c}\,dz \tag{4.54}$$

式（4.53）と式（4.54）の両辺の差をとると，

$$\frac{d(T_h - T_c)}{T_h - T_c} = 2\pi RU \left(\frac{1}{c_{ph}W_h} - \frac{1}{c_{pc}W_c}\right)\,dz \tag{4.55}$$

である．一方，熱交換器全体の伝熱量 Q は次式で与えられる．

$$Q = c_{ph}W_h(T_{h2} - T_{h1}) = c_{pc}W_c(T_{c2} - T_{c1}) \tag{4.56}$$

式（4.56）から $1/c_{ph}W_h$ と $1/c_{pc}W_c$ を計算して式（4.55）に代入すると，

$$\frac{d(T_h - T_c)}{T_h - T_c} = 2\pi RU \left(\frac{T_{h1} - T_{h2}}{Q} - \frac{T_{c2} - T_{c1}}{Q}\right)\,dz$$

$$= \frac{2\pi RU}{Q}\left[(T_{h1} - T_{c1}) - (T_{h2} - T_{c2})\right]dz \tag{4.57}$$

左辺を入口の温度差 $(T_{h1} - T_{c1}) = \Delta T_1$ から出口の温度差 $(T_{h2} - T_{c2}) = \Delta T_2$ まで，最右辺を z について 0 から Z まで積分すると，

$$\ln \frac{T_{h1} - T_{c1}}{T_{h2} - T_{c2}} = \ln \frac{\Delta T_1}{\Delta T_2} = \frac{2\pi RUZ}{Q}(\Delta T_1 - \Delta T_2) \tag{4.58}$$

である．伝熱面積 $A = 2\pi RZ$ であるから，

$$Q = \frac{UA(\Delta T_1 - \Delta T_2)}{\ln(\Delta T_1/\Delta T_2)} = UA\Delta T_{lm} \tag{4.59}$$

となる．ここで，ΔT_{lm} は**対数平均温度差**と呼ばれ，次式で定義される．

$$\Delta T_{lm} = \frac{\Delta T_1 - \Delta T_2}{\ln(\Delta T_1/\Delta T_2)} \tag{4.60}$$

すなわち，熱交換器の全伝熱量 Q は UA と高温流体と低温流体の対数平均温度差 ΔT_{lm} の積で計算される．なお，低温流体と高温流体が並流で流れる場合も同様な手順により式（4.59）が得られる．

　以上をまとめると，熱交換器の大きさ（伝熱面積）は以下の手順で計算できる．

① 式（4.56）から全伝熱量 Q を計算する．

② 固体壁がプレート式熱交換器のように平板のときには，式（4.37）から総括伝熱係数 U を計算する．

③ 式（4.60）から対数平均温度差 ΔT_{lm} を求める．

④ 式（4.59）に Q と U，ΔT_{lm} の値を代入して伝熱面積 A を計算する．

⑤ 固体壁が円管状の管型熱交換器の場合には，Q と ΔT_{lm} の値を式（4.59）に代入して UA の値を求め，式（4.48）から管の長さ Z を求める．

【例題 4.4】 内径 0.023 m，外径 0.033 m の円管内（熱伝導度は 50 W/(m·K)）をスクロース（ショ糖）水溶液を 40 L/min の体積流量で流し，50℃ から 70℃ まで加熱する．管外には入口温度 95℃，出口温度 80℃ の温水を，スクロース水溶液と向流に流す．管内外の温度境膜の伝熱係数はそれぞれ 2650 W/(m²·K) と 3050 W/(m²·K) である．必要な温水の流量 W_h と管長 Z を求めよ．なお，スクロース水溶液と温水の密度はそれぞれ 1200 kg/m³ と 1000 kg/m³ であり，それの比熱は 3120 J/(kg·K) と 4180 J/(kg·K) とする．

《解説》式（4.56）より，

$$Q = (3120)(0.04 \times 1200/60)(70 - 50) = (4180)(95 - 80)W_h$$

$$Q = 49920 = 62700 W_h$$

したがって，$W_h = 0.796$ kg/s である．つぎに，式（4.48）より，

$$UA = \frac{2\pi Z}{\dfrac{1}{(2650)(0.0115)} + \dfrac{1}{50}\ln\dfrac{0.0165}{0.0115} + \dfrac{1}{(3050)(0.0165)}} = 104.8Z$$

また，式（4.60）より，

$$\Delta T_{lm} = \frac{30 - 25}{\ln(30/25)} = 27.42$$

したがって，式（4.59）より，

$$Z = \frac{49920}{(104.8)(27.42)} = 17.4 \text{ m}$$

と求められる． 終

演 習

4.1 内径 7.2 cm で厚さが 0.4 cm の陶器製マグカップ（熱伝導度は 1.5 W/(m·K)）に 150 g の氷を入れ，さらに 0℃ の水をカップの上面まで加えた．カップを 25℃ の室内に放置したとき，すべての氷が融けるのに要する時間を求めよ．なお，カップ内の水面の高さは 9.0 cm で，氷が融けても変化しないと仮定する．また，カップの上下にはコルク製のコースターがおかれ，熱は側面だけから出入りし，カップ内はよく撹拌されており温度は均一で，カップ内外の温度境膜の影響は無視できるとする．氷の融解潜熱は 334 kJ/kg である．

4.2 庫内温度が 5℃ の冷蔵庫に保存されていた直径 2.0 cm のソーセージを沸騰水中に入れたとき，中

心の温度が 95℃ になる時間を求めよ．なお，ソーセージは無限に長い円柱とみなし，その温度伝導度は $1.1 \times 10^{-7}\,\mathrm{m^2/s}$ である．

4.3 二重管型熱交換器の内管（内径：20 mm）を水が 1.5 m/s で流れている．水の平均温度が 35℃ のとき，伝熱係数を求めよ．なお，水の密度は 994 kg/m^3，粘度は $7.2 \times 10^{-4}\,\mathrm{Pa \cdot s}$，比熱は 4.19×10^3 J/(kg・K)，熱伝導度は 0.615 W/(m・K) とする．

4.4 外管の内径が 50 mm，内管の内径が 34 mm の二重管型熱交換器の内管に 95℃ のだし汁を質量流量 0.5 kg/s で流す．円環部に 10℃ の冷却水を質量流量 2.5 kg/s で向流に流し，60℃ まで冷却するときに必要な管長を求めよ．なお，だし汁と冷却水の比熱はそれぞれ 4.20×10^3 と 4.18×10^3 J/(kg・K) であり，管内面基準の総括伝熱係数は 2100 W/(m^2・K) とする．

第5章　粉体の大きさと分離

【課題5.1】小麦粒を粉砕してつくる小麦粉の粒子は球形ではない．そのような不定形の粒子の大きさはどのように表せばよいか？

〔指針〕

① 不定形粒子の大きさの表し方を知る．

② 粒子径の分布の表現法を理解する．

③ 流体中での単一粒子の運動を理解する．

④ 固体粒子の分離法とその原理を理解する．

5.1　粉体の粗さ

　小麦粉や砂糖のように，食品素材には粉状のものが多く，これらを一粒ずつみると，きれいな球形ではなく，大きさもさまざまである．このような不定形の粒子の大きさの測り方と平均値および大きさの分布を表す式について述べる．

5.1.1　代表径

　小麦粉は小麦を**破砕**（大きく割ること）したのち，さらに細かくして粉にする（**粉砕**）．破砕と粉砕を併せて**挽砕**（ばんさい）という．粉は篩（ふるい）分けして粒子の大きさをある程度揃える（**図5.1**）．このような工程で製造されるので，小麦粉はいろいろな形をしている（**図5.2**）．このような不定形の粒子の大きさ（粒子径）の表し方には多くの方法があるが，ここでは顕微鏡写真のような2次元の画像から求める方法について述べる．食品工業で広く採用されている篩による方法は次項（5.1.2）で述べる．

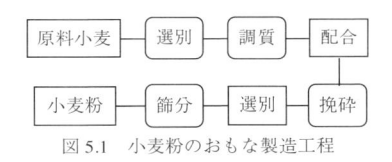

図5.1　小麦粉のおもな製造工程

図5.2　小麦粉の電子顕微鏡写真

　粒子を挟む一定方向の平行線の間隔を**フェレー（Feret）径**（または，グリーン（Green）径）という．**図5.3**（a）の実線で表した平行線の場合には粒子径は 57.1 μm であり，破線の場合は 40.5 μm である．このように平行線の向きにより粒子の大きさは異なるが，粒子の向きもさまざまであり，平均径を求めるときには少なくとも数百個の粒子の大きさを計るので，平均径に及ぼす平行線の向きの影響はほとんどない．また，一定方向で粒子の投影面積を二分する線分の長さを**マーチン（Martin）径**（図5.3（b）），投影像の一定方向の最大値を**定方向最大径**（または，クラムバイン（Krummbein）径）（図5.3（c）），投影像と面積が等しい円の直径である**投影面積相当径**（または，ヘイウッド（Heywood）径），投影面積の周長と等しい周長をもつ円の直径を**等周長円相当径**という．ほかにも代表径を決めるいくつかの方法がある．例えば，粒子は気体や液体（併せて，流体という）中を一定の速度（終末速度という）で沈降する．この速度から求めた大きさを**ストークス（Stokes）径**という（5.2.1 を参照）．

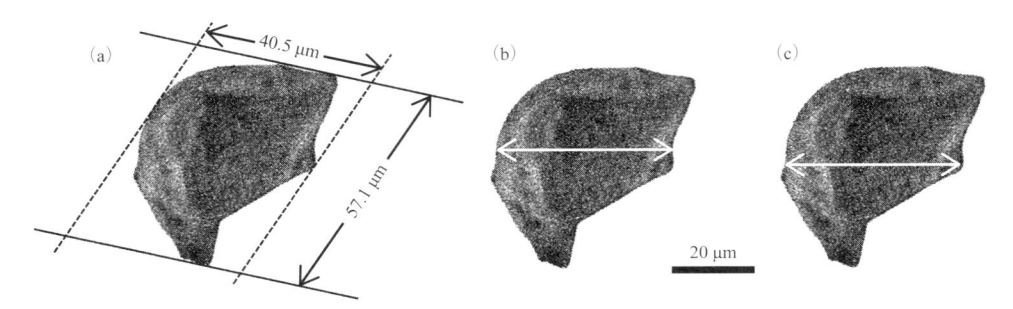

図 5.3　小麦粉粒子の（a）フェレー径，（b）マーチン径および（c）定方向最大径

【例題 5.1】図 5.3 に示した小麦粉粒子のマーチン径と定方向最大径を求めよ．

《解説》マーチン径は一定方向で粒子の投影面積を二分する線分の長さであるので，正確に求めるには粒子の面積を求める必要があるが，ここでは直感的に投影面積を二分する線を引くと，その線分の長さは 41.8 μm である（図 5.3（b））．また，定方向最大径についても直感的にもっとも長そうなところの幅を読むと 42.3 μm である（図 5.3（c））．終

5.1.2　粒子径分布

　多数の粒子について測定した粒子径の数値を羅列しても，どのような大きさの粒子がどの程度の割合で含まれるか（すなわち，粒子径の分布）を把握することは容易ではないが，それをグラフで表すとわかりやすい．粒子径分布の表し方には 2 つの方法がある．1 つは，横軸に粒子径，縦軸にある粒子径の範囲にある粒子の個数の割合（頻度という）をとって柱状グラフ（ヒストグラム）や折れ線グラフで表す方法である．このようにして表した分布を個数基準の**頻度分布**または**密度分布**という．もう 1 つの方法は，横軸には同じく粒子径をとるが，縦軸はある粒子径より大きい（または，小さい）粒子の個数の割合をとる方法で，このような分布を個数基準の**累積分布**または**積算分布**という．

【例題 5.2】顕微鏡を用いて小麦粉の粒子径（フェレー径）を測定し，それを適当な粒子径の範囲で整理して**表 5.1** の結果を得た．なお，10 μm より小さい粒子は観察されず，また小麦粉は製造工程で 210 μm より大きい粒子は取り除かれているので認められなかった．個数基準の頻度分布と，ある粒子径より大きい粒子の割合を示す個数基準の累積分布をグラフで表せ．

表 5.1　顕微鏡で観察した小麦粉の粒子径分布

粒子径〔μm〕	個数	頻度	累積値（積算値）
10 ～ 20	331	0.623	0.999
20 ～ 40	134	0.252	0.376
40 ～ 60	41	0.077	0.124
60 ～ 80	15	0.028	0.047
80 ～ 100	7	0.013	0.019
100 ～ 210	3	0.006	0.006
計	531		

《解説》普通方眼紙を用いて，横軸に粒子径，縦軸に表に与えられた粒子径の範囲にある粒子の個数を粒子の総数で割った値（頻度）をとって柱状グラフで表すと**図 5.4**（a）が得られる．なお，粒子の大きさは数 μm から数百 μm にわたることが多いので，一般には，横軸を常用対数目盛で表すこと

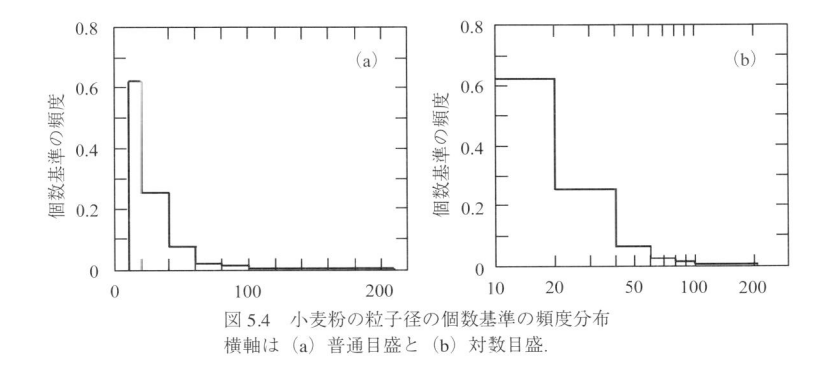

図 5.4　小麦粉の粒子径の個数基準の頻度分布
横軸は（a）普通目盛と（b）対数目盛.

が多い．横軸を対数目盛で表した頻度分布は図 5.4（b）のようになる．

　つぎに，粒子径の大きいほうから各粒子径の範囲の頻度を足していくと，それぞれの粒子径の範囲の下限値より大きい粒子の割合になる．その値を表 5.1 の 4 列目に示す．なお，頻度をすべて足すと 1.000 となるはずであるが，各頻度を計算する際に小数点以下第 4 桁を四捨五入して表示し，それを足し合わせたので，表 5.1 では 0.999 になっている．積算値と粒子径を片対数方眼紙に描くと**図 5.5** のようになる．これが個数基準の累積分布である．終

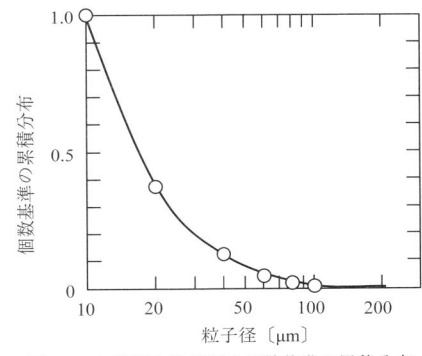

図 5.5　小麦粉の粒子径の個数基準の累積分布

　顕微鏡で粒子を観察し，その大きさを計測することは手間が掛かる．そこで，各種の原理に基づいて粒子径の分布を測定する方法がある．それらのなかでも，ステンレス鋼や合成繊維を正方形の網目にした**篩**（**図 5.6**）を用いる方法は広く用いられている．網目の間隔を**目開き**（オープニング）といい，この幅より小さい粒子は篩を

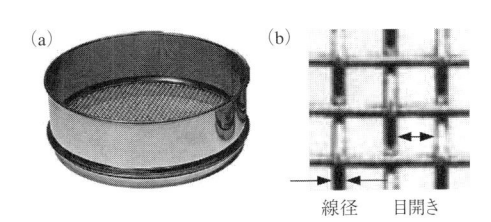

図 5.6　（a）篩と（b）篩の目開き

通過して下に落ちるが，大きい粒子は篩を通らず上に残る．目開きの異なる複数の篩を用いることにより，粒子をある粒子径の範囲に分けることができる．このような操作を**分級**という．目開きの大きさはメッシュ（mesh）で表現されることが多い．これは 1 インチ（単位記号は in）の間に何本の網目が通っているかを表す．したがって，メッシュの数字が大きいと，目開きは小さくなる．なお，インチはヤード・ポンド法（英式単位）の長さの単位の一つで，$1\ in \approx 25.4\ mm$ である．また，網目は線径と目開きを合わせた長さである．100 メッシュの篩のステンレス線の直径は 0.104 mm と定められており，目開きは（25.4/100）− 0.104 = 0.150 mm = 150 μm である．

　目開きの異なる複数の篩を用いて粒子を分級し，それぞれの篩の上にある粒子の重量を測定すると，重量基準の頻度分布が得られる．一方，ある目開きの篩を通過した粒子の重量を粒子の総重量で割ると，目開きより小さい粒子の割合（重量分率）を表す．この値を**累積通過率**（篩下積算）という．また，篩の上に残る粒子の重量分率はその目開きよりも大きい粒子の割合を示し，**累積残留率**（篩上積算）という．これらはいずれも累積分布を表し，累積通過率と累積残留率の間には次の関係がある．

（累積通過率）＝ 1 − （累積残留率） (5.1)

横軸に粒子径（篩の目開き）（通常は，対数目盛）を取り，縦軸（普通目盛）に累積通過率または累積残留率を取ったグラフの曲線をそれぞれ，**通過率曲線**（または篩下曲線）と**残留率曲線**（篩上曲線）という．

【例題 5.3】 目開きの異なる 7 つの篩を重ねて小麦粉を分級し，それぞれの篩の上にある小麦粉と 26 µm の篩を通過した小麦粉の重量を測定して**表 5.2** の結果を得た．重量基準の頻度分布および通過率曲線と残留率曲線（累積分布）をグラフで表せ．

表 5.2　篩分けした小麦粉の粒子径分布

篩の目開き〔µm〕	＜26	26 〜 38	38 〜 53	53 〜 75	75 〜 105	105 〜 149	＞149	計
重量〔g〕	33.3	39.2	63.1	97.2	96.9	48.4	5.5	383.6
頻度	0.087	0.102	0.164	0.254	0.252	0.127	0.014	

《解説》横軸に粒子径（対数目盛）を，縦軸にそれぞれの篩の間にある粒子の重量の割合（頻度）を取って柱状グラフに表すと**図 5.7** の実線のようになる．これが重量基準の頻度分布である．個数基準の頻度分布（図 5.4（b））を図 5.7 中に破線で表す．実線と破線の分布を比べると，基準の取り方により，分布が大きく異なることがわかる．小麦粉の密度が粒子径に依存しないとすると，同じ重量でも粒子の数は粒子径の 3 乗に反比例して多くなる．例えば，200 µm の粒子を粒子径が 25 µm の粒子に粉砕すると粒子数は $(200/25)^3 = 8^3 = 512$ 個になる．このように粒子を粉砕して微細化すると粒子の数が著しく増加するので，個数基準では細かい粒子の頻度が大きくなる．

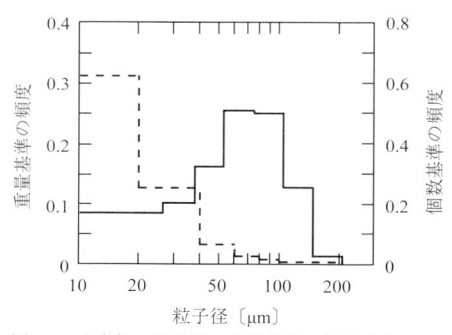

図 5.7　小麦粉の粒子径の重量基準の頻度分布
破線は図 5.4（b）に示した個数基準の頻度分布.

目開きが小さいほうから順に頻度（分率）を加えていくと，それぞれの目開き（粒子径）での累積通過率の値が得られる．逆に，目開きの大きいほうから足した値が累積残留率を与える．それらの値を**表 5.3**に示す．横軸に粒子径（対数目盛），縦軸に累積通過率または累積残留率をとると**図 5.8** が得られる．これらが通過率曲線および残留率曲線である．[終]

表 5.3　小麦粉の累積通過率と累積残留率

篩の目開き〔µm〕	累積通過率	累積残留率
26	0.087	0.913
38	0.189	0.811
53	0.353	0.647
75	0.607	0.393
105	0.859	0.141
149	0.986	0.015
210	1.000	0.000

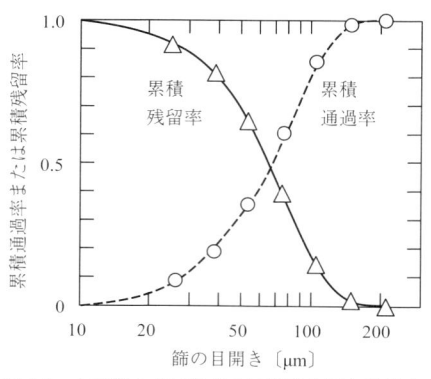

図 5.8　小麦粉の重量基準の通過率曲線と残留率曲線

　頻度分布や累積分布が数式で表されていると便利なことがある．それらには，対数正規分布の式や**ロジン・ラムラー（Rosin-Rammler）式**などがある．ここでは，小麦粉などの粉砕物の粒子径分布によく適合するロジン・ラムラー式を取りあげる．ロジン・ラムラー式では，粒子径 d_{p}〔m〕の粒子の累積通過率 Q は次式で表される．

$$Q = 1 - \exp[-(d_{\mathrm{p}}/d_{\mathrm{e}})^n] \tag{5.2}$$

ここで，d_{e} は**粒度特性数**と呼ばれるパラメータで，累積通過率が 0.632（$= 1 - e^{-1}$）であるときの粒子径である．また，n は**均等数**と呼ばれるパラメータである．

【例題 5.4】 表 5.3 に示した累積通過率の分布にロジン・ラムラー式を適用し，粒度特性数 d_{e} と均等数 n を求めよ．

《解説》 式（5.2）の Q と指数項を移行し，両辺の自然対数をとると次式となる．

$$\ln(1 - Q) = -(d_{\mathrm{p}}/d_{\mathrm{e}})^n \tag{5.3}$$

式（5.3）の両辺に -1 を掛け，さらに両辺の常用対数をとると次式を得る．

$$\log[-\ln(1 - Q)] = n \log d_{\mathrm{p}} - n \log d_{\mathrm{e}} \tag{5.4}$$

そこで，$-\ln(1 - Q)$ と粒子径 d_{p} を両対数方眼紙の縦軸と横軸にとってプロットすると，**図 5.9** が得られる．プロットはほぼ直線であり，この直線の勾配から均等数 $n = 2.2$ と求められる．また，直線上の任意の点（図中の点 A）の座標の値（60, 0.56）を読み取り，これらを式（5.4）に代入すると $\log d_{\mathrm{e}} = (2.2 \log 60 - \log 0.56)/2.2 = 1.9$ である．したがって，$d_{\mathrm{e}} = 10^{1.9} = 79 \ \mu\mathrm{m}$ と求められる．　終

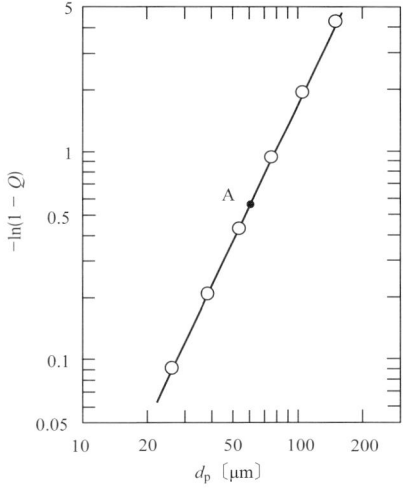

図 5.9　ロジン・ラムラー式の粒度特性数 d_{e} と均等数 n の決定

5.1.3　平均径

　さまざまな大きさをもつ粒子を代表する粒子径として平均値（平均径）で表すことが多い．平均値にはいくつかの定義があり，代表的なものを**表 5.4** に示す．表 5.4 で，n_i と w_i はそれぞれ粒子径 $d_{\mathrm{p},i}$〔m〕の粒子の個数と重量〔kg〕である．また，**面積平均径**は**ザウター（Sauter）径**とも呼ばれ，液滴や噴霧粒子の平均径として広く使われる．

表 5.4　おもな平均値の算出法

名称	記号	個数基準	重量基準
個数平均径	$d_{1,0}$	$= \dfrac{\Sigma(n_i d_{\mathrm{p},i})}{\Sigma n_i}$	$= \dfrac{\Sigma(w_i/d_{\mathrm{p},i}{}^2)}{\Sigma(w_i/d_{\mathrm{p},i}{}^3)}$
長さ平均径	$d_{2,1}$	$= \dfrac{\Sigma(n_i d_{\mathrm{p},i}{}^2)}{\Sigma(n_i d_{\mathrm{p},i})}$	$= \dfrac{\Sigma(w_i/d_{\mathrm{p},i})}{\Sigma(w_i/d_{\mathrm{p},i}{}^2)}$
面積平均径	$d_{3,2}$	$= \dfrac{\Sigma(n_i d_{\mathrm{p},i}{}^3)}{\Sigma(n_i d_{\mathrm{p},i}{}^2)}$	$= \dfrac{\Sigma w_i}{\Sigma(w_i/d_{\mathrm{p},i})}$
体積平均径	$d_{4,3}$	$= \dfrac{\Sigma(n_i d_{\mathrm{p},i}{}^4)}{\Sigma(n_i d_{\mathrm{p},i}{}^3)}$	$= \dfrac{\Sigma(w_i d_{\mathrm{p},i})}{\Sigma w_i}$

【例題 5.5】表 5.1 の個数基準の粒子径分布から小麦粉の個数平均径 $d_{1,0}$ と面積平均径 $d_{3,2}$ を求めよ．なお，各粒子径の範囲の代表値は簡単のため区間の中央値とする．

《解説》表 5.1 の値を表 5.4 に示した個数平均径 $d_{1,0}$ と面積平均径 $d_{3,2}$ の定義式に代入すると，

$$d_{1,0} = \frac{331 \cdot 15 + 134 \cdot 30 + 41 \cdot 50 + 15 \cdot 70 + 7 \cdot 90 + 3 \cdot 155}{331 + 134 + 41 + 15 + 7 + 3} = \frac{13180}{531} = 24.8 \ \mu\mathrm{m}$$

$$d_{3,2} = \frac{331 \cdot 15^3 + 134 \cdot 30^3 + 41 \cdot 50^3 + 15 \cdot 70^3 + 7 \cdot 90^3 + 3 \cdot 155^3}{331 \cdot 15^2 + 134 \cdot 30^2 + 41 \cdot 50^2 + 15 \cdot 70^2 + 7 \cdot 90^2 + 3 \cdot 155^2} = \frac{3.13 \times 10^7}{5.00 \times 10^5} = 62.6 \ \mu\mathrm{m}$$

が得られる．このように，同じデータを用いても，定義により平均径は約 2.5 倍も異なる．したがって，分布があるときの平均径はどのように定義された値であるかに留意する必要があり，また表示するときには定義を明記する．終

5.2　粒子の分離

　沈降，ろ過，遠心分離，集塵などの相変化を伴わない分離を**機械的分離**という．これらの分離の取り扱いでは，流体中の単一粒子の運動が基本となる．

【課題 5.2】5 階建ての建物の屋上から材質が同じで大きさの異なる 2 つの球を落下させたとき，いずれが早く地上に達するか？　または，同時に着地するか？

5.2.1　抵抗係数

　流体中を粒子が運動するとき，粒子は流体からその運動を抑えようとする流体抵抗を受ける．重力場において，密度 ρ_{f}〔kg/m^3〕，粘度 μ〔Pa·s〕の広い静止流体中を速度 v〔m/s〕で沈降する直径 d_{p}〔m〕の球形粒子が流体から受ける抵抗 R は次式で表現できる．

$$R = C_{\mathrm{R}} \left(\frac{\pi d_{\mathrm{p}}{}^2}{4} \right) \frac{\rho_{\mathrm{f}} v^2}{2} \tag{5.5}$$

ここで，C_{R} を**抵抗係数**〔$-$〕という．右辺第 3 項は単位面積あたりの力，第 2 項は単一粒子の落下または上昇方向に対する投影面積を表している．

式（5.5）により流体抵抗 R〔N〕を定量的に評価するには抵抗係数 C_R を知る必要があり，抵抗係数 C_R はレイノルズ数 Re〔$= d_p v \rho_f / \mu$〕（9.2.2 を参照）により次の 3 つの式で表される（**図5.10**）.

$$Re < 6 \qquad\qquad C_R = \frac{24}{Re} \tag{5.6}$$

$$6 < Re < 500 \qquad\qquad C_R = \frac{10}{\sqrt{Re}} \tag{5.7}$$

$$500 < Re < 10^5 \qquad\qquad C_R \approx 0.44 \tag{5.8}$$

したがって，これらを式（5.5）に代入すると抵抗力 R は次のようになる.

$$Re < 6 \qquad\qquad R = 3\pi \mu v d_p \tag{5.9}$$

$$6 < Re < 500 \qquad\qquad R = \frac{5\pi}{4} \sqrt{\mu \rho_f (v d_p)^3} \tag{5.10}$$

$$500 < Re < 10^5 \qquad\qquad R = 0.055\pi \rho_f (v d_p)^2 \tag{5.11}$$

ここで，式（5.6）〜式（5.8）をそれぞれ，**ストークス（Stokes）式**，**アレン（Allen）式**および**ニュートン（Newton）式**という.

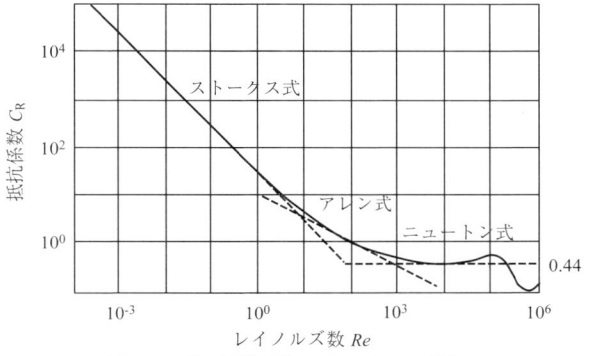

図 5.10　球の抵抗係数 C_R とレイノルズ数 Re

5.2.2　粒子の沈降と終末速度

直径 d_p で密度 ρ_p の球形粒子が無限に広い静止流体中を重力の作用を受けて沈降するとき，粒子に作用する力の収支（**運動万程式**）を考える．粒子に作用する力は，重力，浮力および流体抵抗力であるので，

$$（質量）（加速度）=（重力）-（浮力）-（流体抵抗力） \tag{5.12}$$

の関係が成立する．したがって，

$$\left(\rho_p \frac{\pi d_p^3}{6} \right) \left(\frac{dv}{dt} \right) = \left(\rho_p \frac{\pi d_p^3}{6} g \right) - \left(\rho_f \frac{\pi d_p^3}{6} g \right) - \left(C_R \frac{\pi d_p^2}{4} \frac{\rho_f v^2}{2} \right) \tag{5.13}$$

であり，これを整理すると次式を得る.

$$\frac{dv}{dt} = \frac{(\rho_\mathrm{p} - \rho_\mathrm{f})g}{\rho_\mathrm{p}} - \frac{3}{4}\frac{C_\mathrm{R}v^2}{d_\mathrm{p}}\frac{\rho_\mathrm{f}}{\rho_\mathrm{p}} \tag{5.14}$$

この式が重力場における単一粒子の運動を記述する基礎式となる.

式（5.14）の右辺第 2 項の抵抗力は, 式（5.6）～式（5.8）のいずれのときも沈降速度 v の増加とともに大きくなる. したがって, 式（5.14）の右辺第 2 項が第 1 項と等しくなり, 粒子の加速度 dv/dt がゼロとなる速度がある. すなわち, $dv/dt = 0$ となる速度 v_t に達すると, それ以降, 粒子は等速度で沈降する. このような速度 v_t を **終末速度**（終端速度ともいう）という. 抵抗係数 C_R が式（5.6）～式（5.8）で表されるそれぞれの場合について, 式（5.14）の左辺 $dv/dt = 0$ として終末速度を算出すると次のようになる.

$$Re < 6 \qquad\qquad v_\mathrm{t} = \frac{g(\rho_\mathrm{p} - \rho_\mathrm{f})d_\mathrm{p}^{\ 2}}{18\mu} \tag{5.15}$$

$$6 < Re < 500 \qquad\qquad v_\mathrm{t} = \left\{\frac{4}{255}\frac{g^2(\rho_\mathrm{p} - \rho_\mathrm{f})^2}{\mu\,\rho_\mathrm{f}}\right\}^{1/3} d_\mathrm{p} \tag{5.16}$$

$$500 < Re < 10^5 \qquad\qquad v_\mathrm{t} = \sqrt{\frac{3g(\rho_\mathrm{p} - \rho_\mathrm{f})d_\mathrm{p}}{\rho_\mathrm{f}}} \tag{5.17}$$

重力による沈降現象を利用した分離法においては, きわめて速やかに終末速度に達することが多いので, 式（5.15）～式（5.17）のいずれかで表される終末速度 v_t は設計計算のうえで重要な量である.

粒子が小さいときには, 終末速度は式（5.15）で表される. これを変形すると, 式（5.18）が得られる.

$$d_\mathrm{p} = \sqrt{\frac{18v_\mathrm{t}\mu}{g(\rho_\mathrm{p} - \rho_\mathrm{f})}} \tag{5.18}$$

この関係を用いて, 終末速度の値から算出した粒子の直径を **ストークス径** という. また, 直径が既知の球形粒子の終末速度から流体の粘度を求めることもできる.

【例題 5.6】 上空 1000 m から直径 0.04 mm の球形の水滴が空気中を落下するときの終末速度を求めよ. ただし, 空気の密度 ρ_f は 0.0012 g/cm^3, 粘度 μ は 1.8×10^{-4} g/(cm·s) とする. また, 真空中（空気による抵抗がない）を落下して地上に達したときの速度と比較せよ. なおいずれの場合も水は蒸発せず, もとの形状を保つものとする.

《解説》 諸量の単位を国際単位系（SI）で統一すると, $d_\mathrm{p} = 4 \times 10^{-5}$ m, $\rho_\mathrm{f} = 1.2$ kg/m^3, $\mu = 1.8 \times 10^{-5}$ kg/(m·s) である. また, 水滴の密度は $\rho_\mathrm{p} = 1000$ kg/m^3 とする. これらの値を式（5.15）に代入して終末速度を算出すると,

$$v_\mathrm{t} = \frac{g(\rho_\mathrm{p} - \rho_\mathrm{f})d_\mathrm{p}^{\ 2}}{18\mu} = \frac{(9.8)(1000 - 1.2)(4 \times 10^{-5})^2}{(18)(1.8 \times 10^{-5})} = 4.8 \times 10^{-2}\ \mathrm{m/s}$$

である. なお, 厳密には, この速度からレイノルズ数を計算し, 式（5.15）を使用したことの妥当性を検証する必要がある.

つぎに, 真空中を自由落下するときの落下距離 x とそのときの速度 v の関係は次式で与えられる.

$$v = \sqrt{2gx}$$

上式に $g = 9.8 \text{ m/s}^2$, $x = 1000 \text{ m}$ を代入すると,

$$v = \sqrt{(2)(9.8)(1000)} = 140 \text{ m/s}$$

となる. これを時速に換算すると 504 km/h（新幹線のぞみ号の最高走行速度（約 300 km/h）の約 1.7 倍）である. 一方, 空気による抵抗を考慮したときの終末速度は 0.17 km/h（4.8×10^{-2} m/s）である. このように空気による抵抗はずいぶん大きい. これが空高くから降ってくる雨が地上に達したときに傘を突き破るほど高速にならない理由である. 終

　このように, 物体が流体中を落下するときには, 流体からの抵抗を受ける. 抵抗力がストークス式で表されるとき, 終末速度は物体の粒子径の 2 乗に比例し, 直径が大きい粒子ほど速く落下する. 抵抗力がアレン式やニュートン式で表されるときも, 大きい粒子ほど速く落下する. したがって, 課題 5.2 では, 大きい球ほど早く着地する.

5.2.3　重力沈降槽

　流体中に浮遊する粒子を大型容器内に導入し, 重力の作用により下方に沈降させて分離, 分級, 濃縮する装置を**重力沈降装置**という. ここでは, 水平流型の装置について概説する.

　図 5.11 に示すように, 幅 B〔m〕, 高さ H〔m〕, 長さ L〔m〕の沈降槽に流量 Q〔m³/s〕で固体粒子を含む流体が流入する. 流入流体中の粒子濃度は低く, その終末速度を v_t〔m/s〕とする. また, 一度沈降した粒子は再び流体中に戻ることはないとする. このとき, 粒子は流体の水平方向の速度 u〔m/s〕に伴われて右方向に移動しながら, v_t の速度で下方に沈む. 任意の点に流

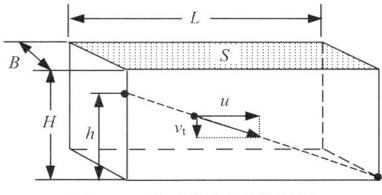

図 5.11　水平型重力沈降装置

入した粒子は図 5.11 に示すように, 沈降槽内で直線状の軌跡を描いて沈降する. したがって, 入口において高さ h（$h \le H$）に流入した粒子がちょうど出口で下底に達するものとすると, 入口において h より下方から流入した粒子（大きさは同じとする）はすべてこの槽で沈降分離され, h より上方から流入した粒子は分離されない. したがって, 流入流体中にこの粒子が均一濃度で含まれるときの分離効率 η〔-〕は

$$\eta = \frac{h}{H} \qquad （ただし, \; \eta \le 1） \tag{5.19}$$

で表される. ここで, $h/L = v_t/u$, $u = Q/(BH)$ という関係があるので,

$$\eta = \frac{v_t L}{u H} = \frac{v_t L B}{Q} = \frac{v_t S}{Q} \qquad (\eta \le 1) \tag{5.20}$$

となる. なお, $S = LB$ は沈降槽の床面積〔m²〕である. したがって, 式（5.20）からわかるように, v_t と Q が一定であるとき, 分離効率 η は床面積 S のみによって決まる. $v_t S/Q$ は無次元の量で, Q/S は全流量が同一床面積を上向きに流れたと考えたときの上昇速度であり, **見かけの上昇速度**と呼ばれる. したがって, 理想的な水平流分離における分離効率は, 粒子の沈降速度と見かけの上昇速度の比

に等しい．$v_t S/Q \geq 1$ となるような粒子では $\eta = 1$ であり，すべての粒子が沈降分離される．$\eta = 1$ となる粒子のうち最小のものを**限界粒子**といい，その粒子径を**限界粒子径** $d_{p,min}$ と呼ぶ．ストークスの式が成り立つときには，限界粒子径は次式で与えられる．

$$d_{p,min} = \sqrt{\frac{18\mu Q}{g(\rho_p - \rho_f)S}} \tag{5.21}$$

η や $d_{p,min}$ が沈降槽の高さに依存しないことに疑問をもつかもしれない．しかし，H が小さくなると u が増大するが，沈降距離が短くなるためにその影響が相殺されるためである．ただし，この関係にも限界があり，H があまり小さくなると v が増大して流れに乱れが生じ，いったん沈積した粒子を再飛散させ，最初の仮定が成立しなくなる．底面に平行な分離板（棚）を多数挿入すると，1 段あたりの流量が Q/n（n は棚間の室数）となるため分離効率の増大に効果的である．

【例題 5.7】 密度 $\rho_p = 1.3$ g/cm^3 で直径 $d_p = 1.0 \times 10^{-4}$ m の球形固体粒子を含んだ水溶液を流量 $Q = 1$ m^3/s で重力沈降槽に導入する．水温は 20℃ である．このとき，固体粒子をすべて沈積させるために必要な床面積はいくらか？　なお，沈降速度はストークスの式で表される．

《解説》$d_{p,min} = 1.0 \times 10^{-4}$ m，$\rho_p = 1300$ kg/m^3，$\rho_f = 998$ kg/m^3，$Q = 1$ m^3/s，$g = 9.8$ m/s^2，$\mu = 1.0 \times 10^{-3}$ Pa·s であり，これらを式（5.21）を変形した次式に代入すると，

$$S = \frac{18\mu Q}{g(\rho_p - \rho_f)d_{p,min}{}^2} = \frac{(18)(1.0 \times 10^{-3})(1)}{(9.8)(1300 - 998)(1.0 \times 10^{-4})^2} = 608 \text{ m}^2$$

となる．これは正方形を仮定すると 1 辺が 24.6 m となる．　終

5.2.4　遠心力場における粒子の運動

一定の角速度 ω〔rad/s〕で回転している遠心分離器内で粒子に作用する力は，重力の代わりに遠心力が作用する以外は式（5.12）と同様である．回転軸から距離 r〔m〕の粒子に対する遠心力による加速度は $r\omega^2$ である．したがって，抵抗係数が式（5.6）のストークス式で表されるときの半径方向の終末速度 $v_{r,t}$ は，式（5.15）の重力加速度 g を遠心加速度 $r\omega^2$ で置き換えた次式で与えられる．

$$v_{r,t} = \frac{dr}{dt} = \frac{r\omega^2(\rho_p - \rho_f)d_p^2}{18\mu} \tag{5.22}$$

【例題 5.8】 あるタンパク質を 20℃ で超遠心分析を行い，次式で定義される**沈降係数** s を測定したところ，$s = 4.5 \times 10^{-13}$ s であった．

$$s = \frac{1}{r\omega^2}\frac{dr}{dt} \tag{5.23}$$

タンパク質の密度は 1.359 g/cm^3 である．このタンパク質は球形であると仮定し，その大きさを求めよ．

《解説》式（5.23）の沈降係数 s の定義を式（5.22）に代入すると，粒子の直径 d_p は次式で求められる．

$$d_p = \left(\frac{18\mu s}{\rho_p - \rho_f} \right)^{1/2} \tag{5.24}$$

したがって，諸値を SI で表し，さらに水の粘度を $\mu = 1.0 \times 10^{-3}$ Pa·s として，式（5.24）に代入すると，

$$d_p = \left\{ \frac{(18)(1.0 \times 10^{-3})(4.6 \times 10^{-13})}{1359 - 998} \right\}^{1/2} = 4.8 \times 10^{-9}\ \text{m} = 4.8\ \text{nm}$$

を得る． 終

タンパク質やリボソームなどには名称に 7S や 50S などと S がついたものがある．これらは超遠心分析における沈降係数に由来する．式（5.22）と式（5.23）より沈降係数 s は次のように表される．

$$s = \frac{1}{r\omega^2} \frac{dr}{dt} = \frac{(\rho_p - \rho_f)d_p^2}{18\mu} \tag{5.25}$$

したがって，沈降係数は回転軸からの距離や回転速度（角速度）に依存しない．また，水溶液系では密度 ρ_f や粘度 μ はほぼ一定である．また，タンパク質やリボソームの密度は種類によってさほど大きく変わらないので，沈降係数は粒子の大きさ（d_p^2）を反映し，10^{-13} s または 10^{-12} s のオーダであることが多い．そこで，S $= 10^{-13}$ s とおくと，例題 5.8 の沈降係数 4.6×10^{-13} s は 4.6 S と表せる．この S をスヴェドベリ（Svedberg）単位という．

5.2.5 サイクロン

サイクロンは，遠心力を利用して気体中に浮遊している固体の微粒子を分離する装置（図 5.12）である．微粒子を含む気体を 10～20 m/s 程度の流速で円筒の接線方向に流入させ，旋回流をつくる．遠心力により粒子は円筒の内壁に衝突して落下し，装置の下部から回収される．通常は，10～200 μm の粒子が捕集できる．幅 B，高さ h の矩形の入口から流速 u_{in} で吹き込まれた気流が半径 R の円筒壁に沿って等速円運動するとき，加速度は $r\omega^2 = u_{in}^2/R$ である．この関係を式（5.22）に代入すると，遠心力による沈降速度 v_{tc} は次式で表される．

$$v_{tc} = \frac{(\rho_p - \rho_f)d_p^2 u_{in}^2}{18\mu R} \tag{5.26}$$

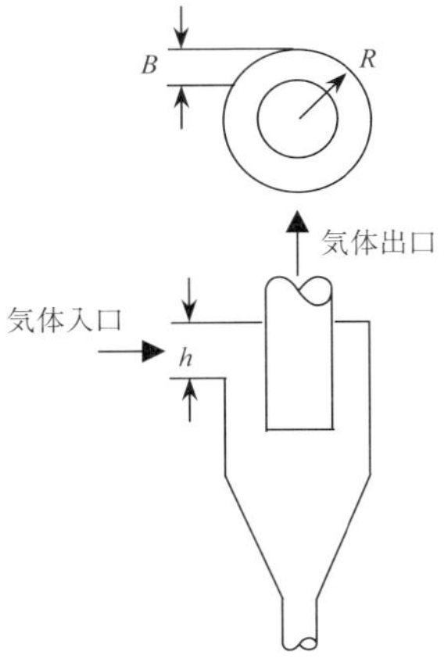

図 5.12　サイクロン

気流が N 回転する間に距離 B を移動する粒子が捕捉できる．気流が N 回転する時間は $2\pi RN/u_{in}$ であるので，完全に捕捉できる最小の粒子径 $d_{p,min}$ は式（5.27）で与えられる．

$$d_{p,min} = \sqrt{\frac{9B\mu}{\pi N u_{in}(\rho_p - \rho_f)}} \tag{5.27}$$

演　習

5.1　図5.13に示す米粉のフェレー径，マーチン径および定方
向最大径を求めよ．

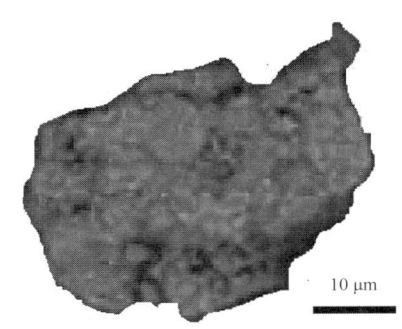

10 μm

図 5.13　米粉（上新粉）

5.2　表5.5は気流法により粉砕した米粉の粒子径分布を示す．ア）頻度分布および累積分布を描け．イ）
累積分布がロジン・ラムラー式で表現できるとして，粒度特性数と均等数を求めよ．また，ウ）個
数平均径および面積平均径を求めよ．

表 5.5　米粉の粒子径分布

粒子径〔μm〕	1.00 ～ 1.78	1.78 ～ 3.16	3.16 ～ 5.62	5.62 ～ 10.0
重量頻度	0.016	0.017	0.028	0.048
粒子径〔μm〕	10.0 ～ 17.8	17.8 ～ 31.6	31.6 ～ 56.2	56.2 ～ 100
重量頻度	0.065	0.232	0.358	0.236

5.3　粒子径が分布をもつとき，そのメディアン径およびモード径の定義を述べよ．また，問5.2で示
した米粉のメディアン径とモード径を求めよ．

5.4　表5.2の重量基準の粒子径分布から小麦粉の個数平均径 $d_{1.0}$ と体積平均径 $d_{4.3}$ を求めよ．各粒子
径の範囲の代表値は例題5.5と同様に，区間の中央値とし，粒子径の範囲の最小値と最大値はそれ
ぞれ 10 μm と 210 μm とする．

5.5　密度が同じ2つの球形タンパク質 A と B は水溶液中でいずれも単量体として存在する．タンパ
ク質 A の沈降係数は，タンパク質 B のそれの2倍の値であった．タンパク質 A とタンパク質 B の
モル質量の比はいくらか？

第6章　食品の保存と水

【課題6.1】食品の水分が同じでもカビが生えるときと，生えないときがあるのは，なぜか？

〔指針〕
① 食品の品質が低下する要因を知る.
② 含水率の定義を理解し，水分収着等温線が描ける.
③ 水分活性の概念を理解し，食品保存との関係を知る.
④ ガラス転移の概念を知る.
⑤ 品質が低下する過程を数式で表現する.
⑥ 冷蔵と冷凍の所要時間を概算できるようになる.

6.1　食品の劣化と保蔵

6.1.1　食品の品質劣化

　食塩などを除くと，ほとんどの食品は生ものであり，比較的短時間に品質が低下する．食品または食品素材の品質が低下すると，食用に適さないだけでなく，ときには人体に有害なこともある．品質の低下は，その原因により，物理的，化学的，生化学的および生物的劣化に大別できる.

　果物が衝撃を受けて痛むのは**物理的劣化**の例である．また，加熱や冷凍によりタンパク質の立体構造が変化する変性や，加熱により糊化したデンプンが低温で保存すると老化して硬くなるのも物理的劣化の例である.

　化学的劣化には，pHや塩によるタンパク質の変性，脂質に含まれる不飽和脂肪酸が酸化してアルデヒドなどの有害または不快な成分を生成する反応，還元糖とアミノ化合物（アミノ酸やタンパク質など）を加熱したときに褐色物質を生成する**アミノカルボニル反応**（メイラード反応または褐変反応）などがある.

　すりおろしたリンゴが茶色に変色する酵素的褐変，熱帯や亜熱帯産の果物などを低温で貯蔵すると褐変や斑点を生じる低温障害，屠殺した動物の肉が硬くなる死後硬直や，その後タンパク質が分解されて柔らかくなる自己消化などは**生化学的劣化**である.

　食品に含まれる糖質やタンパク質などが微生物により分解されて変質する腐敗や変敗は**生物的劣化**である．また，物理的に損傷を受けた果物に微生物が侵入して腐敗するのは，物理的劣化と生物的劣化の複合的な劣化である．微生物が病原性をもつときには，それらの微生物で汚染された食品を摂取すると食中毒の危険性がある．また，害虫による食害も生物的劣化である.

6.1.2　食品の保蔵

　食品の品質低下の原因となる要因を取り除けば，保存性を高めることができる．食品が微生物で汚染されているときには，微生物を死滅させたり，増殖を抑える．微生物を死滅させる殺菌法は，熱を加える**加熱殺菌**と加熱を伴わない**非熱殺菌**に大別される．加熱水蒸気などを用いる加熱殺菌における微生物の死滅については第3章で学んだ．食品工業で用いられるその他の加熱殺菌法には，マイクロ波を照

射して食品を内部から加熱して殺菌するマイクロ波殺菌，食品に電流を流すと食品の電気抵抗により自己発熱する現象を利用した通電殺菌，赤外線や遠赤外線を照射して食品の表面を加熱して殺菌する赤外線・遠赤外線殺菌などがある．一方，加熱を伴わない非熱殺菌には，過酸化水素や次亜塩素酸などによる薬剤殺菌や，放射線や殺菌効果の高い 250〜260 nm の紫外線を照射して微生物を死滅させる電磁波殺菌がある．また，低温で食品を保存して微生物の増殖を抑制し，貯蔵期間を延長する低温貯蔵法には，食品の凍結点以上の −2〜20℃で貯蔵する**冷蔵法**と，凍結点以下の温度で貯蔵する**冷凍法**がある．標準的な冷凍温度は −18〜−20℃であるが，マグロなどは −60℃以下という超低温で冷凍保存される．

　水分の多い食品の品質低下を抑えるには，水の量を減らすか，水の作用を抑えればよい．食品中の水の量を低減して保存安定性を高めるのが乾燥である．乾燥操作は，加熱して液体の水を水蒸気に気化させて除去する**加熱乾燥**と，食品を凍結して水を凍らせたのちに，減圧下で水を昇華させて除去する**凍結乾燥**に大別できる．

　水を含む食品を食塩（塩化ナトリウム）や食塩を多く含む調味料に漬けると（**塩蔵**），食塩が食品内部に浸透する．このとき，浸透圧が高くなり，微生物が脱水されるとともに，微生物の増殖に利用できる水が減少する．細菌類は一般に 5〜10％（w/w），多くの腐敗細菌や病原菌は 10％以上の食塩濃度で増殖が阻害される．同様に，果物などに砂糖（スクロース（ショ糖））を浸透させ，微生物の増殖に必要な水を減らして保存性を高める方法を**糖蔵**という．スクロースは食塩より分子量が大きくイオンに解離しないので，常温で保存効果を高めるには，一般に 60％（w/w）以上の濃度にする必要がある．

　燻煙は好ましい香味を付け，肉の発色を促進して肉色や外観をよくすることのほかに，燻煙中に含まれる成分の多くが抗菌性や抗酸化性をもち，保存性を高める．また，燻煙により食品の含水率も低下する．

　野菜や果実などは収穫後も呼吸や蒸散を行っている．低温にすると，それらの生理作用を抑制できる．また，貯蔵雰囲気の酸素濃度を低くしたり，二酸化炭素濃度を高めることなどによっても呼吸量を抑制して保存期間を延長できる（**ガス貯蔵**）．食品が有機酸などを含むと pH が低下し，微生物が生育できない．このように pH を調節することにより食品の保存性を高めることができ，酢漬はその例である．さらに，保存料，防カビ剤，殺菌剤，酸化防止剤などの食品添加物を加えて保存性を高めることもある．

6.2　水と食品の保存

6.2.1　含水率

　食品中の水の量は水分または含水率で表現されるが，それらは定義が異なる．第 2 章で述べたように，デュラムセモリナ（小麦粉の一種）と水を混捏した生パスタ中の水の重量を生パスタ全体の重量で割った値を**湿重量基準含水率**といい，単位は〔kg-水/kg-湿り材料〕である．食品工学では，**水分**は湿重量基準含水率を意味することが多い．一方，**乾重量基準含水率**は，完全に乾いた（絶乾した）デュラムセモリナの重量に対する水の重量の割合であり，単位は〔kg-水/kg-乾き材料〕である．単に**含水率**というときには乾重量基準含水率を表し，その単位は kg-H_2O/kg-d.m. または kg-H_2O/kg-d.s. と書かれることもある．

【例題 6.1】 100 g のデュラムセモリナに 33 g の水を加えて混捏して生パスタをつくった. このパスタの水分と含水率を求めよ. なお, 使用したのと同じ状態の 50 g のデュラムセモリナを恒温乾燥器に入れて, 一定の重量 (恒量という) になるまで乾燥すると 43.5 g であった.

《解説》 まず, 使用したデュラムセモリナの水分と含水率を求める. 50 g のデュラムセモリナを恒量になるまで乾燥すると 43.5 g であったので, これが乾き材料の重量であり, 含まれていた水の重量は 50 − 43.5 = 6.5 g である. したがって, 水分は 6.5/50 = 0.13 g-水/g-湿り材料である. 一方, 含水率は 6.5/43.5 = 0.15 g-水/g-乾き材料 = 0.15 g-水/g-d.m. である. このように, 水分と含水率は分母が異なるので, 数値が異なる.

つぎに, 使用した 100 g のデュラムセモリナには (6.5/50) × 100 = 13 g の水が含まれ, 乾き材料の重量は 100 − 13 = 87 g である. これに 33 g の水を加えたので, 生パスタ中の水の重量は 13 + 33 = 46 g である. したがって, 水分は 46/(100 + 33) = 0.35 g-水/g-湿り材料であり, 含水率は 46/87 = 0.53 g-水/g-乾き材料 = 0.53 g-水/kg-d.m. である. このように水を多く含むときには, 水分と含水率の値は大きく異なるので注意が必要である. なお, 定義からわかるように, 水分は 1 g-水/g-湿り材料 (百分率で表すと 100%) を超えることはないが, 含水率は 100% を超えることも多く, 水を多く含む食品 (例えば, 茹でたパスタ) では 200% や 300% になることも珍しくない. 〓

6.2.2 水分活性

食パンとそれに塗るジャムの水分はともに 40% (0.4 kg-水/kg-湿り材料) 程度であるが, 室温に放置しておくと, 食パンにはカビが生えるが, ジャムには生えないので, 同じ水分 (または, 含水率) であっても, 食品中の水の状態は異なるであろう. すなわち, 食品中の水は含水率だけでは評価できず, 別の指標が必要である. その指標としてもっとも広く用いられているのが, **水分活性** a_w 〔−〕である. ある一定の温度で, 食品中の水分が増えも減りもしないときの雰囲気の関係湿度をその食品の水分活性という. 水分活性は, 食品材料と水の相互作用の強さを反映し, 同じ含水率でも, 水が食品素材と強く相互作用する場合には, 水分活性が低くなる. なお, **関係湿度** (RH (relative humidity)) (**相対湿度ともいう**) は, その温度における純水の飽和蒸気圧 p_s 〔Pa〕と雰囲気中の水の蒸気圧 p 〔Pa〕の比で定義される.

$$\text{RH} = \frac{p}{p_s} \quad \text{または RH 〔%〕} = \frac{p}{p_s} \times 100 \tag{6.1}$$

天気予報で使われる湿度は, この関係湿度である. なお, 乾燥装置の設計や運転などには, 乾き空気 1 kg がもつ水蒸気の重量で定義される**絶対湿度**〔kg-水蒸気/kg-乾き空気〕が使用されることが多い.

水分活性の測定法にはいろいろあるが, 食品を種々の関係湿度の雰囲気に置き, 重量の増減を測定し, 重量の増減がゼロとなったときの周囲の関係湿度からその食品の水分活性を定める方法は, 定義に忠実で簡単な方法である. 雰囲気の関係湿度を一定に保つ方法にもいろいろあるが, 飽和塩水溶液を用いる方法が簡便である. すなわち, 塩の種類により水との相互作用が異なるので, デシケーターなどのなかに飽和塩水溶液 (固体の塩が残っており, 食品から水を吸っても飽和状態が保てるようにする) を入れたビーカーを置き平衡に達すると, デシケーター中の関係湿度は一定の値になる. 種々

の飽和塩水溶液が30℃で示す関係湿度（これを飽和塩水溶液の水分活性という）を**表6.1**に示す．なお，飽和塩水溶液の水分活性は温度に依存する．

表6.1　飽和塩水溶液の水分活性（30℃）とデュラムセモリナの水分収着量 q

塩	水分活性	q〔g-H$_2$O/g-d.m.〕	塩	水分活性	q〔g-H$_2$O/g-d.m.〕
LiCl	0.113	0.053	NaBr	0.560	0.131
CH$_3$COOK	0.216	0.072	NaNO$_3$	0.730	
MgCl$_2$	0.324	0.087	NaCl	0.751	0.167
K$_2$CO$_3$	0.432	0.105	KCl	0.836	0.189
Mg(NO$_3$)$_2$	0.514	0.116	KNO$_3$	0.923	

【例題6.2】 うどん用小麦粉（うどん粉）を種々の飽和塩水溶液で所定の関係湿度に保ったデシケーター内（30℃）に保持して，6時間後の重量変化を測定して**表6.2**の結果を得た．ここで，w_0 は試料の初期重量，Δw は重量の変化を表す．この小麦粉の水分活性を求めよ．

表6.2　うどん用小麦粉の重量変化

関係湿度	0.113	0.216	0.324	0.432	0.514	0.560	0.751	0.836	0.923
$\Delta w/w_0$	−0.051	−0.034	−0.021	−0.012	−0.004	0.001	0.023	0.037	0.052

《解説》重量の変化率 $\Delta w/w_0$ を飽和塩水溶液の示す関係湿度に対してプロットすると，**図6.1**を得る．プロットを円滑な線で結び，$\Delta w/w_0 = 0$ の線との交点における横軸の値を読み取ると 0.552 であり，これが小麦粉の水分活性である．終

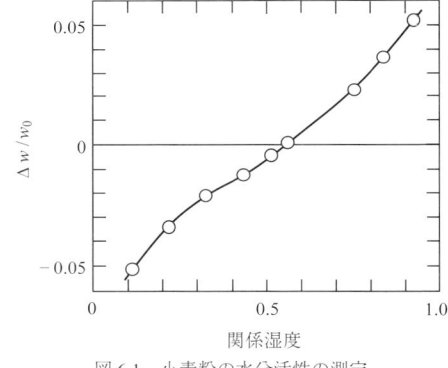

図6.1　小麦粉の水分活性の測定

【例題6.3】 重量モル濃度 m〔mol/kg-溶媒〕の異なるスクロース（ショ糖）水溶液が示す水の蒸気圧 p を20℃で測定して**表6.3**の結果を得た．それぞれのスクロース水溶液の水分活性 a_w を求めよ．なお，20℃において純水が示す飽和水蒸気圧 p_s は 2.339 kPa である．また，水溶液中のスクロースのモル分率 x_S と水分活性の関係を図示して，ラウール（Raoult）の法則（14.3を参照）からのずれについて考察せよ．

表6.3　スクロース水溶液の水蒸気圧

m〔mol/kg〕	0.5	1.0	2.0	3.5	5.0
p〔kPa〕	2.319	2.295	2.245	2.157	2.055
a_w	0.9914	0.9812	0.9598	0.9222	0.8786
x_S	0.00892	0.01768	0.03475	0.05926	0.08256

《解説》式（6.1）の定義に従い計算した水分活性 a_w の値を表6.3の第3行に示す．重量モル濃度 m

は 1 kg の溶媒に含まれる溶質の物質量と定義される（付録 A を参照）. いま, 溶媒は水（モル質量 18 g/mol）であるので, 1 kg（1000 g）の水の物質量は 1000/18 = 55.56 mol である. したがって, 重量モル濃度 m のスクロース水溶液のスクロース（溶質）のモル分率 x_S は次式で計算される.

$$x_S = \frac{m}{m + 55.56} \tag{6.2}$$

式 (6.2) により算出したスクロースのモル分率 x_S を表 6.3 の第 4 行に示す. また, スクロースのモル分率 x_S と水分活性 a_w の関係を**図 6.2** に実線で示す. ラウールの法則では, 溶媒（水）の示す蒸気圧 p は, 純粋な溶媒の飽和蒸気圧 p_s と溶液中の溶媒のモル分率 x_w の積に比例する. スクロース水溶液はスクロースと水の 2 成分からなるので, $x_w = 1 - x_S$ の関係がある. したがって, ラウールの法則が成立すれば,

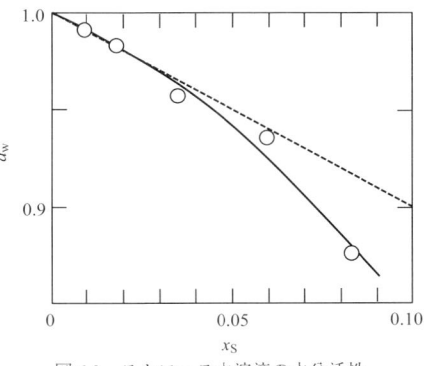

図 6.2　スクロース水溶液の水分活性

$$a_w = \frac{p}{p_s} = 1 - x_S \tag{6.3}$$

となる. 図 6.2 の直線（破線）は式 (6.3) の関係を表す. 水の蒸気圧から求めた水分活性は直線より下に位置し, スクロース濃度が高いほど直線からのずれが大きくなる. これはスクロース濃度が高くなるとスクロース分子と相互作用する水の割合が増加し, 相対的に自由水（スクロースに束縛されていない水）の割合が低下するためと解釈できる. また, 曲線とのずれが大きいほど, 溶質分子と水分子との相互作用が強い. ■

　食品の水分活性は保存中に起こる種々の変化に影響を及ぼす. 微生物の増殖や酵素活性, 非酵素的褐変反応に及ぼす水分活性の影響を**図 6.3** および**図 6.4** に示す. 多くの微生物は水分活性が 0.7 以上でなければ増殖せず, 生育できる水分活性の下限は微生物の種類により異なる. おおむね, カビは水分活性が 0.7 以上, 酵母は 0.75 以上, 細菌は 0.85 以上で増殖する. したがって, ジャムのように加糖して水分活性を低下させると, 微生物が増殖しにくく, 保存性が高まる. 一方, 食品中に含まれる酵素は 0.4 程度の水分活性でも活性を示す. さらに, 水分活性が 0.2 程度でも非酵素的褐変反応が進行する.

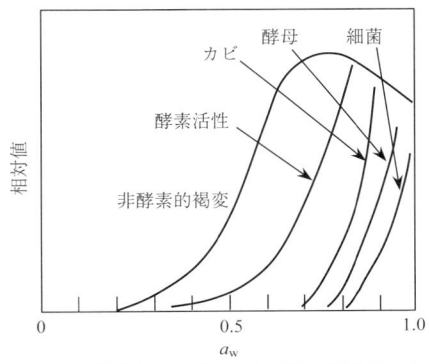

図 6.3　化学的および酵素的な反応と微生物の生育に及ぼす水分活性の影響

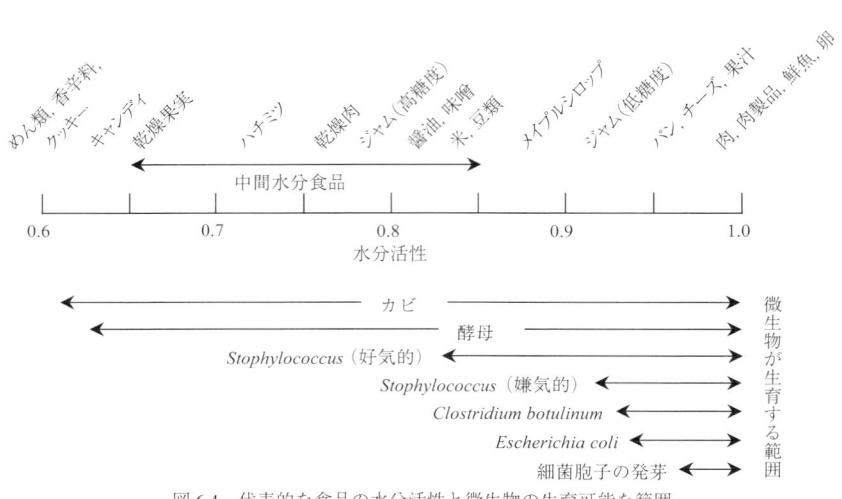

図 6.4　代表的な食品の水分活性と微生物の生育可能な範囲

6.2.3　中間水分食品

　ジャムや塩辛のように糖や塩を加えたり，乾燥肉のように乾燥（脱水）して含水率を低下させて，水分活性を 0.65〜0.85 程度に調整し，微生物に対する保存性を高めた食品を**中間水分食品**という．中間水分食品は微生物の増殖を抑える程度に水分を低減しているが，比較的含水率が高いのでしっとり感は残っている．

　中間水分食品の製造法には，①水分を蒸発させ，食品中の溶質を濃縮して水分活性を低下させる乾燥法，②ソルビトールや食塩などを配合した溶液に素材を浸漬し，食品の a_w を所定の値に調整する湿式浸透法（または，平衡化法），③素材を凍結乾燥して多孔質にしたのち，a_w を調整した溶液に浸漬する乾式浸透法（単に，浸透法ともいう）および④ a_w の異なる素材を混合し，最終製品の a_w を所定の値に調整する混合法がある．

6.2.4　水分収着等温線

　食品を保存する雰囲気の関係湿度が高くなると，食品は吸湿して保持する水の量が多くなる．すなわち，雰囲気中の水（水蒸気）が食品に取り込まれる．このとき，食品の固体表面（多孔性の食品の細孔内の表面を含む）で水の濃度が高くなることを**吸着**という．食品が吸湿するときには，固体内に溶け込む**吸収**も同時に起こり，これらを区別することは難しいので，両方を併せて**収着**という．ある

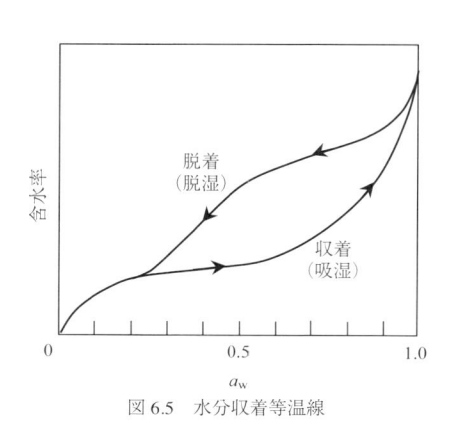

図 6.5　水分収着等温線

温度で，食品に収着した水の量（収着量）q 〔kg-水/kg-乾燥食品〕と水分活性 a_w の関係を**水分収着等温線**といい，**図 6.5** のようになることが多い．この関係は温度に依存し，一般に，温度が低いほど水の収着量が多くなる．吸着に着目すると，**図 6.6** に示すように，領域 A では水分子が固体表面と相互作用して吸着され，単分子層ができる．領域 B では，水の単分子層の上に水分子の層が，2 層，3 層と吸着されて，多分子層が形成される．さらに，領域 C の水は食品によって拘束される力は弱く，単に機械的に保持されているだけである（図 6.6）．

食品の水分収着等温線は，グッゲンハイム・アンダーソン・デブール（Guggenheim-Anderson-de Boer）式（GAB式と略称されることが多い）と呼ばれる式（6.4）で表現できることが多い．

$$q = \frac{q_\mathrm{m}cKa_\mathrm{w}}{(1 - Ka_\mathrm{w})[1 + (c - 1)Ka_\mathrm{w}]} \tag{6.4}$$

ここで，q_m は単分子層を形成したときの領域Aの吸着量である．また，吸着は発熱を伴う現象であり，c は第1層目と第2層目以上の吸着熱の差に関する定数である．さらに，K

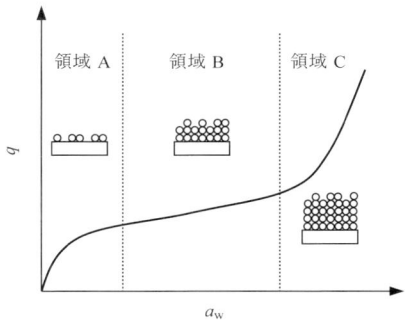

図6.6 水分収着等温線と水の状態

は第2層目以上の水の吸着熱に関する補正項である．水分収着量 q は平衡状態での値であるので，式（6.4）の a_w の代わりに雰囲気の関係湿度 p/p_s を用いてもよい．

一般に，食品が吸湿するときと乾燥（脱湿）するときでは水分収着等温線の形が異なり，同じ水分活性では吸湿するときより乾燥するときのほうが高い収着量を示す（図6.5）．このように吸湿と乾燥とで等温線が異なることを**履歴現象**（ヒステリシス）といい，2つの曲線で囲まれた部分の形は食品の種類によりかなり異なる．

【例題 6.4】 種々の飽和塩水溶液を用いて測定した30℃におけるデュラムセモリナの水分収着量を表6.1に示す．水分収着等温線を描き，それをGAB式で表現せよ．

《解説》普通方眼紙の横軸に飽和塩水溶液の水分活性を，縦軸に水分収着量をとり，表6.1の値をプロットした図6.7は，図6.5に類似した形になる．式（6.4）は3つのパラメータをもち，これらの結果に適合するようにそれらを決定することは容易ではない．そこで，q_m は単分子層を形成したときの収着量であるので，水分活性の低い領域のプロットを円滑な線で結び，q の増加量が小さくなる縦軸の値から q_m の近似値として 0.09 g-水/g-d.m. を推定する．また，K は経験的に 0.5〜1 程度の値であ

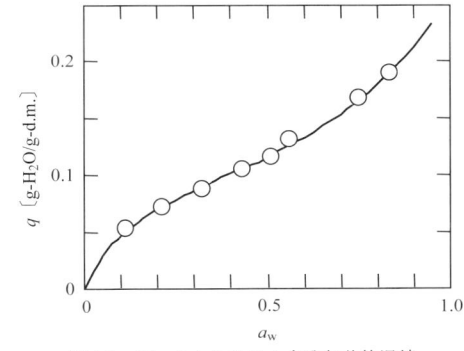

図6.7 デュラムセモリナ水分収着等温線

るので，K のおおよその値を1と仮定する．さらに，これらの値を用いると，c は10程度と見積もられる．そこで，これらの値を用い，マイクロソフト Excel® のソルバー（Solver）機能により，実測値にもっとも適合する q_m，c および K の値として，$q_\mathrm{m} = 0.0879$ g-水/g-d.m.，$c = 14.2$ および $K = 0.672$ を得る（付録Dを参照）．図6.7の実線は，これらの値を式（6.4）に代入した計算線である．■

6.2.5 ガラス転移

物質には，分子やイオンなどが規則正しく配列した**結晶**と，不規則に配列した**非晶質**（アモルファス）がある．非晶質の固体を**ガラス**といい，乾燥パスタやクッキーなどはガラス状態にある．乾燥パスタを折り曲げると，パキッと割れる．このような状態がガラスである．一方，乾燥パスタを吸水さ

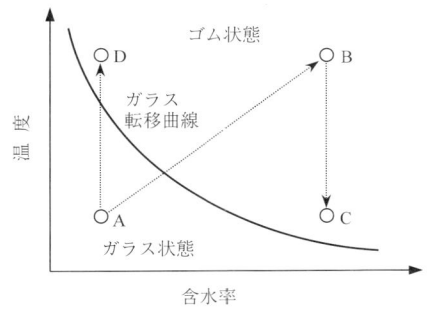

図 6.8　ガラス転移曲線

せると，柔軟性が増し，グニャと曲がる．このような状態をゴム（または，ラバー）状態といい，食品中の分子は溶融状態にある．ガラス状態からゴム状態，またはその逆に変化することを**ガラス転移**といい，この転移が起こる温度を**ガラス転移温度** T_g という．T_g は示差走査熱量計（略称：DSC）を用いて測定するのが一般的であるが，試料は粉体に限られる．

　T_g は含水率に依存し，含水率が高くなると T_g は低下する．T_g と含水率の関係を表す曲線を**ガラス転移曲線**といい，曲線より下はガラス状態，上はゴム状態にある（**図 6.8**）．乾燥パスタは含水率が低く，ガラス状態にある（図 6.8 の点 A）．乾燥パスタを熱水で茹でると，温度と含水率がともに上昇し，グニャとなる．すなわち，ゴム状態になる（図 6.8 の点 B）．この茹でパスタを室温に放置して温度を下げても，グニャとしたゴム状態のままである（図 6.8 の点 C）．また，水分が失われないように，乾燥パスタをラップで包み電子レンジにかけると，温度が上昇し，取り出した直後は柔らかくグニャと曲がる．すなわち，このときもパスタはゴム状態になる（図 6.8 の点 D）が，しばらくすると冷えてガラス状態に戻り，固くなる．同様に，室温でパキッと割れるビスケットもラップに包んで加温すると，ゴム状態になり，グニャとする．また，ビスケットを湿度の高いところにおいておくと，吸湿して含水率が高くなり，図 6.8 の点 A から点 C の状態に移り，ゴム状態になる．

　ガラス転移は食品の保存性と深く関係しており，ガラス状態では無秩序に固体化された分子の運動性が低く，化学反応による品質の劣化などの進行はきわめて遅い．しかし，ゴム状態では分子の運動性が高くなり，化学反応などが進み，品質の低下を招きやすい．したがって，食品を長期に保存するには，ガラス状態に保持することが大切である．

　しかし，分子が規則正しく配列した結晶に比べ，ガラスは吸湿性が高い．例えば，スクロースの結晶であるグラニュー糖は吸湿しにくいが，スクロースが無秩序に配列した上白糖は吸湿しやすい．上白糖を放置しておくと，湿度が高いときに表面が水を収着してゴム状態になる．ゴム状態ではスクロースは溶融状態にあるので，粒子どうしがくっつきやすい．この状態で湿度が下がると，上白糖はガラス状態になる．このような変化を繰り返すと，上白糖は互いに凝結し，大きな塊になる．同様の現象は，インスタントコーヒーやミルクパウダーなどでも見られる．

6.3　品質低下の速度過程

　食品や食品素材を保存すると，経時的に品質が低下することが多い．品質が低下する機構に基づき，その速度過程を表現することが好ましいが，食品や食品素材の品質低下は複雑なことが多く，機構を反映する速度式を導出することが容易でないことが多い．そこで，経験的であっても現象を数式で表現し，そこに含まれるパラメータを算出すると，現象の予測に役立つことが少なくない．例えば，**ワイブル（Weibull）式**または**アブラミ（Avrami）式**と呼ばれる式（6.5）は，品質 y が時間 t とともに低下する過程を表現できる式の一つである．

$$y = e^{-(kt)^n} = \exp[-(kt)^n] \tag{6.5}$$

ここで，k は速度定数〔s^{-1}〕である．n は形状係数と呼ばれるパラメータであり，この値により品質低下の機構を推定できることもある．$n = 0.5$，1 および 2 のとき，品質 y がどのように変化するかを図 6.9 に示す．図 6.9（a）は縦軸と横軸ともに普通目盛で表したときで，（b）は縦軸を対数目盛にした片対数プロットである．$n = 1$ のとき，片対数プロットは直線となる．したがって，品質 y と時間 t を片対数プロットして直線が得られたときは，品質 y の変化速度 dy/dt が，変質せずに残存する品質 y の量に比例する 1 次反応的な過程であるといえる．

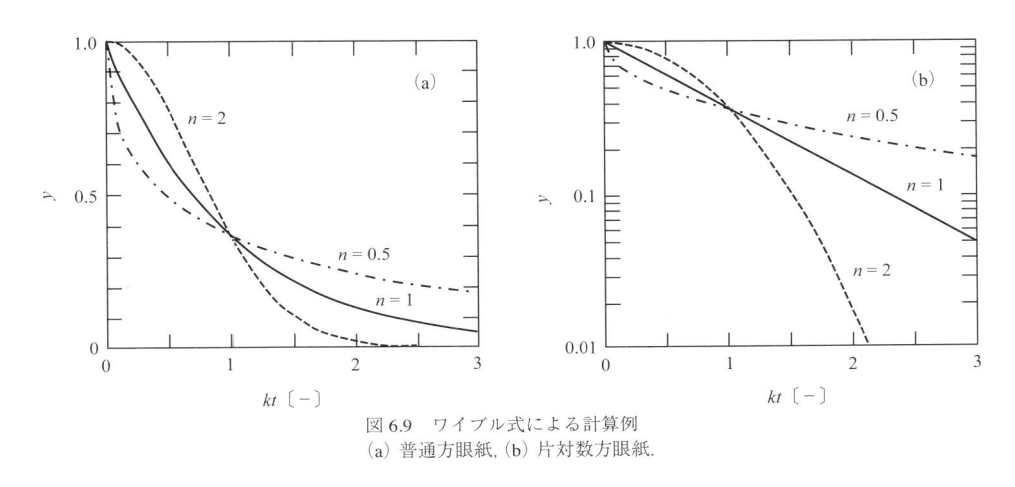

図 6.9　ワイブル式による計算例
（a）普通方眼紙，（b）片対数方眼紙．

【例題 6.5】油性の香料と糖類の濃厚な溶液から調製した O/W エマルション（8.2.1 を参照）を噴霧乾燥（7.4.1 を参照）すると，微小な油滴（香料）が糖の乾燥層で被覆された粉末香料を得ることができる．この粉末香料を温度と湿度が一定の条件で保持したときに残存する香料の割合（残存率）y を求め，表 6.4 の結果を得た．なお，表中の d は日（day）を表す．この過程に式（6.5）を適用し，パラメータ k と n を推定せよ．

表 6.4　粉末香料の残存率の経時変化

時間 t〔d〕	1	3	5	8	12	15
残存率 y	0.758	0.551	0.441	0.321	0.230	0.175

《解説》表 6.4 の結果を図 6.10 にシンボルで図示する．グラフの形からは $n \leqq 1$ と思われる．式（6.5）は次のように変形できる．

$$\log(-\ln y) = n \log t + n \log k \tag{6.6}$$

したがって，$-\ln y$ と t を両対数方眼紙にプロットすると直線となり（図 6.11），直線の勾配より $n = 0.674$ が得られる．また，直線上の任意の点の値より $k = 0.150 \ \mathrm{d}^{-1}$ が求められる．図 6.10 の実線は，これらの値を式（6.5）に代入したときの計算線である．

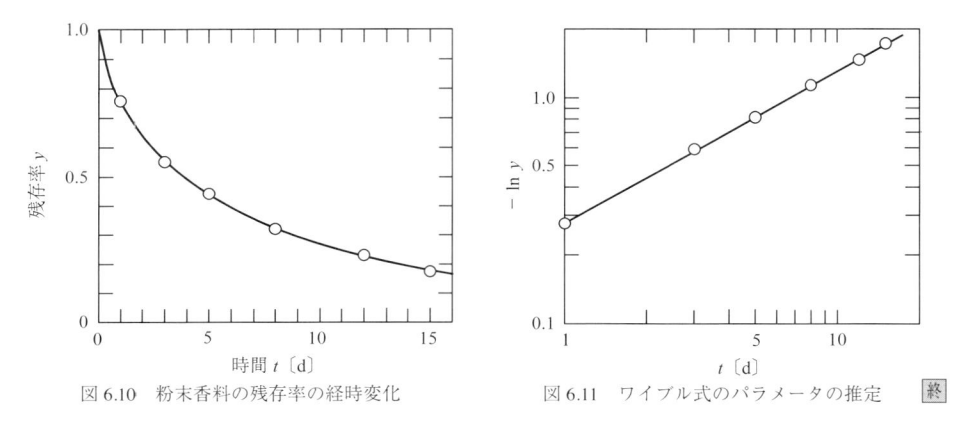

図 6.10　粉末香料の残存率の経時変化　　　　図 6.11　ワイブル式のパラメータの推定　終

　脂質の自動酸化は，開始，連鎖（伝搬）および停止の 3 つの段階からなり，その過程を表現する速度式は複雑である．しかし，酸化速度が未酸化の脂質と酸化された脂質のそれぞれの濃度の積に比例すると考える自触媒型の速度式は，脂質の酸化過程を表現できることがある．すなわち，

$$\frac{dy}{dt} = -ky(1 - y) \tag{6.7}$$

ここで，y は未酸化の脂質の割合（未酸化率），k は速度定数である．$t = 0$ で $y = y_0$ という初期条件のもとに式（6.7）を解くと次式を得る．

$$y = \frac{1}{1 + \exp\left[\, kt + \ln\dfrac{1 - y_0}{y_0} \,\right]} \tag{6.8}$$

なお，初期の未酸化率を $y_0 = 1$ とすると，式（6.7）は解けない．y_0 は 1 に近いが，$y_0 \neq 1$ の値である．

【例題 6.6】 不飽和脂肪酸のある温度での自動酸化過程における未酸化率 y の経時変化を測定し，表 6.5 の結果を得た．この過程に式（6.8）を適用し，パラメータ k と y_0 を推定せよ．

表 6.5　不飽和脂肪酸の自動酸化過程

時間〔h〕	6	12	18	24	30	36
未酸化率	0.957	0.831	0.524	0.197	0.052	0.012

《解説》 未酸化率 y と時間 t の関係を図 6.12 にシンボルで図示する．式（6.8）は次のように変形できる．

$$\ln\frac{1 - y}{y} = kt + \ln\frac{1 - y_0}{y_0} \tag{6.9}$$

そこで，$\ln[(1 - y)/y]$ を時間 t に対してプロットすると，図 6.13 が得られる．この直線の勾配より $k = 0.250\ \mathrm{h^{-1}}$ が得られる．また，切片の値 $\ln[(1 - y_0)/y_0] = -4.59$ より，$y_0 = 1/(1 + e^{-4.59}) = 0.990$ と推定される．図 6.12 の実線は，これらの値を式（6.8）に代入したときの計算線である．

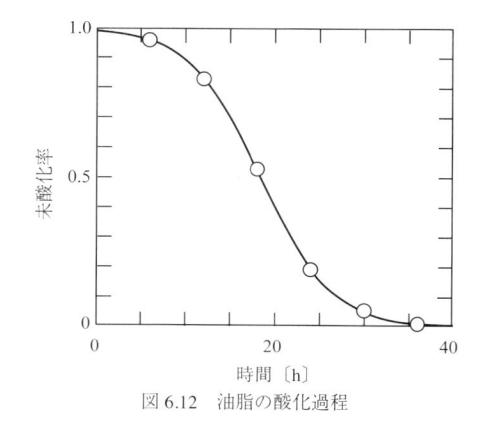

図 6.12　油脂の酸化過程

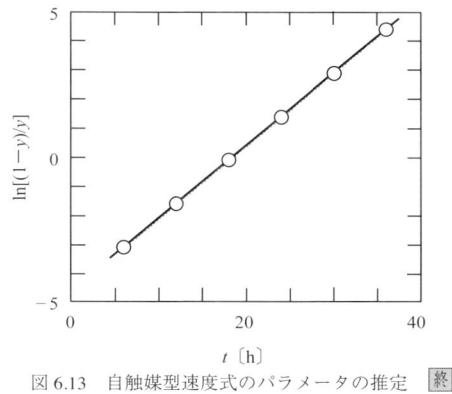

図 6.13 自触媒型速度式のパラメータの推定 〔終〕

6.4 冷蔵と冷蔵時間

6.4.1 除去熱量

冷蔵は食品をその凍結点以上の低温度域に保つ保存法であり，顕熱を取り除かねばならない．さらに，果物や野菜などの生鮮食品では代謝熱も除去しなければならない．ある食品を温度 T_1 〔K〕から T_2 〔K〕まで冷却するときに除去すべき総熱量 Q_T 〔J〕は式（6.10）で求められる．

$$Q_T = W \int_{T_1}^{T_2} c_p dT \tag{6.10}$$

ここで，W は食品の質量〔kg〕，c_p は比熱〔J/(kg·K)〕である．c_p が温度に依存せず一定とみなせるときは，

$$Q_T = W c_p \int_{T_1}^{T_2} dT = W c_p (T_2 - T_1) \tag{6.11}$$

となる．果実や野菜などは他の食品に比べて多くの水を含む．糖質，タンパク質，脂質などの比熱は約 1.5 kJ/kg であり，水のそれ（4.18 kJ/kg）の 1/2 以下である．そこで，食品は水とそれ以外の成分の混合物とみなし，さらに加成性を仮定し，式（6.12）により食品の比熱 c_p 〔J/kg〕を計算することが多い．

$$c_p = w c_{pw} + (1 - w) c_{ps} \tag{6.12}$$

ここで，w は湿重量基準含水率〔kg-水/kg-湿り材料〕，c_{pw} と c_{ps} はそれぞれ水および水を含まない食品成分の比熱である．

6.4.2 ガーニー・ルーリー線図を用いた冷蔵時間の計算

均一な温度 T_0 〔K〕の固体状食品を低温の空気中または水中に置いて冷却する．食品を取り巻く外部の温度は食品のそれより低いので，食品の内部から食品の表面に向かって伝導伝熱で熱エネルギーが移動し，対流伝熱により周囲の流体へ除去される．このような食品内部の温度変化は，非定常伝導伝熱の方程式を解くことにより，食品内部の位置と時間の関数として得られるが，非常に難解である．4.2.5 で述べたガーニー・ルーリー線図を用いると便利である．ここでは，内部が初期温度 T_0 〔K〕の球状（半径 R）の食品を，温度 T_1 （一定，$< T_0$）の流体中に入れたときの内部温度の経時変化を線

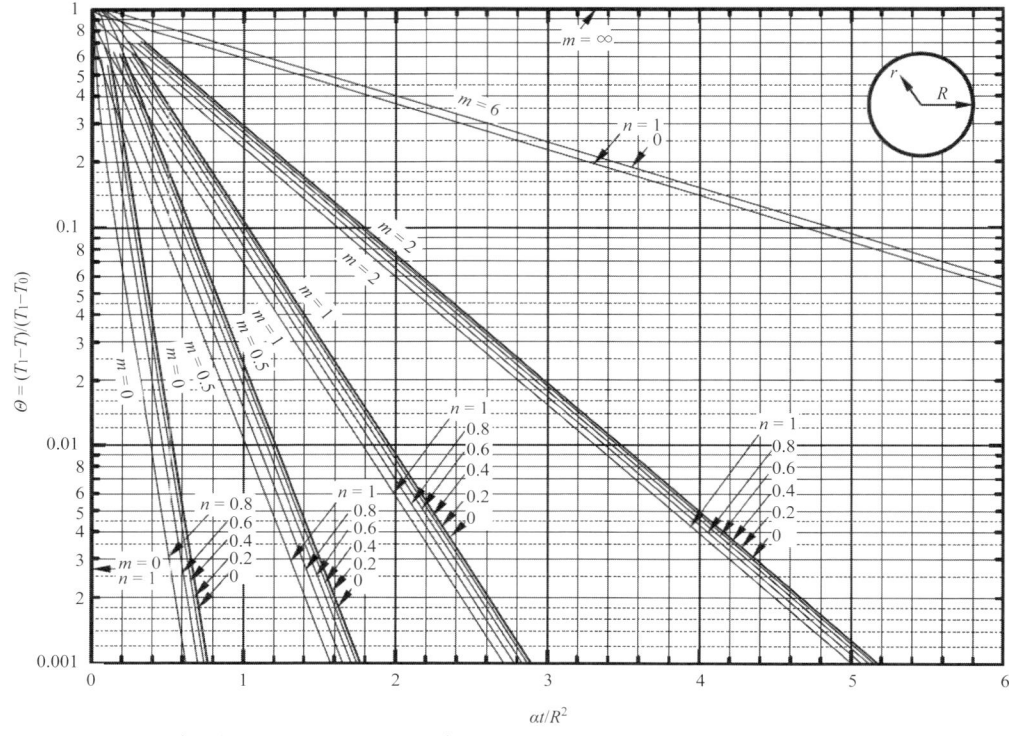

図 6.14　球に対するガーニー・ルーリー線図
T_0：初期温度，T_1：周囲の温度，R：半径，r：中心からの半径方向の距離，$n = r/R$，$m = k/(h \cdot R)$.

図を用いて求める方法を述べる．食品は時間の経過とともにその表面から内部に向かって冷却される．時間 t における球の中心から半径 r の位置の温度を T とすると，T と r および t の関係は図 6.14 のガーニー・ルーリー線図で表せる．縦軸 Θ は式（6.13）で定義される無次元温度である．

$$\Theta = \frac{T_1 - T}{T_1 - T_0} \tag{6.13}$$

横軸 $\alpha t/R^2$ は無次元時間を表すフーリエ数である．ここで，α は温度伝導度であり，食品の熱伝導度 k〔W/(m·K)〕，密度 ρ〔kg/m³〕および比熱 c_p〔J/kg〕を用い，$\alpha = k/(\rho \cdot c_p)$ で計算される．$n = r/R$ は半径方向の位置を表す無次元距離で，$n = 0$ は中心，$n = 1$ は表面を表す．食品表面の伝熱係数 h〔W/(m²·K)〕の影響を考慮するときは，パラメータ $m = k/(h \cdot R)$ を使用する．m はビオ（Biot）数と呼ばれる無次元数である．伝熱係数 h がきわめて大きいときは，$m = 0$ となり，食品の表面温度は周囲の温度 T_1 に等しい．

【例題 6.7】 初期温度が $T_0 = 30℃$ で，直径が 15 cm のメロン（球形と仮定し，熱伝導度 $k = 0.55$ W/(m·K)，密度 $\rho = 930$ kg/m³，比熱 $c_p = 3.8$ kJ/(kg·K)）を 4℃の冷蔵庫に入れたとき，メロンの中心温度が 10℃に達するのに要する時間はいくらか？　なお，メロンと周囲の空気との間の伝熱係数は $h = 14.7$ W/(m²·K) とする．

《解説》 $R = 0.075$ m, $\alpha = k/(\rho \cdot c_p) = 0.55/[(930)(3800)] = 1.56 \times 10^{-7}$ m²/s, $m = k/(h \cdot R) = 0.55/[(14.7)$

(0.075)] = 0.5 である．また，中心温度を求めるので，$n = 0$ である．メロンの中心温度（T_c）が 10℃ になったとき，Θ の値は $\Theta = (T_1 - T_c) / (T_1 - T_0) = (277 - 283) / (277 - 303) = 0.231$ である．図 6.14 より，$m = 0.5$ で $n = 0$ の線上の $\Theta = 0.231$ における横軸の値を読み取ると，$\alpha t/R^2 = 0.45$ である．したがって，中心温度が 10℃ に達するまでの時間 t は，$t = 0.45R^2/\alpha = (0.45)(0.075)^2 / (1.56 \times 10^{-7}) = 1.6 \times 10^4$ s $= 4.5$ h である．　終

【課題 6.2】 解凍は冷凍より時間がかかることを経験的に知っているが，それはなぜか？

6.5　凍結と解凍

6.5.1　ブランチング

　ブランチングは野菜を凍結するときの重要な前処理工程である．収穫後の野菜をそのまま冷凍庫（約 −20℃）で保存すると，香りや色調，テクスチャーが変化し，貯蔵期間が長引くほど品質の低下が著しい．これらの品質変化は，凍結では失活しない酵素の作用によると推測される．1920 年代後半に，凍結前に野菜の酵素を失活させるため，熱水や水蒸気と直接接触させる短時間熱処理技術が開発され，ブランチングと名づけられた．ブランチングは，酵素の不活性化のみならず，野菜に含まれる酸素の除去，微生物の減少，テクスチャーの改善などの効果を併せもつ．しかし，熱処理の条件を誤ると，ビタミンや香気成分が損失し，逆に品質が低下することもある．短時間の熱処理に水蒸気（または，過熱水蒸気）を用いる方法は，野菜に含まれる水溶性成分の損失が少なく，かつ処理した製品の含水率の変化が少ない．また，最近はマイクロ波を用いた，処理時間がより短いブランチング技術も開発されている．

6.5.2　凍結と解凍のメカニズム

　冷凍保存では，凍結により生じる氷が食品に影響を及ぼす．とくに，氷結晶の大きさは解凍後の食品の品質に大きな影響を及ぼすので，凍結・解凍のメカニズムを知ることは大切である．

　食品の凍結では，まず冷蔵操作により材料の顕熱を除去したのちに，凍結潜熱を除去する．図 6.15 に示すように，純水は 0℃ で氷結晶が生成し，温度が一定のまま凍結が終了する．しかし，実際の食品では，水にアミノ酸や糖，塩などの種々の物質が溶解しているため，凝固点降下が起こり，氷結晶は 0℃ 以下の温度で生成し始める．また，食品の凍結はある温度で瞬時に起こるのではなく，ある温度幅で起こる現象である．一般に，食品中の水の約 80％ は −1〜−5℃ の温度帯で氷結すると考えられており，この温度帯は**最大氷結晶生成帯**と呼ばれている．この温度帯では，氷の生成により発生する凍結潜熱のため，氷結しない場合に比べて食品の温度が低下しにくく，この温度帯を通過するのに時間を要する．この温度帯を通過する速度（すなわち，凍結速度）は氷結晶の大きさに影響し，緩慢凍結では氷結晶は大きくなり，急速凍結では微細な氷結晶が生成する．緩慢凍結では細胞間隙に大きな氷結晶が生成し，氷結晶の生成に伴う体積膨張と細胞内の浸透圧の上昇により，細胞の損傷のみならず細胞内部の有用成分が細胞外に流出し，解凍の際にドリップとして損失して品質が低下する原因となる．これに対し，急速凍結では，最大氷結晶生成帯を短時間に通過するため，細胞内外の水が瞬時に微細なアモルファス状態で分散して凍結し，細胞を損傷することなく食品の品質が保たれる．

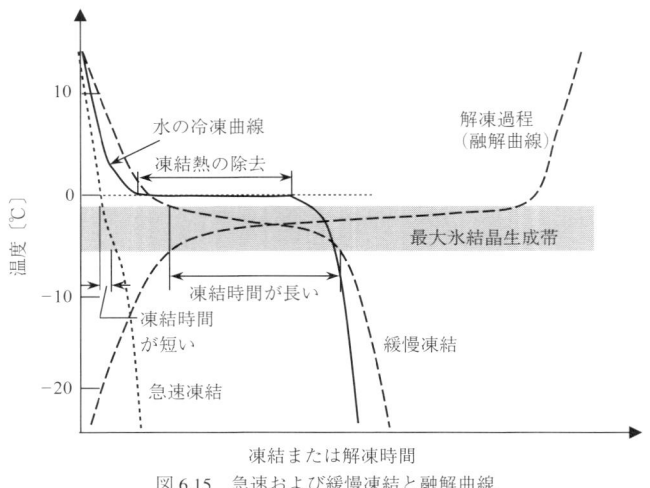

図 6.15　急速および緩慢凍結と融解曲線

6.5.3　凍結時間の計算

　凍結は凍結潜熱が関与する非定常な伝熱現象であるので，凍結時間の計算にガーニー・ルーリー線図を適用することはできない．凍結時間を厳密に計算するには凍結中の材料の熱物性（熱伝導度など）の変化を考慮する必要があり，きわめて複雑である．**プランク（Plank）の式**は，①材料の初期温度は一様で，凍結温度になっているが，凍結は起こっていない（氷結晶は生じていない），②凍結した材料の熱伝導度は一定である，③凍結した部分の伝熱は定常熱伝導で近似できる，という仮定のもとに得られた凍結時間の近似的な計算法としてよく用いられる．

　厚さ a〔m〕の平板状の食品を周囲の温度が T_1〔℃〕のところに置き，両面から凍結させる（**図 6.16**）．凍結温度を T_f，食品と周囲の流体（通常は，空気）との温度境膜における伝熱係数を h〔W/(m²·K)〕とする．凍結の進行とともに食品表面に形成される凍結相では熱は伝導伝熱で移動するが，このときに形成される温度分布は直線的であると仮定する．凍結相の熱伝導度を k〔W/(m·K)〕，密度を ρ〔kg/m³〕，未凍結相の単位質量あたりの凍結潜熱を ΔH_f〔J/kg〕とすると，食品の形状が球や無限に長い平板や円柱に近似できるとき，食品が完全に凍結するのに要する時間 t〔s〕は式（6.14）で与えられる．

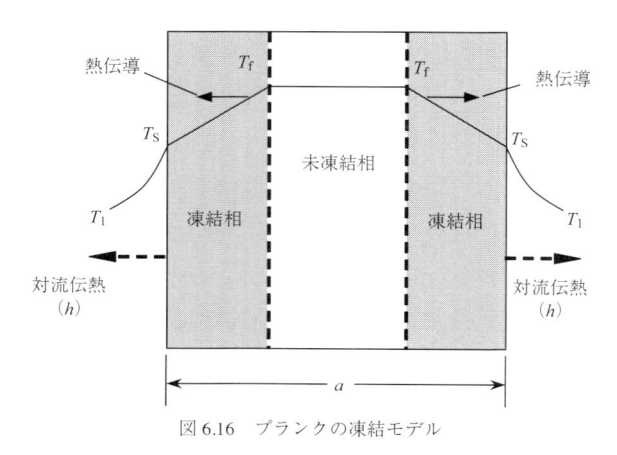

図 6.16　プランクの凍結モデル

$$t = \frac{\Delta H_f \rho}{K(T_f - T_1)} \left(\frac{a}{2h} + \frac{a^2}{8k} \right) \tag{6.14}$$

ここで，a は平板の場合はその厚み〔m〕，円柱および球では直径〔m〕であり，K は平板，円柱および球に対してそれぞれ 1, 2 および 3 である．また，未凍結相が湿重量基準含水率 w の食品であるとき，式（6.14）の ΔH_f は純水の凍結潜熱 ΔH_{fi} に含水率 w を掛けた値（$\Delta H_{fi} \cdot w$）になる．

【例題 6.8】 厚さ 6 cm の平板状の肉に −30℃ の冷風を均等に吹き付けて冷凍する．初期に肉は凍結温度（−3℃）にあり，75% の水分（湿潤基準）を含んでいる．肉の密度は $\rho = 1057$ kg/m³，熱伝導度は $k = 1.04$ W/(m・K) である．凍結に要する時間を計算せよ．なお，肉と冷風間の伝熱係数は $h = 17$ W/(m²・K)，水の凍結潜熱は $\Delta H_{fi} = 3.34 \times 10^5$ J/kg とする．

《解説》初期水分は 75% であるので，$\Delta H_f = (3.34 \times 10^5)(0.75) = 2.51 \times 10^5$ J/kg である．また，$a = 0.06$ m，$T_f = -3℃$，$T_1 = -30℃$ であるので，これらの値を式（6.14）に代入すると，

$$t = \frac{\Delta H_f \rho}{K(T_f - T_1)} \left(\frac{a}{2h} + \frac{a^2}{8k} \right) = \frac{(2.51 \times 10^5)(1057)}{(1)[-3 - (-30)]} \left(\frac{0.06}{(2)(17)} + \frac{0.06^2}{(8)(1.04)} \right) = 2.16 \times 10^4 \text{s} = 6.0 \text{ h}$$

である．終

6.5.4 解凍と解凍時間の計算

解凍操作も食品の品質に重要な影響を与える．図 6.15 に凍結および解凍過程における温度の変化を模式的に示す．図の融解曲線から明らかなように，解凍は凍結の単なる裏返しではなく，凍結時間に比べて解凍には長い時間を要する．これは，水の熱伝導度（0.583 W/(m・K)）が氷のそれ（2.22 W/(m・K)）に比べて小さいためである．すなわち，凍結状態の食品は氷と食品成分の混合物であり，未凍結の食品は水と食品成分の混合物であるので，凍結した食品のほうが見かけの熱伝導度が大きくなる．凍結および解凍過程では，食品の外表面近傍にそれぞれ凍結相と融解相が形成され，そこを伝導伝熱で熱が移動する．したがって，食品内部と外部の温度差が同じでも，熱の移動速度は凍結のときのほうが約 4 倍速くなる（例題 6.9 参照）．このような熱の移動速度の差が，解凍が凍結に比べて長い時間を要する原因であり，課題 6.2 に対する答えである．

熱移動の観点から考えると，解凍は凍結の逆の現象であるので，凍結時間の推算に関する式（6.14）を導く考え方は，そのまま解凍時間の推定に適用できる．解凍では周囲の温度は凍結温度より高く，熱移動の方向が凍結の場合と逆になるので，式（6.14）の温度差 $T_f - T_1$ は $T_1 - T_f$ に置き換える．また，熱伝導度および密度はいずれも融解相（未凍結相）の値を用いる．

【例題 6.9】 断面 1 m × 15 cm，深さ 1.5 m のステンレス製容器内に 0℃ の水を入れ，これを −18℃ の冷媒中に入れて水を凍結させる．1 m × 1.5 m の両側面からの伝熱（熱エネルギーの除去）が支配的であり，他の側面は無視できると仮定する．このときの凍結時間を無限平板のプランクの式（式（6.14））を用いて計算せよ．つぎに，同じ容器に入った 0℃ の氷を 18℃ の熱媒体に浸して解凍するとき（0℃ の水に戻す）の解凍時間を同じ式を用いて計算せよ．なお，凍結過程における容器内で水の対流はなく，容器外表面の伝熱係数は十分大きく，ステンレスの熱抵抗は無視できるものとする．水および氷の密度はそれぞれ 1000 および 917 kg/m³ であり，熱伝導度はそれぞれ 0.583 および 2.22 W/(m·K) である．また，水の凍結潜熱は $\Delta H_f = 3.34 \times 10^5$ J/kg である．

《解説》 容器外表面の伝熱係数 h は十分に大きいので $h = \infty$ と仮定できる．式（6.14）に平板であるので $K = 1$，凍結する水の厚さ $a = 0.15$ m，水の凍結潜熱 $\Delta H_f = 3.34 \times 10^5$ J/kg，氷の密度 $\rho_i = 917$ kg/m³，氷の熱伝導度 $k_i = 2.22$ W/(m·K)，$T_f = 0℃$，$T_1 = -18℃$ などを代入すると，凍結時間 t_1 は

$$t_1 = \frac{\Delta H_f \rho_i}{K(T_f - T_1)}\left(\frac{a}{2h} + \frac{a^2}{8k_i}\right) = \frac{(3.34 \times 10^5)(917)}{(1)(18)}\frac{0.15^2}{(8)(2.22)} = 21557 \text{ s} = 5.99 \text{ h}$$

である．一方，式（6.14）を解凍過程に用いたときは，水の密度 $\rho_w = 1000$ kg/m³，水の熱伝導度 $k_w = 0.583$ W/(m·K) であるので，解凍時間 t_2 は次式で求められる．

$$t_2 = \frac{\Delta H_f \rho_w}{K(T_1 - T_f)}\left(\frac{a}{2h} + \frac{a^2}{8k_w}\right)$$

ここで，T_1 は解凍に用いる熱媒体の温度である．したがって，

$$t_2 = \frac{(3.34 \times 10^5)(1000)}{(1)(18)}\frac{0.15^2}{(8)(0.583)} = 89515 \text{ s} = 24.9 \text{ h}$$

であり，凍結時間と解凍時間には大きな差がある． ■

演 習

6.1 湿重量基準含水率（水分）が 0.14 kg-水/kg-湿り材料の小麦粉 300 g に 140 g の水を加えてよく混捏したのちに延ばして切断し，うどんをつくった．このうどんの湿重量基準含水率と乾重量基準含水率はそれぞれいくらか？

6.2 市販の白米 100 g を精秤し，種々の関係湿度の雰囲気（25℃）に保存した．十分に時間が経ってから白米の重量を測定し，**表 6.6** の結果を得た．市販の白米の水分活性はいくらか？

表6.6　白米の水分活性

関係湿度	0.33	0.53	0.75	0.90	0.97
重量〔g〕	93.9	96.5	99.7	104.8	110.9

6.3 炊飯米をある一定の条件に保持したときの糊化デンプンの割合（糊化度）y（相対値）は**表 6.7** のように低下した．この過程に式（6.5）を適用し，速度定数 k と形状係数 n の値を求めよ．

表 6.7　デンプンの糊化度 y（相対値）の経時変化

時間〔h〕	3	12	24	48	72
糊化度（相対値）	0.756	0.525	0.377	0.229	0.151

6.4 ステンレス製多孔板上に置かれた直径 7 mm エンドウ豆の層に，下方から −30℃ の冷風を吹き込み，豆を冷風中に浮遊させた状態で冷凍させる（これを**流動層凍結法**という）．豆の初期温度は凍結温度 −1.0℃ にあり，湿重量基準含水率は 80 %（w/w）である．豆が完全に凍結するのに要する時間はいくらか？　また，完全に凍結したエンドウ豆を同じ冷凍装置によって中心温度を −20℃ まで冷却するにはさらにどれだけの時間が必要か？　エンドウ豆と冷風間の伝熱係数は 150 W/(m²·K)，エンドウ豆の凍結相の熱伝導度は 0.5 W/(m·K)，比熱は 1.76 kJ/kg，密度は 1050 kg/m³ であり，水の凍結潜熱は 334 kJ/kg とする．

6.5 直径 15 mm，湿重量基準含水率 60 %（w/w），初期温度 10℃ のミートボールをトンネルフリーザーのベルト上に乗せて凍結する．冷却に用いる空気の入口温度は −40℃ で，上方よりノズルでミートボールに吹き付け，−30℃ でフリーザーから排出される．ミートボールの凍結温度は −2℃ であり，この温度ですべての水が凍結するが，凍結後にさらに冷却され，中心の温度が −20℃ でフリーザーを出る．以下の問いに答えよ．

ア）初期温度から冷却し，−2℃ でミートボールの内部の水をすべて凍結させ，さらに −20℃ まで冷却する間に，初期状態の 1 kg のミートボールから除去すべき熱エネルギーはいくらか？　ただし，未凍結および凍結ミートボールの比熱はそれぞれ 2.85 および 1.72 kJ/(kg·K)，水の凍結潜熱は 334 kJ/kg である．

イ）空気とミートボール間の伝熱係数を 15 W/(m²·K)，凍結ミートボールの熱伝導度を 1.17 W/(m·K)，密度を 1000 kg/m³ とするとき，凍結温度 −2℃ のミートボールを完全に凍結するのに要する時間をプランクの式を用いて計算せよ．

ウ）−2℃ で完全に凍結したミートボールをさらに中心温度が −20℃ まで冷却する．この冷却に要する時間はいくらか？　凍結ミートボールの比熱は 1.72 kJ/(kg·K)，密度は 980 kg/m³ である．

エ）ミートボールの処理量を 500 kg/h とするとき，−40℃ の冷風の必要な流量はいくらか？　空気の比熱は 1.0 kJ/(kg·K) である．

オ）空気の冷却には熱交換器を用いて，30℃ の空気と −60℃ の冷媒の熱交換によって −40℃ の冷風を得る．熱交換器の総括伝熱係数を 100 W/(m²·K) とすると，必要な伝熱面積はいくらか？　なお，冷媒温度は一定であり，冷媒と空気は向流に流す．

第 7 章　湿度と食品の乾燥

【課題 7.1】「今日の湿度は 70％」のように，日常生活では湿度は百分率で表されるが，ほかの表現法もあるか？

〔指針〕
① 関係湿度と絶対湿度の定義を知る．
② 空気の特性値を求める方法を理解する．
③ 湿度図表が使えるようになる．
④ 乾燥の 3 期間を知る．
⑤ 乾燥過程における熱と物質の同時移動を理解する．
⑥ 噴霧乾燥と凍結乾燥の原理を理解する．

7.1　湿度の定義

　乾燥では熱源として加熱した空気（熱風）を用いることが多いので，空気中の水蒸気の量（湿度）の理解が重要である．空気が保持できる水蒸気の量には限界値があるので，「乾燥できない」「結露する」といった不具合が生ずることがある．湿度に着目して空気の性質を制御することを**調湿**という．

　第 6 章で述べたように，空気は水蒸気を含むが，このように水蒸気を含む空気を**湿り空気**といい，水蒸気を除いた空気を**乾き空気**という．湿度にはいくつかの定義があるが，本書では関係湿度と絶対湿度のみを取り上げる．なお，食品工学の分野では後者を湿度と略称することが多い．

7.1.1　関係湿度

　関係湿度（相対湿度）ϕ は，湿り空気中の体積基準の水蒸気濃度 ρ_w〔kg/m^3〕と，その温度の水蒸気で飽和した空気の水蒸気濃度 ρ_{ws}〔kg/m^3〕との比であり，理想気体の法則を用いると，ϕ は式（7.1）で表される．

$$\phi = \frac{\rho_w}{\rho_{ws}} = \frac{p_w}{p_{ws}} \tag{7.1}$$

ここで，p_w は空気中の水蒸気分圧〔Pa〕，p_{ws} は同じ温度における飽和水蒸気圧〔Pa〕である．通常は，ϕ に 100 を乗じた％（パーセント）で表す．関係湿度は 100％を超えることはない．なお，式（7.1）の中辺と右辺の関係は，水蒸気濃度 ρ_w が理想気体の法則より，単位体積あたりの水蒸気の物質量に水のモル質量 M_w を用いて，$\rho_w = M_w n_w / V = p_w (M_w / RT)$ となることから求められる．飽和水蒸気圧 p_{ws} は温度に依存し，温度が高くなると大きくなる（**表7.1**）．

表 7.1　種々の温度における飽和水蒸気圧

温度〔℃〕	p_{ws}〔kPa〕	温度〔℃〕	p_{ws}〔kPa〕	温度〔℃〕	p_{ws}〔kPa〕
0	0.611	35	5.623	70	31.162
5	0.872	40	7.376	75	38.549
10	1.228	45	9.583	80	47.360
15	1.705	50	12.334	85	57.803
20	2.338	55	15.737	90	70.109
25	3.167	60	19.916	95	84.526
30	4.243	65	25.003	100	101.32

【例題 7.1】 30℃，関係湿度 50％の湿り空気 1 m³ には何 g の水蒸気が含まれるか？　なお，理想気体の法則が適用できるとする．

《解説》 表 7.1 より，30℃ における飽和水蒸気圧は p_{ws} = 4243 Pa であるので，関係湿度が 50％ のときの水蒸気の分圧 p_w は式（7.1）より，p_w = (0.5)(4243) = 2122 Pa である．したがって，理想気体の法則より，水蒸気の物質量は $n_w = p_w V/(RT)$ = (2122)(1)/[(8.31)(273 + 30)] = 0.843 mol である．水のモル質量 M_w は 18.02 g/mol であるので，湿り空気 1 m³ は (0.843)(18.02) = 15.2 g の水蒸気を含む．|終|

7.1.2　絶対湿度

絶対湿度 H は 1 kg の乾き空気に含まれる水蒸気の質量と定義される．水および空気のモル質量はそれぞれ 18.02 g/mol と 28.97 g/mol であるので，理想気体の法則を適用すると，H は次式で計算される．

$$H = 0.622 \frac{p_w}{p_t - p_w} \tag{7.2}$$

ここで，p_t は湿り空気の全圧〔Pa〕であり，通常は大気圧（101.3 kPa）である．H の分子と分母はともに質量の単位〔kg〕をもつので，それらを消すこともできるが，理解しやすいように〔kg-水蒸気/kg-乾き空気〕の単位を付けて表すことが多い．湿度 H と関係湿度 ϕ はそれぞれ式（7.3）および式（7.4）で関係づけられる．

$$H = 0.622 \frac{\phi p_{ws}}{p_t - \phi p_{ws}} \tag{7.3}$$

$$\phi = \frac{p_t}{p_{ws}} \frac{H}{H + 0.622} \tag{7.4}$$

関係湿度の高い状態では空気中へ水が蒸発しにくくなるため，蒸し暑く感じる．表 7.1 のように，飽和水蒸気分圧 p_{ws} は温度によって変化するため，空気中に含まれる水蒸気の質量が同じであっても，温度が変化すると関係湿度の値が変化する．一方，絶対湿度 H の値は温度に依存しない．

【例題 7.2】 30℃，関係湿度 25％の湿り空気を 10℃ および 50℃ に変化させたとき，ϕ と H の値はどのように変化するか？

《解説》 10℃，30℃ および 50℃ の飽和水蒸気圧 p_{ws} はそれぞれ 1228，4243 と 12334 Pa である．30℃，関係湿度 25％ の空気中の水蒸気圧 p_w は式（7.1）から p_w = (0.25)(4243) = 1061 Pa である．p_w は温度が変化しても変わらないので，10℃ および 50℃ における関係湿度は，ϕ_{10} = (1061/1228) × 100 = 86.4％ および ϕ_{50} = (1061/12334) × 100 = 8.6％ のように，温度によって変化する．一方，絶対湿度は H = (0.622)[1061/(101300 − 1061)] = 0.00658 kg-水蒸気 /kg-乾き空気であり，温度に関係なく一定の値である．このように，乾燥操作などの温度変化を伴うプロセスの計算（例えば，乾燥に必要な空気量の計算など）には，温度によって変化する関係湿度よりは温度に依存しない絶対湿度 H のほうが使いやすい．|終|

7.2　湿り空気の特性値

7.2.1　湿り空気比熱

　湿り空気（湿度 H）中の乾き空気 1 kg とそこに含まれる水蒸気 H kg の温度を 1 K 上昇させるのに必要な熱量を**湿り空気比熱** c_H〔J/(kg-乾き空気・K)〕という．通常の乾燥条件における乾き空気および水蒸気の平均比熱は，それぞれ 1005 J/(kg·K) と 1884 J/(kg·K) であるので，湿度 H の湿り空気比熱は式（7.5）で計算できる．

$$c_H = 1005 + 1884H \tag{7.5}$$

7.2.2　湿り比容

　乾き空気 1 kg を基準として表した湿度 H の湿り空気の占める体積を**湿り比容** v_H〔m³/kg-乾き空気〕という．湿り比容は空気の温度 T〔K〕の関数であり，理想気体の法則を適用し，式（7.6）で計算される．

$$v_H = \frac{(0.772 + 1.24H)T}{273} \tag{7.6}$$

7.2.3　湿球温度

　図 7.1 に示すように，温度 T，湿度 H の大量の熱風中で温度 T_w の水滴が蒸発している．水滴の初期温度が空気のそれより低いときの，空気と水滴の間の熱と物質の移動を考える．空気から水滴に伝わる単位表面積あたりの対流伝熱の量は，液滴表面の伝熱係数 h と温度差 $T - T_w$ の積で与えられる．熱量の一部は水滴表面からの水の蒸発潜熱（気化熱）として消費され，残りの熱量により水滴の温度が上昇する．水滴表面の空気の湿度 H_w は飽和湿度であり，熱風中の湿度 H はそれより低いので，蒸発により生じた水蒸気は，この濃度差（湿度差）により熱風本体に移動する．この水蒸気の移動量は，伝熱係数と相似な物質移動係数 k_m と湿度差 $H_w - H$ の積で表される（水蒸気の物質移動の詳細は 7.3.2 を参照）．水滴の温度が上昇すると，水滴表面の水蒸気圧が高くなり，水蒸気の移動量が増加し，ついには空気から水滴への伝熱量がすべて水の蒸発に消費されるようになり，水滴の温度は一定の値になる．このときの水滴の温度を湿り空気の**湿球温度** T_{wb}〔K〕という．T_{wb} は断熱状態で大量の湿り空気と少量の水が接触し，動的な平衡状態（空気から水滴への入熱と蒸発潜熱が釣り合った状態）になったときの水滴の温度であり，湿り空気の温度 T と湿度 H を用いて式（7.7）で計算できる．

$$\frac{H_{wb} - H}{T - T_{wb}} = \frac{h}{k_m \Delta H_v} \approx \frac{c_H}{\Delta H_v} \approx \frac{1005}{\Delta H_v} \tag{7.7}$$

ここで，H_{wb} と ΔH_v はそれぞれ温度 T_{wb} における飽和湿度〔kg-水蒸気 /kg-乾き空気〕および水の蒸発

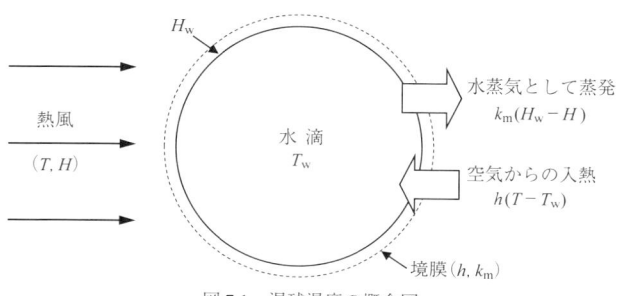

図 7.1　湿球温度の概念図

潜熱〔J/kg〕である．式（7.7）の h/k_m の値は，空気−水系では，湿り空気の比熱 c_H（約 1005 J/(kg·K)）にほぼ等しく，ルイス（Lewis）の関係として知られている．H_{wb} と ΔH_v はいずれも T_{wb} の関数であるので，T_{wb} は試行計算により式（7.7）を解いて得られる．

7.2.4　断熱飽和温度

図 7.2 に示すように，水蒸気で飽和されていない空気を断熱条件下で大量の循環水と接触させると，平衡状態では，空気は水蒸気で飽和され，水と空気は同じ温度 T_s〔K〕となる．この温度を**断熱飽和温度** T_s という．なお，空気−水系においては，断熱飽和温度と湿球温度は一致する．

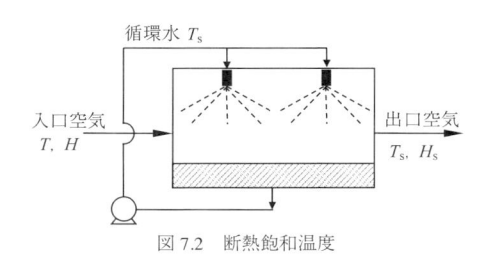

図 7.2　断熱飽和温度

7.2.5　露　点

湿り空気を冷却すると，水蒸気分圧が飽和水蒸気圧に等しくなる温度で湿り空気は飽和になり，それ以下に冷却すると水滴が生成する．この温度を**露点** T_d〔K〕という．逆に，露点が測定できれば空気中の水蒸気分圧 p_w がわかり，式（7.1）や式（7.2）から ϕ や H が求められる．この原理を利用して湿度を測定する装置もある．

7.2.6　湿度図表

湿り空気の特性値は上述の式で算出できるが，湿球温度や断熱飽和温度などを求めるには試行計算が必要であり，不便である．そこで，特性値を図表で表し，これを利用する方法が用いられている．湿り空気の特性値を表した図表を**湿度図表**という．**図 7.3** は湿り空気の圧力が 1 気圧（101.3 kPa）における湿度図表である．なお，湿度図表はもっと多くの情報を含むが，図 7.3 はそれを簡略化したものである．図の横軸は空気の温度 T であり，縦軸は湿度 H〔kg-水蒸気 /kg-乾き空気〕を表す．図中の関係湿度 100％と記した右上がりの曲線は飽和湿度と空気温度の関係を表す．この曲線は温度 T における飽和水蒸気圧 p_{ws} から式（7.2）を用いて計算できる．その他の関係湿度の曲線は，温度 T における p_{ws} と ϕ から式（7.1）を用いて p_w を求め，式（7.2）により H を計算して T に対して点綴した曲線である．また，飽和湿度曲線上を始点とする右下がりの曲線は**等湿球温度曲線**（または，**断熱冷却線**）であり，式（7.7）から求められる．

湿度図表から湿り空気の特性値をどのように読み取るかを説明する（**図 7.4**）．

①**空気の加熱・冷却と露点**：図 7.4 の点 A は温度 T_0，湿度 H_0 の湿り空気の状態を表す．この空気を冷却すると，空気の温度のみが低下し，湿度 H_0 は変化しないので，湿り空気の状態は点 A を通る水平線上を左へ移行する．この水平線が飽和湿度曲線と交わる点 D で，空気は飽和湿度の状態にあり，点 D の温度 $T_{d,0}$ が点 A の空気の露点である．つぎに，点 A の空気を湿度を一定に保ちながら T_1 まで加熱すると，湿り空気の状態は点 A を通る水平線上を右へ点 B まで移行する．このとき，関係湿度は ϕ_0 から ϕ_1 まで低下する．

②**空気の乾球温度と湿球温度から湿度 H を求める**：点 A を通る等湿球温度曲線（ないときは近くの曲線に平行に引く）と飽和湿度曲線の交点 E の温度 $T_{wb,0}$ が点 A の空気の湿球温度である．この作図操作を逆に行うと，乾球温度 T_0，湿球温度 $T_{wb,0}$ の空気の湿度が容易に求められる．すなわち，温度 $T_{wb,0}$ における垂線と飽和湿度曲線との交点 E を求める．点 E を通る等湿球温度曲線と温度 T_0 の垂

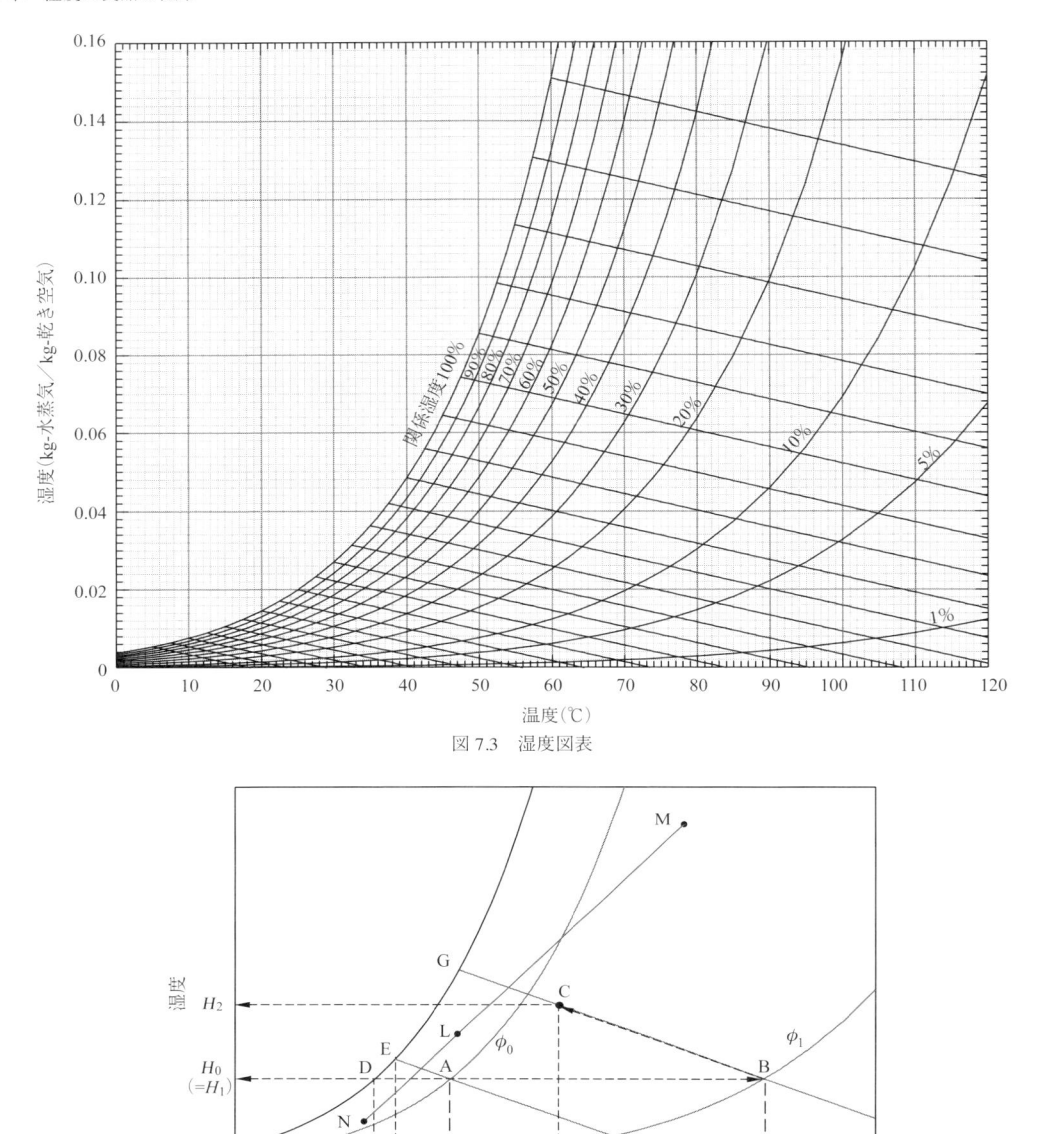

図 7.3　湿度図表

図 7.4　湿度図表の使用法

線との交点から湿度 H_0 が求まる.

　③**乾燥器内空気の断熱変化**：点 A の空気を加熱し，湿度は一定のまま温度を T_1 まで上昇させる.
点 B の空気中で水を断熱状態で蒸発させると，その空気の状態は点 B を通る等湿球温度曲線 BG に沿っ
て変化する. 十分に湿った材料を，断熱状態で乾燥させたときの空気の状態変化がこれに対応する.
乾燥に必要な熱エネルギーは空気から供給され，空気の温度は低下するが，同時に蒸発した水蒸気は
空気中に移動し湿度が増加する. 湿度図表上では空気の状態は曲線 BG 上の点 C に移り，温度が T_1
から T_2 まで降下し，湿度が H_0（$= H_1$）から H_2 に増加する.

④**湿り空気の混合**：乾燥器の熱効率を向上させる目的で，出口空気の一部を入口空気に混合するリサイクル操作が行われる．この操作は，2つの異なる特性値をもつ空気の混合操作である．点 M の空気 G_M〔kg〕と点 N の空気 G_N〔kg〕を混合したとき，混合空気の状態は M と N を結ぶ線分 $\overline{MN}$ を $\overline{ML} : \overline{NL} = G_N : G_M$ に内分した点 L で表される．

【例題 7.3】温度 30℃，湿球温度 15℃の空気（外気）20 m³/s を 100℃に加熱して乾燥に用いる．乾燥器に入った熱風は等湿球温度線に沿って変化し，50℃で乾燥器を出る．湿度図表を用い，加熱に必要な熱エネルギー，出口熱風の湿度および乾燥器内で蒸発した水の量および乾燥器出口の熱風 10 m³/s と外気 20 m³/s を混合した空気の湿度を湿度図表により求めよ．

《解説》湿球温度 15℃の等湿球温度曲線と温度 30℃の垂線の交点から外気の湿度は $H_0 = 0.0044$ kg-水蒸気 /kg-乾き空気である．この点から平行線を引き，飽和曲線との交点の温度から露点は 2℃である．外気の湿り空気比熱 c_{H0} と湿り比容 v_{H0} はそれぞれ式（7.5）と式（7.6）より

$$c_{H0} = 1005 + (1884)(0.0044) = 1013 \text{ J/(kg-乾き空気 ・K)}$$

$$v_{H0} = [0.772 + (1.24)(0.0044)](303)/(273) = 0.863 \text{ m}^3/\text{kg-乾き空気}$$

である．外気 20 m³/s の乾き空気量は，$G_0 = 20/0.863 = 23.2$ kg-乾き空気 /s であるので，この外気を 100℃まで加熱するに必要な熱量 Q は，

$$Q = c_{H0}(100 - 30) = (1013)(70) = 7.09 \times 10^4 \text{ J/s} = 70.9 \text{ kJ/s}$$

である．乾燥器に入った熱風は，100℃，$H_1 = H_0 = 0.0044$ kg-水蒸気 /kg-乾き空気の点を通る等湿球温度曲線に沿って変化し，この曲線と 50℃の垂線との交点の湿度 $H_2 = 0.0254$ kg-水蒸気 /kg-乾き空気で乾燥器を出る．したがって，乾燥器内で材料から蒸発した水の量は，

$$G_0 (H_2 - H_1) = (23.2)(0.0254 - 0.0044) = 0.487 \text{ kg/s}$$

である．出口熱風の湿り比容は

$$v_{H2} = [0.772 + (1.24)(0.0254)](323)/(273) = 0.951 \text{ m}^3/\text{kg-乾き空気}$$

であるから，外気 20 m³/s と出口熱風 10 m³/s の質量比は，

$$(20)(1 + 0.0044)/0.863 : (10)(1 + 0.0254)/0.951 = 23.3 : 10.8$$

である．したがって，外気と出口熱風の点を結ぶ線分を，10.8：23.3 に内挿した点が混合空気の状態を表し，湿度 $H_L = 0.11$ kg-水蒸気 /kg-乾き空気，温度 36.3℃である．終

【課題 7.2】市販のインスタントコーヒーには，粒が小さくサラサラしたものと，粒が大きくゴワゴワしたものがあるが，これらの違いは何か？

7.3　熱風乾燥

7.3.1　含水率と水分

　乾燥して水分を低下させることは,食品の保存性を高める方法の一つとして古くから行われている.食品の水分を低下させる乾燥法として,もっとも古くから行われてきたのは天日干しである.しかし,この方法は天候に左右されるので,小規模な生産に限定される.工業的には,熱風を送り,食品中の水を気化させて除去する**熱風乾燥**がもっとも広く採用される.なお,食品を凍らせたのちに,減圧して氷を昇華させる**凍結乾燥**が用いられることもある.

　湿った材料（湿り材料）から完全に水を除いたものを**乾き材料**（無水材料）と呼ぶ.第6章で述べたように,材料中に含まれる水の量（含水率）の表し方には,**乾重量基準**（乾量基準ともいう）と**湿重量基準**（湿量基準）がある.乾重量基準含水率 X は,食品工学の分野では単に含水率と呼ばれることが多く（以下,本章では乾重量基準含水率を単に含水率と表記する）,湿り材料に含まれる水の重量〔kg〕を乾き材料の重量〔kg〕で除した値（乾き材料 1 kg あたりの水の重量）である.含水率の単位は分子と分母ともに kg であり,消去することもできるが,それぞれの kg が意味する量が異なる.そこで,意味を明確にするために,kg-水/kg-乾き材料（kg-水/kg-d.m.）と表すのが一般的である.湿重量基準含水率（**水分**）w は,湿り材料 1 kg 中の水の重量を質量分率（重量分率）で表したものである（以下,本章では湿重量基準含水率を水分と表記）.種々の計算を行うには,乾燥の前後で基準の値が変化しない乾重量基準含水率 X のほうが水の収支をとりやすい.両者の間には次の関係がある.

$$X = \frac{w}{1-w} \quad \text{または} \quad w = \frac{X}{1+X} \tag{7.8}$$

式（7.8）から明らかなように,水分 w は 1 以下の正の値であるが,含水率 X は 1 以上の値になることもある（むしろ,1 以上になることが多い）.

7.3.2　乾燥特性曲線

　乾燥スパゲッティの生産は,旧来は天日乾燥で行われていたが,現在では熱風乾燥が採用されている.乾燥が進むと,水が除去されて重量が減少する.実際の乾燥工程では,のれん状に吊り下げられた多数の生パスタに熱風を当てて乾燥されるが,ここでは 1 本の生パスタを乾燥させるときの重量変化に着目する（**図 7.5**）.また,パスタ内に埋め込まれた極細の温度計で温度を測定する.温度と関係湿度がともに一定の空気で 1 本のパスタを乾燥すると,パスタの重量と温度はそれぞれ**図 7.6** の実線と破線のように変化する.乾燥開始直後はあまり重量が減らず,温度が少し上昇する.この期間（図中の I）を**予熱期間**という.その後,温度は変化せず,重量がほぼ直線的に減少する期間（図中の II,**定率乾燥期間**または恒率乾燥期間という）が続く.その後,重量の減少が緩やかになるとともに,温度が徐々に高くなる**減率乾燥期間**（図中の III）になる.

　図 7.6 で重量の時間的な変化を表す曲線（**乾燥曲線**という）の接線の傾きは**乾燥速度** R_w を表す.重量 m〔kg〕は減少するので,曲線の接線の傾きは負の値になるが,乾燥速度 R_w を正の値にするため,これに −1 を掛けた値を乾燥速度とする.

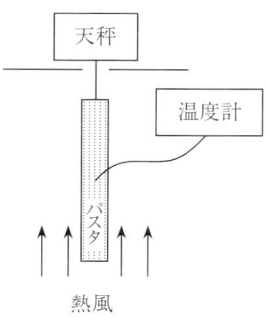

図 7.5　重量と温度の測定

$$R_{\mathrm{w}} = -\frac{dm}{dt} \tag{7.9}$$

ここで定義した乾燥速度は kg-水/s の単位をもつが，次の 7.3.3 で述べるように，単位乾燥面積あたりの含水率や水の重量の変化速度〔(kg-水/kg-d.m.)/(m²·s) や kg-水/(m²·s) の単位をもつ〕を乾燥速度と定義することもある．含水率と乾燥速度の関係をグラフで表すと**図 7.7** のようになる．この曲線を**乾燥特性曲線**といい，乾燥は曲線の右から左に向かって進行する．図中の I，II および III がそれぞれ予熱期間，定率乾燥期間と減率乾燥期間である．定率乾燥期間から減率乾燥期間に移行するときの含水率を**限界含水率** X_{c} という．また，食品の含水率が熱風の温度と湿度に平衡な値に達すると，乾燥速度はゼロとなり，それ以上は乾燥が進まない．このときの含水率を**平衡含水率** X_{e} という．熱風の温度を高くしたり，関係湿度を低くすると，この値は低下する．

　水を含む食品を乾燥するとき，食品中の水は表面で水蒸気に気化して周りの空気中に移行する．水蒸気に気化するには蒸発潜熱（気化熱）が必要であり，熱風から供給される．食品材料（例えば，パスタ）の表面には，乱れの少ない熱風流れの薄い層（境膜）が形成される．この境膜を通って，熱風がもつ熱エネルギーがパスタ表面に供給される（**図 7.8**）．定率乾燥期間では，この熱のすべては水を気化するのに使われるので，パスタの温度（品温）は上昇しない．表面の水蒸気圧はその温度における飽和水蒸気圧であり，表面に接する空気は飽和湿度 H_{wb} である．熱風の湿度 H は H_{wb} より低いので，水蒸気は式（7.10）に従って，パスタ表面から熱風中に移動する．

$$N_{\mathrm{w}} = k_{\mathrm{m}}(H_{\mathrm{wb}} - H) \tag{7.10}$$

ここで，N_{w} はパスタ表面から蒸発して熱風中に移動する水蒸気の物質流束〔kg-水/(m²·s)〕であり，k_{m} は**物質移動係数**と呼ばれる係数である．k_{m} は対流伝熱の伝熱係数 h に対応し，その単位は移動する物質の移動量と濃度により異なるが，式（7.10）では湿度差によって水蒸気が移動するので，kg-水/(m²·s·(kg-水蒸気/kg-乾き空気)) となる．

　パスタの表面近くの含水率が高いときには，熱風から供給された熱はすべて水を気化するのに使われるが，乾燥が進行すると，表面の含水率が低下し，水は食品内部から表面に向かって移動しなければならない．したがって，乾燥が進むと内部から表面へ移動する距離が長くなり，水の移動速度が

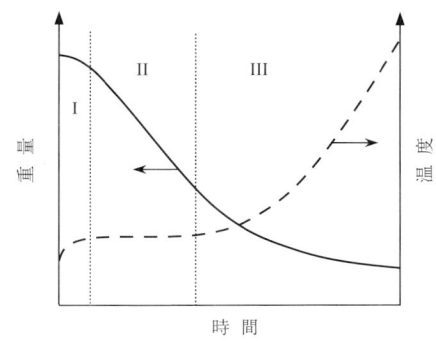

図 7.6　重量と温度の変化

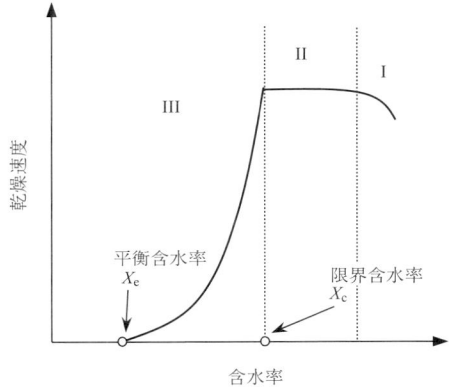

図 7.7　乾燥特性曲線

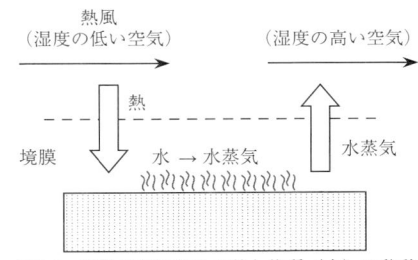

図 7.8　乾燥過程における熱と物質（水）の移動

徐々に遅くなる．このようになると，熱風から供給される熱量は水の蒸発潜熱より多くなり，残った熱エネルギーにより品温が上昇するので，減率乾燥期間では，乾燥速度が徐々に低下するとともに，材料の温度が上昇する．

7.3.3　乾燥器の物質収支

　乾燥装置の計算では，装置の大きさと同時に乾燥に使用する熱風の流量や温度，湿度などを決める必要がある．装置の大きさを計算するには，材料から水が除去される速度が必要であるが，これは本書の範囲を越えるので，ここでは乾燥に必要な熱風の量のみを計算する．含水率 X_1〔kg-水/kg-乾き材料〕の湿り材料を流量 M〔kg/s〕で乾燥器に供給し，含水率 X_2 まで乾燥する（**図7.9**）．乾燥器には湿度 H_1〔kg-水蒸気/kg-乾き空気〕の熱風が乾き空気流量 G_0〔kg-乾き空気/s〕で乾燥器に供給され，湿度 H_2〔kg-水蒸気/kg-乾き空気〕で乾燥器から排出される．このときの物質収支を考える．まず，乾燥器に出入りする水の物質収支を

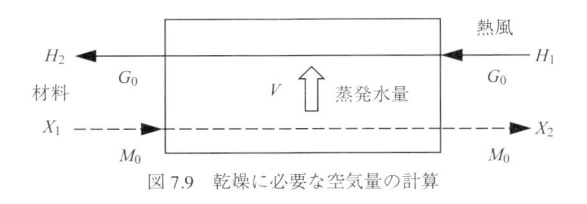

図7.9　乾燥に必要な空気量の計算

考える．含水率は乾重量基準の水の量であるので，材料から除去される水の量 V〔kg-水/s〕は，乾き材料基準で計算するとわかりやすい．乾き材料に換算した乾燥器への材料の供給量は $M_0 = M/(1 - X_1)$ となり，これは乾燥器の入口と出口で変化しないので，

$$V = M_0 (X_1 - X_2) = \frac{M}{1 + X_1} (X_1 - X_2) \tag{7.11}$$

となる．蒸発した水は水蒸気となって熱風に移動し，出口の熱風の湿度が増加する．したがって，乾燥器に入って出る熱風中の水蒸気の収支をとると，

$$G_0 H_1 + V = G_0 H_2 \tag{7.12}$$

であり，

$$G_0 = \frac{V}{H_2 - H_1} \tag{7.13}$$

となり，乾燥に必要な乾き空気量が計算できる．

【例題7.4】 固形分濃度50％（w/w）のコーヒー抽出液を30 kg/hの流量で噴霧乾燥器（後述）に供給して乾燥し，含水率3％（w/w）のコーヒー粉末を製造する．乾燥器に入る熱風の湿度 H は0.01 kg-水蒸気/kg-乾き空気である．乾燥器を出る熱風の湿度を0.04 kg-水蒸気/kg-乾き空気とするとき，乾燥器の入口に送る熱風の流量（湿り空気として）はいくらか？

《解説》コーヒー抽出液の含水率は $X_1 = 50/(100 - 50) = 1$ kg-水/kg-d.m. である．コーヒー粉末の含水率は乾重量基準の値であり，0.03 kg-水/kg-d.m. である．乾き材料の重量は $M_0 = (0.5)(30) = 15$ kg/h であるので，蒸発する水の量は $V = (15)(1 - 0.03) = 14.55$ kg/h である．したがって，式（7.13）より，必要な乾き空気量は $G_0 = 14.55/(0.04 - 0.01) = 485$ kg-乾き空気/h となる．これを乾燥器入口の湿り空気に換算すると，$(485)(1 + 0.01) = 490$ kg/h である．　終

7.3.4 定率乾燥速度

熱風の温度や湿度，風速などの外部条件が一定に保たれているときの定率乾燥期間における乾燥速度（定率乾燥速度）について考える．

上述したように，定率乾燥期間中は材料の表面温度 T_m は一定に保たれる．T_m に対する飽和湿度を H_m，熱風の温度と湿度をそれぞれ T と H とすると，定率乾燥速度 R_c〔kg-水/(m²·s)〕は次式で表される．

$$R_c = \frac{W_0}{A} \left(-\frac{dX}{dt} \right) = k_m(H_m - H) \approx \frac{h}{c_H}(H_m - H) \tag{7.14}$$

ここで，W_0 は乾き材料の質量〔kg〕，A は材料の乾燥面積〔m²〕，k_m は湿度 H の差を推進力とした物質移動係数〔kg-水/(m²·s·(kg-水蒸気/kg-乾き空気))〕（式（7.10）を参照），h は伝熱係数〔W/(m²·K)〕，c_H は湿り空気比熱〔kJ/(kg·K)〕，t は時間〔s〕である．式（7.14）の第4項はルイスの関係を適用している．

熱風のみから熱を受ける場合には，受熱量がすべて水の蒸発に使われるので，材料表面温度 T_m が熱風の湿球温度 T_{wb} に等しくなり，定率乾燥速度 R_c は，

$$R_c = \frac{h(T - T_m)}{\Delta H_v} = \frac{h(T - T_{wb})}{\Delta H_v} \tag{7.15}$$

と表される．ここで，ΔH_v は温度 T_{wb} における水の蒸発潜熱〔J/kg〕である．

伝熱係数 h の値については種々の実験式が提案されている．ここでは，熱風が板状材料に平行に流れる場合の式を示す．

$$h = 0.054 G^{0.8} \qquad (2500 < G < 15000) \tag{7.16}$$

ここで，伝熱係数 h の単位は〔kJ/(m²·h·K)〕，熱風質量速度 G のそれは〔kg/(m²·h)〕である．

【例題 7.5】 十分に湿った板状の材料がある．この材料に平行に風速 3 m/s で流れる空気により乾燥する．（a）空気の温度が 35℃で関係湿度が 80％のときと，（b）温度が 10℃で関係湿度が 40％のときの定率乾燥速度を求めよ．

《解説》（a）まず，温度 35℃で，関係湿度 80％の空気の湿度 H は湿度図表より，$H = 0.0285$ kg-水蒸気/kg-乾き空気である．つぎに，熱風の質量速度 G を求める．いま，風速は秒速で表されており，式（7.16）の G は時速であるので換算すると，1 m² の面を通過する空気の流量は (1)(3)(3600) $= 1.08 \times 10^4$ m³/(m²·h) である．湿度が 0.0285 kg-水蒸気/kg-乾き空気であるので，湿り空気の質量は (1 + 0.0285) kg-湿り空気/kg-乾き空気である．湿り比容 v_H は式（7.6）より，

$$v_H = [0.772 + (1.24)(0.0285)](273 + 35)/273 = 0.911 \text{ m}^3/\text{kg-乾き空気}$$

である．したがって，湿り空気の密度は $(1 + 0.0285)/0.911 = 1.13$ kg/m³ である．これらより，熱風の質量速度 G は

$$G = (1.08 \times 10^4)(1.13) = 1.22 \times 10^4 \text{ kg/(m}^2 \cdot \text{h)}$$

である．これを式（7.16）に代入すると，

$$h = (0.054)(12200)^{0.8} = 100 \text{ kJ/(h·m}^2\text{·K)}$$

を得る．また，湿り空気比熱 c_H は式（7.5）より，

$$c_H = 1005 + (1884)(0.0285) = 1.06 \times 10^3 \text{ J/(kg-乾き空気·K)} = 1.06 \text{ kJ/(kg-乾き空気·K)}$$

である．さらに，この条件における湿球温度 T_{wb} とそのときの飽和湿度 H_m を求めると，それぞれ T_{wb} = 31.7℃，H_{wb} = 0.0300 kg-水蒸気 /kg-乾き空気である．したがって，これらの値を式（7.14）に代入すると，定率乾燥速度 R_c は

$$R_c = (100/1.06)(0.0300 - 0.0285) = 0.142 \text{ kg-水/(m}^2\text{-乾燥面積·h)}$$

である．なお，T_{wb} = 31.7℃における蒸発潜熱 ΔH_v の値は式（7.7）の近似式から求めることをできるが，ここでは後述する飽和水蒸気表（表 13.1）から読み取ると 2.43 × 10³ kJ/kg である．したがって，式（7.15）の関係を用いると，定率乾燥速度 R_c は

$$R_c = (100)(35 - 31.7)/2.43 \times 10^3 = 0.136 \text{ kg-水/(m}^2\text{-乾燥面積·h)}$$

となる．両者には少し差があるが，ほぼ一致している．

（b）上記と同様の手順で計算する．温度 10℃，関係湿度 40% の空気の湿度は H = 0.0035 kg-水蒸気 /kg-乾き空気，湿り空気比容は v_H = 0.805 m³/kg-乾き空気であり，質量速度 G は

$$G = (1)(3)(3600)(1 + 0.0035)/0.805 = 1.35 \times 10^4 \text{ kg/(m}^2\text{·h)}$$

である．伝熱係数 h は式（7.16）より

$$h = (0.054)(1.35 \times 10^4)^{0.8} = 109 \text{ kJ/(h·m}^2\text{·K)}$$

となる．また，湿り空気比熱は c_H = 1.01 kJ/(kg-乾き空気·K)，湿球温度は T_{wb} = 3.9℃，そのときの飽和湿度は H_{wb} = 0.0055 kg-水蒸気 /kg-乾き空気である．したがって，定率乾燥速度 R_c は

$$R_c = (109/1.01)(0.0055 - 0.0035) = 0.216 \text{ kg-水/(m}^2\text{-乾燥面積·h)}$$

が得られる．また，T_{wb} = 3.9℃における水の蒸発潜熱は ΔH_v = 2491 kJ/kg-水であるので，式（7.15）から R_c を算出すると，

$$R_c = (109)(10 - 3.9)/2491 = 0.267 \text{ kg-水/(m}^2\text{-乾燥面積·h)}$$

を得る．質量基準湿度の細かいところを読み取って諸値を求めているので，両者の差がかなり大きくなった．しかし，（a）の場合に比べて（b）の場合のほうが定率乾燥速度が大きい．　■

　これらの計算を通して理解できるように，伝熱係数や湿り空気比熱，蒸発潜熱は条件によってさほど大きな変化はなく，定率乾燥速度にもっとも大きく影響するのは，式（7.14）では $H_m - H$，式（7.15）

では $T - T_{wb}$ である．したがって，温度が低くても，湿度 H が低く，飽和湿度 H_m との差が大きいときには比較的速く乾燥する．なお，湿度図表からわかるように，高温で低湿度の場合には，$H_m - H$ が大きな値となるので，乾燥速度がもっと速い．したがって，工業的な乾燥操作は高温・低湿度の空気を供給して行われることが多い．

7.3.5　減率乾燥速度

図 7.7 に示すように，減率乾燥期間における乾燥速度 R_d は含水率 X とともに低下し，平衡含水率 X_e でゼロになる．乾燥速度と含水率の関係は，乾燥する材料の特性に依存するが，ここでは簡単のために，乾燥速度 R_d は，限界含水率 X_c における乾燥速度 R_c から含水率に比例して直線的に低下し，平衡含水率 X_e でゼロになると仮定する（図 7.10）．このとき，乾燥速度 R_d は材料の含水率 X と平衡含水率 X_e との差（$X - X_e$）に比例し，その比例定数は $R_c/(X_c - X_e)$ である．

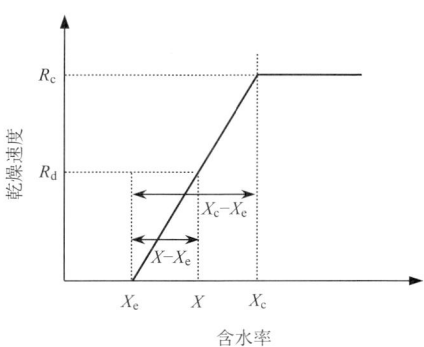

図 7.10　減率乾燥期間の乾燥速度

$$R_d = \frac{R_c}{X_c - X_e}(X - X_e) \tag{7.17}$$

7.3.6　乾燥時間

定率乾燥期間にある含水率 X_1 の湿り材料を，温度 T，湿度 H の熱風により減率乾燥期間の含水率 X_2 まで乾燥するのに要する時間は，定率乾燥期間で含水率 X_1 から限界含水率 X_c まで乾燥する時間 t_c と，減率乾燥期間において X_c から X_2 まで乾燥する時間 t_d の和で与えられる．

定率乾燥期間では乾燥速度は一定であり，式（7.14）で表される．式（7.15）の関係も考慮すると，次式が得られる．

$$-\frac{dX}{dt} = \frac{A}{W_0}\frac{h(T - T_m)}{\Delta H_v} = \frac{A}{W_0}\frac{h(H_m - H)}{c_H} \tag{7.18}$$

定率乾燥期間であるので，式（7.18）の中辺および右辺は定率乾燥速度 R_c であり，一定であることに留意し，$t = 0$ で $X = X_1$，$t = t_c$ で $X = X_c$ の条件で式（7.18）を積分すると，

$$t_c = \frac{W_0}{A}\frac{\Delta H_v}{h(T - T_m)}(X_1 - X_c) = \frac{W_0}{A}\frac{c_H}{h(H_m - H)}(X_1 - X_c) = \frac{W_0}{AR_c}(X_1 - X_c) \tag{7.19}$$

一方，減率乾燥期間における含水率の変化は，式（7.17）より次式で表される．

$$-W_0\frac{dX}{dt} = \frac{AR_c}{X_c - X_e}(X - X_e) \tag{7.20}$$

式（7.20）は変数分離型の微分方程式であり，変数を分離し，$t = 0$ で $X = X_c$，$t = t_d$ で $X = X_2$ の条件で積分すると

$$\ln\frac{X_c - X_e}{X_2 - X_e} = \frac{AR_c}{W_0(X_c - X_e)}t_d$$

$$t_d = \frac{W_0(X_c - X_e)}{AR_c}\ln\frac{X_c - X_e}{X_2 - X_e} \tag{7.21}$$

上述したように，含水率 X_1 から X_2 に乾燥するのに要する時間は，

$$t_\mathrm{c} + t_\mathrm{d} = \frac{W_0}{AR_\mathrm{c}} \left[X_1 - X_\mathrm{c} + (X_\mathrm{c} - X_\mathrm{e}) \ln \frac{X_\mathrm{c} - X_\mathrm{e}}{X_2 - X_\mathrm{e}} \right] \tag{7.22}$$

である．

7.4 噴霧乾燥と凍結乾燥

濃縮したコーヒー抽出液や調味液から水を除き乾燥する工程は，インスタントコーヒーや調味料粉末などの粉末状の食品を製造する際の中心的な工程である．乾燥法には，**噴霧乾燥**（スプレードライ）と**凍結乾燥**（フリーズドライ）がある．

7.4.1 噴霧乾燥

噴霧乾燥は濃縮液を数十〜数百 μm の微小な液滴に噴霧し，これを高温の熱風と接触させ粉末とする乾燥法である．乾燥時間は 5〜30 秒と他の乾燥法に比べてきわめて短時間で，かつ直接に粉粒体の製品を得ることができる．そのため多くの液状食品の粉末化法として広く用いられている．とくに，コーヒー，ミルクなどのインスタント食品や調味料などの製造には不可欠な乾燥法であり，香り成分を含む粉末の 80〜90％は噴霧乾燥法により製造されている．噴霧乾燥装置（スプレードライヤー）の概略を**図 7.11** に示す．液体の微粒化は噴霧乾燥におけるもっとも重要な技術の一つである．噴霧には通常，回転円盤式または加圧ノズル式噴霧器が使用される．とくに，前者は回転数により粒径を制御できるので，粘度の高い液状食品，結晶などを含むスラリー液の噴霧に用いられている．また，加圧ノズルと圧縮空気を併用した二流体ノズルは微粒化の性能に優れている．噴霧された液滴は乾燥塔の塔頂から塔内を落下する間に熱風と接触して乾燥される．乾燥用の熱風は空気をバーナーなどで加熱し，塔頂より噴霧された液滴と並流で供給される．乾燥した粒子は乾燥塔の底部より排出されると同時に，サイクロン（5.2.5 を参照）で回収された粒子とともに，パウダークーラーで冷却される．

コーヒーなどの液状食品の噴霧乾燥では，味や香りを残した製品をつくることが重要である．食品中に含まれるフレーバーには，アルコールなどの水溶性フレーバーと，リモネン（柑橘類の果皮などに含まれる単環式モノテルペノイドの一種）などの疎水性フレーバーがあり，これらを乾燥中に散失させることなく，乾燥粉末中に残存させる必要がある．水溶性フレーバーが噴霧乾燥において乾燥粒子の内部に残留する原理は，次のように考えられている．フレーバーを含む糖の水溶液を噴霧して，液滴が熱風と接触すると，液滴の表面に含水率が低い（10％（= 0.1 kg-水/kg-d.m.）以下）被膜が生成する．フレーバーおよび水の拡散係数は糖濃度に依存し，糖濃度の高い領域（すなわち，含水率が 40％以下の低い領域）では，フレーバーの拡散係数は水のそれに比べてきわめて小さい．液滴の表面に生じた乾燥被膜はこのような状態にあるため，

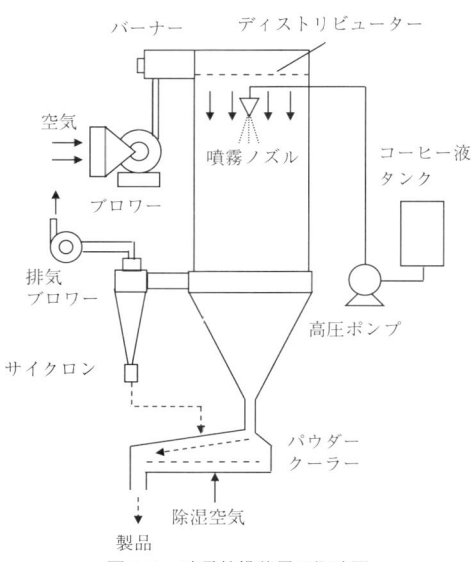

図 7.11 噴霧乾燥装置の概略図

フレーバーの多くがこの被膜を通過することができず，滴内に残留する．疎水性フレーバーの噴霧乾燥では，フレーバーを水溶液中に安定に存在させるため，アラビヤガム（アラビアゴムともいう）などの種々の乳化剤や修飾デンプンなどでO/Wエマルション（8.2.1を参照）とし，マルトデキストリンなどの賦形剤と混合して噴霧乾燥する．

7.4.2 凍結乾燥

凍結乾燥は，材料を凝固点以下の温度で凍結させ，真空（減圧）状態で氷を昇華させて乾燥する方法である．凍結乾燥の一般的な特徴は，①低温かつ凍結した状態で材料の水が昇華して乾燥されるため，材料の物理的および化学的変化が少なく，成分の熱劣化，香気成分の散失，タンパク質の変性を受けにくい．②凍結状態のまま水分が除去され，乾燥製品は多孔質となるので，再び水を加えると乾燥前の状態に戻りやすい（復水性がよい）．③低温で乾燥が進行するので，乾燥速度は非常に遅く，乾

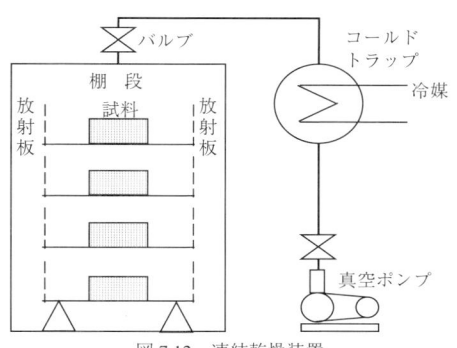

図 7.12 凍結乾燥装置

燥に長時間を要する．④運転費，設備費などの要因により，製品の価格は他の乾燥法に比べて割高になる．凍結乾燥装置は，規模の大小，操作形式によって詳細な構造は異なるが，概念的には3つの部分からなる（**図7.12**）．①乾燥室：多くの場合は棚段式であり，大型のものではトレイの面積が50〜150 m^2 のものが多い．材料はその種類により，予備凍結されたものを仕込む場合と，材料を乾燥室に仕込んでから水分の蒸発潜熱により凍結させる自己蒸発凍結を利用する場合がある．乾燥室内部には放射加熱用の反射板や温水ヒーターが設置されており，棚段に置かれた材料に昇華潜熱などのエネルギーを供給できるようになっている．操作温度，圧力は材料によって異なるが，$-10 \sim -30$℃，130 Pa 程度であることが多い．②コールドトラップ（コンデンサー（凝縮装置））：材料乾燥過程における装置内の圧力の保持と制御にはコールドトラップが重要な役割を果たす．発生した蒸気をトラップするには，-40℃以下の冷却能力のある冷凍機が必要である．③真空排気系：系内の圧力を1〜50 Pa 程度に保つことができる真空ポンプおよび排気管路が必要である．凍結乾燥器は他の乾燥器に比較してエネルギーの消費量が多く，10 MJ/kg-水にもなる．これは凍結や真空操作に必要な付加的エネルギーと，昇華潜熱が蒸発潜熱に比較して13％程度大きいためである．凍結乾燥法はペニシリンの乾燥法として開発されたものであり，設備費および運転費が高いために食品への応用はかなり限定されていた．しかし最近では，インスタントコーヒーのみならず，インスタント味噌汁などの比較的廉価な粉末食品の製造にも応用されている．また，凍結乾燥は連続操作が困難であったが，最近になり半連続乾燥器が開発され，量産化への道も開かれている．

課題 7.2 のインスタントコーヒーの形状の違いは，乾燥法の違いによる．粒が小さくサラサラしたものは噴霧乾燥，粒が大きくゴワゴワしたものは凍結乾燥により製造されたものである．

演 習

7.1 30℃，関係湿度70％の空気30000 m^3 と，40℃，関係湿度50％の空気10000 m^3 を混合する．混合後の空気の絶対湿度 H はいくらか？　30℃と40℃における飽和水蒸気圧はそれぞれ4.243 kPa と

7.376 kPa である.

7.2　90℃, 関係湿度 5% の熱風を乾燥器に送り, 乾燥に使用する. 乾燥器を出る熱風の温度は 50℃である. 乾燥器内では材料から水が蒸発し, 熱風の湿度が増加して温度が低下する. 乾燥器は十分に保温されており, 熱風の状態変化は断熱的であり, 等湿球温度曲線に沿って変化すると考えてよい. 1 時間に 50 kg の水を除去するために必要な熱風量〔kg/h〕はいくらか?

7.3　リンゴをスライスし, これを内径 0.5 m の円筒容器中に積層する. 温度 40℃, 湿球温度 20℃の空気を 90℃に加熱し, これをリンゴスライス層の下部から吹き込んでスライスしたリンゴを乾燥する. 円筒容器の上面から出る熱風は 60℃であり, この排風は減湿器によって関係湿度 10% に減湿する. 熱風の吹き込み速度を 4 m/s とするとき, 以下の問いに答えよ.

　ア) 円筒容器は十分に断熱されているので, 空気 (熱風) の変化は断熱的であると考えてよい. 湿度図表上に空気の状態変化を描け (**図 7.13**).

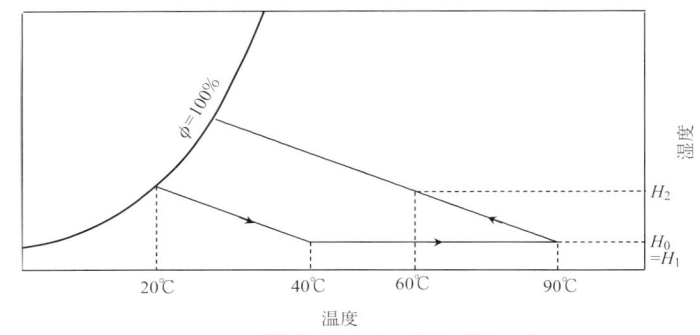

図 7.13　乾燥器内における熱風の状態変化

　イ) リンゴスライス層から除去される水の重量を g/s の単位で計算せよ.

　ウ) 減湿器で排風中から取り除かれる水の重量を g/s の単位で計算せよ.

7.4　厚さ 2 cm, 密度 1300 kg-乾き材料 /m^3 の板状食品を熱風により乾燥する. 限界含水率は 0.3 kg-水/kg-乾き材料であり, 減率乾燥速度は含水率に比例して減少する. 平衡含水率は 0.02 kg-水/kg-乾き材料である. 定率乾燥速度が 3 kg-水/(h·m^2) のとき, 含水率 0.8 kg-水/kg-乾き材料から 0.15 kg-水/kg-乾き材料まで乾燥するのに必要な時間を計算せよ. ただし, 乾燥は食品の両面から行われる.

7.5　15% (w/w) の水分を含む固体食品を熱風で水分 7% まで乾燥する. 乾燥器の出口熱風の一部はリサイクルされて, 新鮮な入口熱風の温度まで加熱されたのち, 混合されて固体の乾燥に使用され

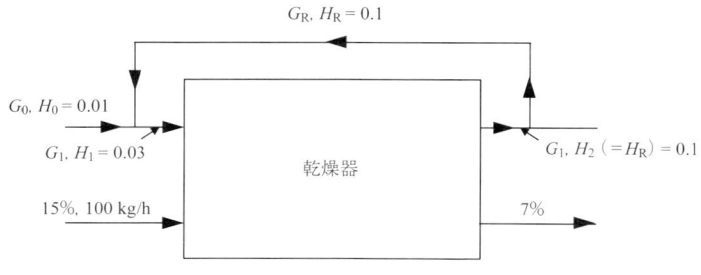

図 7.14　乾き空気のリサイクルを伴う乾燥器

る（図 7.14）．新鮮な入口熱風，リサイクルされる熱風および両者が混合されて乾燥器に入る熱風の湿度 H_0, H_2（$= H_R$）および H_1 はそれぞれ，0.01，0.1 および 0.03 kg-水蒸気 /kg-乾き空気である．乾燥器に原料が 100 kg/h で入るとき，新鮮な入口熱風，リサイクル熱風の流量と乾燥された固体食品の流量はそれぞれいくらか？

第8章　乳　化

【課題 8.1】 セパレートタイプのドレッシングは静置すると油相と水相に分離する．長期にわたり油水に分離しないドレッシングをつくるにはどのようにすればよいか？

〔指針〕
① 分散系を分類する．
② エマルションと乳化法を知る．
③ 界面活性剤の役割を理解する．
④ 乳化のエネルギー効率を知る．
⑤ エマルションが不安定化する現象を理解する．
⑥ 気泡が不安定化する現象を知る．

8.1　分散系の分類

　一つの相にある物質中に他の物質が微粒子状になって散在する物質系を**分散系**といい，前者を**分散媒**（または，**連続相**），後者を**分散相**という．分散相が分子やイオンで分散媒に均一に溶解している場合も分散系とみなせるが，そのような系は一般に溶液と呼ばれ，ここでは取り扱わない．分散系の分類と該当する食品の例を**表 8.1** に示す．ここではおもに，互いに混ざり合わない水と油の一方が分散媒となり，微細化された他方が分散相となった分散系である**エマルション**（乳化物）を取り上げる．また，気泡の安定性についても言及する．分散系では，分散相と分散媒の間に界面が存在し，分散相粒子が小さくなると，界面積が著しく増大する．後述するように，分散系は熱力学的に不安定な系であり，界面自由エネルギーが安定性に大きな役割を果たす．

表 8.1　分散系の分類と該当する食品の例

分散相 ＼ 分散媒	気　体	液　体	固　体
気　体	－	エアロ・ゾル（噴霧中の液体）	粉体（穀物の粉）
液　体	泡沫（鶏卵やビールの泡）	エマルション（牛乳,乳化食品）	サスペンション（液状食品）
固　体	固体泡沫（乾燥状態の食品）	固体エマルション（豆腐,コンニャク）	固体サスペンション（冷凍保存中の食品）

8.2　エマルション

8.2.1　エマルションの分類

　分散相と分散媒が水と油のいずれであるかにより，エマルションは**図 8.1** のように分類される．微細化された油滴が水中に分散したものを oil-in-water エマルション（水中油滴型エマルション）といい，簡単のために通常は O/W エマルションという．例として，牛乳やマヨネーズが挙げられる．一方，油中に微小な水滴が分散した water-in-oil エマルション（油中水滴型エマルション）は W/O エマルショ

ンと略称され，マーガリンはその例である．さらに，O/W エマルションの油滴内にさらに微小な水滴が分散した W/O/W エマルション（water-in-oil-in-water）や W/O エマルションの水滴内にさらに微小な油滴が分散した O/W/O エマルション（oil-in-water-in-oil）がある．これらは多相エマルションと総称されるが，食品ではその例は少ない．

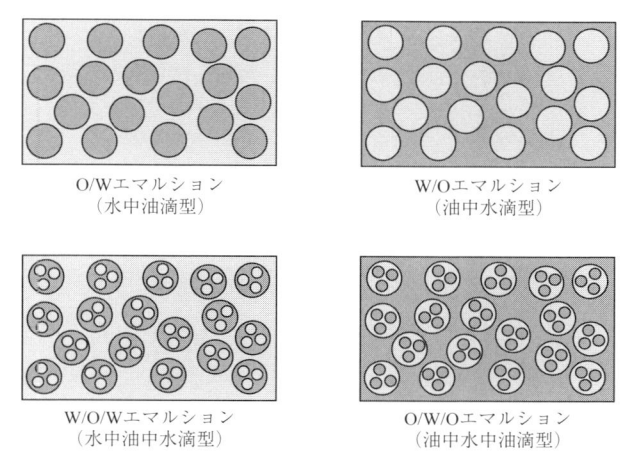

O/Wエマルション
（水中油滴型）

W/Oエマルション
（油中水滴型）

W/O/Wエマルション
（水中油中水滴型）

O/W/Oエマルション
（油中水中油滴型）

図 8.1　エマルションの分類

8.2.2　乳化法と装置

　油と水からエマルションを作る操作を**乳化**という．乳化法には，分散相を分散媒中に微細化するトップダウン法と，分散媒中に溶解した分散相成分から分散相を形成させるボトムアップ法があるが，工業的な乳化法の多くは前者である．卵黄（後述する乳化剤として作用する）を含む食酢（水相）にサラダ油（油相）を滴下しながら泡だて器で激しく攪拌するとサラダ油が微細化され，家庭でもマヨネーズが作れる．これはトップダウン法による乳化の例である．

　工業的に採用される乳化機（**図 8.2**）には，固定外刃と回転内刃からなり，液中で内刃が高速回転して分散相を微細化するホモジナイザー，粗いエマルションを高速で回転する円錐台形状のロータとステータの間に流して分散相を微細化するコロイドミル，超音波プローブから溶液中に超音波振動を与えて，圧力差により微小な気泡を発生させ（キャビテーション），分散相に繰り返し激しい衝撃を与えて微細化する超音波乳化機，高圧ポンプで粗いエマルションを高流速で特殊なノズル（ジェネレーターという）を通過させて，そのときに発生する超高速せん断力・衝撃波・キャビテーションなどにより分散相を微細化する高圧ホモジナイザーなどがある．用途により，コロイドミル内の流れは逆方向のこともある．

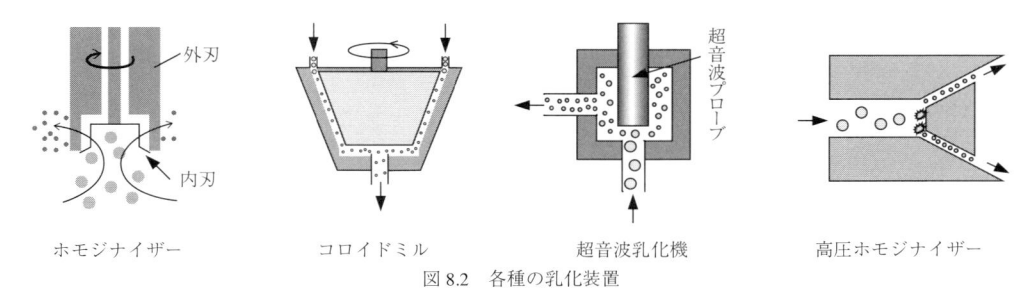

ホモジナイザー　　　　コロイドミル　　　　超音波乳化機　　　　高圧ホモジナイザー

図 8.2　各種の乳化装置

8.3　界面活性剤（乳化剤）

8.3.1　界面活性剤の特性

　液体の表面に着目して，液相と表面に存在する分子を考える（図8.3）．液相中に存在する分子は同種の分子に囲まれており，それらの分子から同じ大きさの分子間引力を受け，それに相当するエネルギーが低下する．一方，界面に存在する分子は，液相中の分子からは引力を受けるが，気相側に蒸気として存在する分子から受ける引力はきわめて小さく，エネルギーの低下が少ない．したがって，表面に存在する分子は液相中の分子に比べて過剰のエネルギー（表面エネルギー）をもつので，このエネルギーをできるだけ小さくするように，表面の分子間には引力が働く．この引力を**表面張力**という．また，油と水のように，異なる相が互いに接する境界面である界面にも同様の引力が働き，これを**界面張力**という．

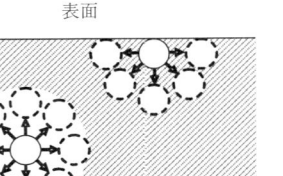

図8.3　液内部と表面に存在する分子に作用する力

　セパレートタイプのドレッシング（エマルションの一種）は，激しく振って油を微細化してサラダなどにかける．そのあと放置しておくと，短時間のうちに油と水が2層に分離する．これは，油を微細化すると，油と水の界面のエネルギーが大きくなるからである．このとき，油水界面のエネルギーを低下させる物質である界面活性剤を添加すると，すぐには油と水の2層に分離しない．マヨネーズを作る際に加える卵黄は，界面活性剤として作用する物質（レシチン）を含む．食品の分野では，界面活性剤は乳化操作に用いられることが多いので，乳化剤と呼ばれることが多い．

　界面活性剤（乳化剤）は，一つの分子内に親水部と疎水部をもつ両親媒性の物質である（図8.4）．界面活性剤を水に溶解すると，濃度が低いときは，界面活性剤は水中で単量体（モノマー）として存在する（図8.5）．濃度が高くなると，単量体として溶解している界面活性剤もあるが，空気はかなり疎水的である（空気の主要成分である窒素や酸素の水への溶解度は低い）ので，界面活性剤は親水部を水中に，疎水部を空気中に突き出すように配向し始める．このように表面または界面に界面活性剤が配列すると，表面（界面）張力が低下する．界面活性剤の濃度がさらに高くなると，表面はすでに界面活性剤で覆われているので，水中で界面活性剤分子は疎水部を内側に向け，親水部が水に接するように集まり，ミセルという会合体を作る．ミセルができ始める界面活性剤濃度を**臨界ミセル濃度**（CMC（critical micelle concentration）と略称される）という．図8.5では，ミセルを球形に描いているが，必ずしも球形になるとは限らず，界面活性剤の種類により，円柱状などのさまざまな形状をとる．

親水部　　　疎水部
図8.4　界面活性剤

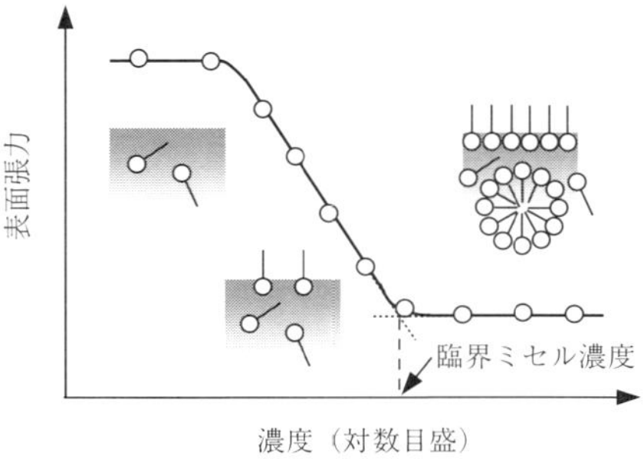

　表面張力を測定する方法にはいくつかの方法があるが，図8.6のように清浄な白金板を引き上げるのに必要な力から表面張力を求める方法を**ウィルヘルミー**（Wilhelmy）**法**という．臨界ミセル濃度よ

図8.5　界面活性剤の濃度と表面張力の関係

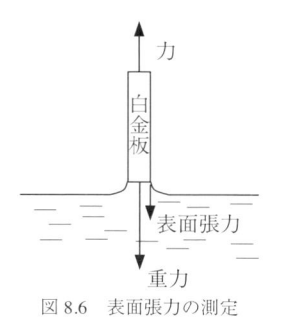

図8.6　表面張力の測定

り少し濃度が低い領域では，界面活性剤濃度 C と表面張力 γ の間には，次のギブス（Gibbs）の吸着等温式が成立する.

$$\Gamma = -\frac{1}{2.30RT}\frac{d\gamma}{d\log C} \tag{8.1}$$

ここで，R は気体定数（$= 8.31$ J/(mol·K)），T は絶対温度〔K〕である．また，Γ〔mol/m^2〕は表面の単位面積あたりに存在する界面活性剤の量であり，**表面過剰**（一般には，界面過剰）という.

【**例題 8.1**】ある界面活性剤を種々の濃度で水に溶解し，表面張力を測定（25℃）した（**表 8.2**）．臨界ミセル濃度，表面過剰 Γ および界面活性剤 1 分子が界面で占有している面積 a_m（**界面占有面積**という）を求めよ．なお，表面張力の単位 mN/m の最初の m は 10^{-3} を意味するミリ（接頭語）を表し，最後の m は長さの単位であるメートルを表す.

表 8.2 界面活性剤の濃度と表面張力

濃度 C〔mol/L〕	4.37×10^{-6}	1.37×10^{-5}	3.43×10^{-5}	6.85×10^{-5}	1.03×10^{-4}
表面張力 γ〔mN/m〕	71.8	61.9	47.9	40.2	32.9
濃度 C〔mol/L〕	1.37×10^{-4}	3.43×10^{-4}	6.85×10^{-4}	1.03×10^{-3}	
表面張力 γ〔mN/m〕	33.2	30.4	29.4	29.1	

《**解説**》片対数方眼紙を用いて濃度 C と表面張力 γ の関係をプロットすると**図 8.7** を得る．右下がりの直線とほぼ水平な直線の交点の横座標の値から，臨界ミセル濃度は 1.1×10^{-4} mol/L $= 0.11$ mmol/L である．また，$C = 10^{-4}$ mol/L のとき $\gamma = 32.8$ mN/m $= 0.0328$ N/m，$C = 10^{-5}$ mol/L のとき $\gamma = 66.5$ mN/m $= 0.0665$ N/m と読み取れるので，

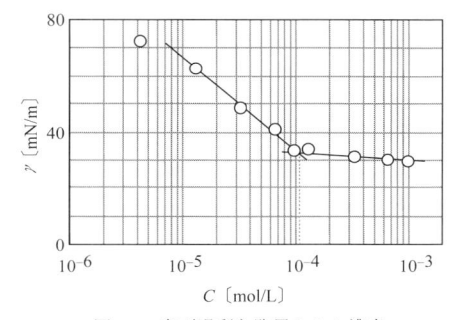

図 8.7 表面過剰と臨界ミセル濃度

$$\frac{d\gamma}{d\log C} = \frac{0.0328 - 0.0665}{\log 10^{-4} - \log 10^{-5}} = \frac{-0.0337}{-4 - (-5)}$$
$$= -0.0337 \text{ N/m}$$

である．これを式（8.1）に代入すると，$R = 8.31$ J/(mol·K)，$T = 298$ K であるので，表面過剰は

$$\Gamma = -\frac{1}{(2.30)(8.31)(298)}(-0.0337) = 5.92 \times 10^{-6} \text{ mol/m}^2$$

である．J $=$ N·m なので，表面過剰の単位は，

$$\frac{1}{[\text{J/(mol·K)}]\cdot\text{K}}\frac{\text{N}}{\text{m}} = \frac{1}{\text{N·m/mol}}\frac{\text{N}}{\text{m}} = \frac{1}{\text{m}^2/\text{mol}} = \frac{\text{mol}}{\text{m}^2}$$

と，上記のように，表面の単位面積あたりの界面活性剤の物質量〔mol/m^2〕である．つぎに，1 mol あたりの分子数は，アボガドロ数 $N_A = 6.02 \times 10^{23}$ 分子/mol より，表面過剰 Γ にアボガドロ数 N_A を掛けて，その逆数をとると，界面活性剤の界面占有面積 a_m が得られる.

$$a_m = \frac{1}{\Gamma N_A} = \frac{1}{(5.92 \times 10^{-6})(6.02 \times 10^{23})} = 2.81 \times 10^{-19}\text{m}^2/\text{分子} = 0.281 \text{ nm}^2/\text{分子} \quad \boxed{\text{終}}$$

8.3.2　HLB 値

　界面活性剤は，親水部と疎水部の分子の組み合わせにより，きわめて多くの種類がある．界面活性剤の特性を表す量に HLB 値がある．これは hydrophile-lipophile balance（親水親油バランス）の頭文字を取ったものであり，界面活性剤を選定する際の指標として用いられる．HLB 値は 0 から 20 までの値をとり，0 に近いほど親油性（疎水性）が高く，20 に近いほど親水性が高い．HLB 値に基づく界面活性剤の用途を**図 8.8** に示す．エマルションを調製するときには，分散媒の性質に近い界面活性剤（乳化剤）を選定する．すなわち，W/O エマルションは分散媒が疎水的な油であるので，HLB 値が低く疎水性の高い乳化剤を使用する．一方，O/W エマ

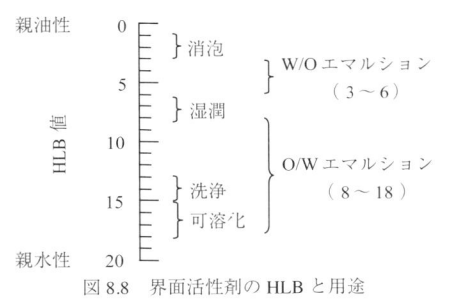

図 8.8　界面活性剤の HLB と用途

ルションを調製するには，分散媒である水に馴染みやすい HLB 値の大きい乳化剤を使用する．

8.3.3　乳化に必要な最小エネルギー

　上述したように，界面張力は界面のエネルギーを表す．これを単位に基づいて考える．界面張力の単位は N/m であり，分子と分母に長さの単位である m（メートル）を掛けると，

$$\frac{N}{m} \times \frac{m}{m} = \frac{N \cdot m}{m^2} = \frac{J}{m^2}$$

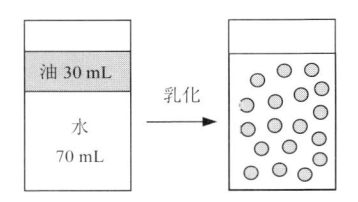

図 8.9　油滴の微細化

となり，界面張力は界面の単位面積あたりのエネルギーと考えてよい．したがって，界面張力に界面の面積を掛けると全体のエネルギーになる．O/W エマルションで油を微細化すると，油の表面積（したがって，油水界面の面積）が増大するので，系のエネルギーは増大する．例えば，容器（断面積は 20 cm^2）に入れた 30 mL の油と 70 mL の水を乳化して油滴径を小さくすると（**図 8.9**），界面積が増大し，油滴

径が 1 μm になると，界面のエネルギーは 3 × 10^5 倍になる（**表 8.3**）．油滴径がさらに小さくなると，エネルギーはさらに大きくなる．このように，乳化すると界面積が増大して系のエネルギーが大きくなるので，エマルションはエネルギー的に不安定な系である．

表 8.3　油滴の微細化による界面積とエネルギーの増加

油滴の直径〔μm〕	油滴数〔個〕	油滴 1 個の表面積〔m^2〕	界面積〔m^2〕	エネルギー*〔J〕	エネルギー（相対値）
もとの状態	1	2.0×10^{-3}	2.0×10^{-3}	1.0×10^{-4}	1
10	1.9×10^{11}	3.1×10^{-10}	59	3.0	30000
1	1.9×10^{14}	3.1×10^{-12}	590	30	300000
0.1	1.9×10^{17}	3.1×10^{-14}	5900	300	3000000

* 油水界面の界面張力が 50 mN/m のとき

【例題 8.2】 4 g の油と 36 g の水をホモジナイザーで 1 分間激しく攪拌して O/W エマルションを調製した．エマルション中の油滴の平均径 d_p は 3.1 μm であった．また，乳化操作を行っているときにホモジナイザーが消費した電力は 30 W であった．乳化操作時のエネルギー効率を求めよ．なお，油の密度は 0.92 g/cm³ であり，油水界面の界面張力は 20 mN/m である．

《解説》 4 g の油の体積に 4/0.92 = 4.35 cm³ = 4.35 × 10⁻⁶ m³ である．直径が 3.1 μm の油滴の体積は $\pi d_p^3/6$ = (3.14) (3.1 × 10⁻⁶)³/6 = 1.56 × 10⁻¹⁷ m³，表面積は πd_p^2 = (3.14) (3.1 × 10⁻⁶)² = 3.02 × 10⁻¹¹ m² である．油滴の個数は 4.35 × 10⁻⁶/1.56 × 10⁻¹⁷ = 2.79 × 10¹¹ 個で，全界面積は (3.02 × 10⁻¹¹) (2.79 × 10¹¹) = 8.43 m² になる．この値に比べて，4 g の油と水の界面の面積はきわめて小さいので，乳化による界面積の増加量は 8.43 m² と近似できる．界面張力は 20 mN/m = 0.02 N/m = 0.02 J/m² であるので，界面エネルギーの増加量は (0.02) (8.43) = 0.169 J である．一方，電力の単位 W = J/s であることに留意すると，乳化時にホモジナイザーが消費したエネルギーは (30)(60) = 1800 J である．したがって，消費電力のうち界面積の増加に使われた割合は 0.169/1800 = 9.39 × 10⁻⁵ であり，わずかに 0.01 % 程度である．このように，エマルションを調製するときのエネルギー効率は低い．乳化するときには液の温度が上昇し，エネルギーの大半は熱エネルギーとして消費される．エマルションの比熱が水のそれ（4180 J/(kg·K)）と同じと近似し，消費したエネルギーがすべて熱エネルギーとして消費されたと仮定すると，エマルションの温度は 1800 /[(4180) (0.004 + 0.036)] = 10.8 K = 10.8 ℃ 上昇する（ここで，K は温度差の単位）．終

8.3.4 接触角

滑らかな固体表面に表面張力が γ_L の液滴を滴下すると，図 8.10 のようにレンズ状になる．このとき，液体と固体のなす角 θ を接触角という．点 A で水平方向に働く力の釣り合いから式 (8.2) のヤング・デュプレ（Young-Dupré）の式が成立する．

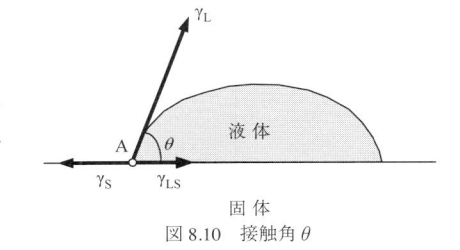

図 8.10 接触角 θ

$$\gamma_S = \gamma_{LS} + \gamma_L \cos \theta \tag{8.2}$$

ここで，γ_S は固体の表面張力，γ_{LS} は固液間の界面張力である．接触角は濡れの指標となり，表面張力の小さい溶液ほど濡れやすい．固体表面に表面張力 γ_L の異なる液体を滴下したときの接触角 θ の余弦 $\cos \theta$ と γ_L のプロット（ジスマン（Zisman）プロット）は，ほぼ直線的な関係を与える（図 8.11）．この直線を外挿し，$\cos \theta = 1$，すなわち $\theta = 0$ となるときの表面張力 γ_c を臨界表面張力という．表面張力が γ_c より小さい液体は完全に濡れる．

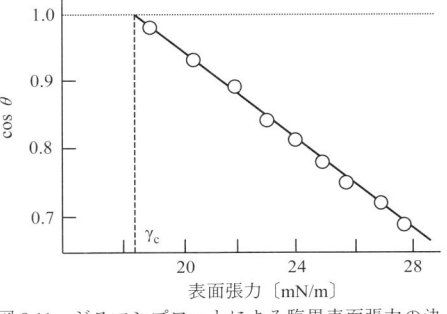

図 8.11 ジスマンプロットによる臨界表面張力の決定

細孔径が数百 nm から数 μm の多孔質膜に分散相を圧入し，微細な液滴を分散媒に分散させてエマルションを調製する方法を膜乳化法という（図 8.12）．

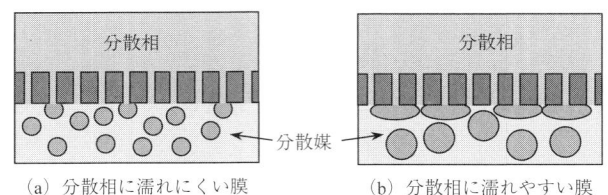

（a）分散相に濡れにくい膜 　　　　（b）分散相に濡れやすい膜

図 8.12　膜乳化法における膜の分散相に対する濡れ性の影響

このとき，分散相に濡れやすい膜を用いると，細孔から押出された分散相は膜に沿って広がり，隣の細孔から押出された分散相と合一して大きな滴となる（図 8.12（b））．したがって，膜乳化では分散相に濡れにくい膜を用いる（図 8.12（a））．すなわち，O/W エマルションの調製には親水性の膜を，W/O エマルションを調製するには疎水性（親油性）の膜を用いる．

8.4　分散系の安定性

前述したように，エマルションは熱力学的には不安定であり，セパレートタイプのドレッシングのように，静置すると短時間で油層と水層に分離する．しかし，マヨネーズのように，長期間にわたり安定で，実質的には油層と水層に分離しないものもある．ここでは，水相に微小な油滴が分散した O/W エマルションを取り上げ，安定性に関与する因子について考える．

8.4.1　O/W エマルションの不安定化

常温で液体の植物油を油相とする O/W エマルションが不安定化し，油層と水層に分離する過程で起こる現象を図 8.13 に模式的に示す．植物油の密度は $900 \sim 930 \ \mathrm{kg/m^3}$ であり，水の密度（約 1000 $\mathrm{kg/m^3}$）より小さいので，密度差により浮上する．この現象をクリーミングという．浮上した油滴は互いに凝集して塊りを形成する．近接した粒子が合体し，一つの粒子になることを合一という．油滴が合一を繰り返し，最終的には油層と水層に分離する．また，油滴が凝集してから，クリーミングする場合もある．さらに，油滴径に分布があると，油滴の大きさにより分散相成分の分散媒への溶解度が異なるため，小さい油滴の成分が大きい油滴に取り込まれるオストワルド（Ostwald）熟成により油滴が大きくなる．粗大化した油滴は，クリーミングや凝集，合一を起こし，ついには油層と水層に分離する．

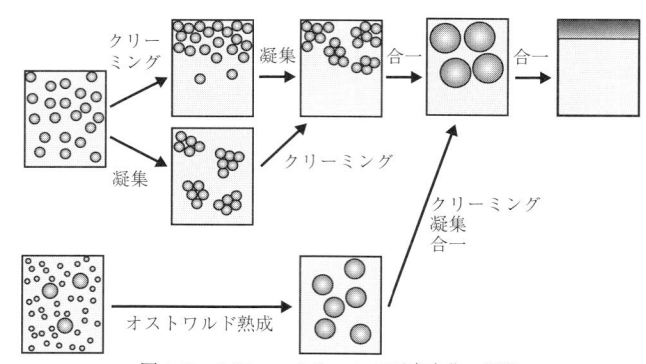

図 8.13　O/W エマルションの不安定化の過程

8.4.2　クリーミング

分散相と分散媒の密度差により，分散相粒子（油滴）が浮上する速度 v〔m/s〕は，第 5 章で述べ

96

た終末速度と同じ式（8.3）で表される.

$$v = \frac{g(\rho_s - \rho_f)d_p^2}{18\mu} \tag{8.3}$$

ここで，g は重力加速度（= 9.80 m/s²），ρ_s は油滴の密度〔kg/m³〕，ρ_f は分散媒の密度〔kg/m³〕，d_p は油滴の直径〔m〕，μ は分散媒の粘度〔Pa·s〕である.

【例題 8.3】 密度が 920 kg/m³ の植物油を油相とする O/W エマルション中の油滴の直径が 3.0 μm のときの浮上速度 v はいくらか？ また，このエマルションをさらに微細化し，油滴の直径が 300 nm になったとき，油滴の浮上速度はいくらか？ なお，水相の密度と粘度はそれぞれ 1000 kg/m³ と 0.89 mPa·s とする.

《解説》直径が 3.0 μm のとき，$d_p = 3.0 \times 10^{-6}$ m である. また，粘度は $\mu = 0.89$ mPa·s $= 8.9 \times 10^{-4}$ Pa·s である. これらを式（8.3）に代入すると，

$$v = \frac{(9.80)(920-1000)(3.0\times10^{-6})^2}{(18)(8.9\times10^{-4})} = -4.4\times10^{-7} \text{ m/s}$$

である. 負号は上昇（浮上）することを示す. 4.4×10^{-7} m/s = 1.6 mm/h = 3.8 cm/d であり，1 日静置すると約 4 cm 浮上する. 一方，直径が 300 nm $= 3.0 \times 10^{-7}$ m のときには，同様の計算により，$v = -4.4 \times 10^{-9}$ m/s であり，1 日静置したときの浮上距離は，わずか約 0.4 mm である. 終

式（8.3）および例題 8.3 より，油滴のクリーミングを抑えるには，油滴径を小さくする，油相に比重調整剤を添加し，分散相と分散媒の密度差を小さくする，増粘剤などを加え，分散媒の粘度を大きくすることが考えられる. なお，詳細は省略するが，増粘剤の種類によっては添加すると，エマルションが不安定化することもある.

液体中に浮遊する微粒子（O/W エマルションでは油滴）は，熱運動する分散媒の分子（O/W エマルションでは水分子）の衝突により不規則に運動する現象であるブラウン（Brownian）運動が起こる. 微粒子の直径が 3 μm では，ブラウン運動による動きはかろうじて観察される程度であるが，微粒子の直径が 300 nm のときには，1 秒間に直径の 10 倍程度の距離の動きが観察される. この距離はクリーミングによる距離（1 秒間に約 4.4 nm）に比べて，はるかに大きい. したがって，油滴の直径が 300 nm のときには，ブラウン運動が支配的となり，密度差によるクリーミングは無視できる.

牛乳は O/W エマルションの一種である. 乳牛から絞った牛乳中の油滴径は 0.1～10 μm と分布があり，保存中にクリーミングが起こる. そこで，市販の牛乳の大半は，油滴の直径を 2 μm 以下に微細化する均質化（ホモジナイズ）という操作を行い，保存中のクリーミングを抑制している.

8.4.3 オストワルド熟成

分散相を構成する成分の分散媒への溶解度 S〔mol/m³〕は分散相の直径 d_p〔m〕に依存する. 直径が $d_{p,1}$ と $d_{p,2}$ の油滴中の分散相成分の分散媒（水）への溶解度を S_1 と S_2 とすると，式（8.4）の関係が成立する.

$$\ln \frac{S_1}{S_2} = \frac{4\gamma\overline{V}}{RT}\left(\frac{1}{d_{\mathrm{p},1}} - \frac{1}{d_{\mathrm{p},2}}\right) \tag{8.4}$$

ここで, γ は界面張力〔N/m〕, $\overline{V}$ は分散相成分のモル体積〔m³/mol〕である.

　油滴が小さいほど油相成分の水相への溶解度が大きいので, 水相に溶解した成分は大きい油滴に取り込まれる. したがって, 小さい油滴はさらに小さく, 大きい油滴はさらに大きくなり, ついには小さい油滴が消滅し, 大きな油滴が残る. 大きくなった油滴はクリーミングしやすい.

　オストワルド熟成による不安定化を抑制するには, 界面張力を低くするとともに, 油滴の大きさを均一にする. オストワルド熟成は, 油滴の直径が 1 μm 以下の微細なエマルションの安定性に重要な役割を果たす.

8.4.4　DLVO 理論

　通常, 分散相の表面は, 分散媒と分散相の誘電率の差, 分散相粒子表面へのイオンの吸着, または分散相粒子を構成する成分自身のイオン化により, 正または負に帯電している. 食用の O/W エマルション中の油滴は負に帯電していることが多い. 界面が帯電していると, **クーロン（Coulomb）力**により対イオンが界面に引き寄せられ, **電気二重層**を形成する. 界面近傍に引き寄せられた対イオンは熱運動のために分散媒中に拡散して均一な分布をとろうとして, 電位分布が生じる（**図 8.14**）. このモデルを**グイ・チャップマン（Gouy-Chapman）の拡散電気二重層**といい, **デバイ・ヒュッケル（Debye-Hückel）の近似**を適用すると, 界面電位 ψ_0 が十分小さいとき, 電位 $\psi(x)$〔V〕は式（8.5）

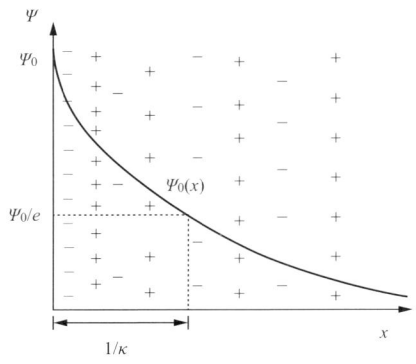

図 8.14　拡散電気二重層の電位分布の模式図

で表される.

$$\psi(x) = \psi_0 e^{-\kappa x} \tag{8.5}$$

ここで,

$$\kappa = \left(\frac{8\pi\, n\, e^2 z^2}{\varepsilon k_{\mathrm{B}} T}\right) \tag{8.6}$$

e は電気素量〔C〕, k_{B} はボルツマン（Boltzmann）定数（$= 1.38 \times 10^{-23}$ J/K）, n は界面から無限に離れたところのイオン濃度〔mol/m³〕, z は正負イオンの価数, x は界面からの距離〔m〕, ε は誘電率〔F/m〕である. パラメータ κ の逆数は**デバイ（Debye）因子**と呼ばれ, 長さの次元をもつ量で, 拡散電気二重層の厚さの目安になる（図 8.14）. 式（8.6）からわかるように, デバイ因子はイオンの価数と濃度に大きく影響される.

　電位分布をもつ 2 つの粒子が互いに接近すると, それぞれの分布を足し合わせた電位分布が生じる. このとき粒子間には静電気的斥力が作用する.

　イオンを含む分子間には, クーロン力や双極子－双極子間の配向による引力などのいくつかの力が作用する. これらのうちで**ファンデルワールス（van der Waals）力**は, エマルションなどの分散系の安定性に大きく寄与する.

デリャーギン（Derjaguin）とランダウ（Landau）およびフェルウェー（Verwey）とオーバービーク（Overbeek）は，静電気的相互作用とファンデルワールス力を考慮し，粒子間のポテンシャル分布を定量的に取り扱った．その理論を，4名の頭文字をとり，**DLVO 理論**という．上述したように，近接した2つの粒子間に作用する静電気的斥力によるポテンシャル V_R および分散力によるそれ V_A の和である全ポテンシャル V_T は式（8.7）で表される．

$$V_T = V_R + V_A = \frac{\varepsilon d_p \psi_0{}^2}{4} \ln[1 + \exp(-\kappa H)] - \frac{A_H d_p}{24H} \tag{8.7}$$

ここで，H は粒子間の距離〔m〕である．また，A_H はハマカー（Hamaker）定数〔J〕と呼ばれ，粒子が分散媒中で示す分散力に関与する値である．この値は正確に算出することができないが，水中に分散した粒子間力については $10^{-20} \sim 10^{-19}$ J のオーダと考えればよいといわれる．式（8.7）を粒子間の距離 H で微分すると，粒子に作用する力 F を与える．

$$F = \frac{\varepsilon d_p \psi_0{}^2}{4} \frac{\kappa \exp(-\kappa H)}{1 + \exp(-\kappa H)} - \frac{A_H d_p}{24H^2} \tag{8.8}$$

近接した2つの粒子間のポテンシャル分布を**図 8.15** に模式的に示す．分散粒子は拡散などにより第2極値の位置までは容易に近づける．分散粒子の凝集はこのような状態であり，手で振るなどのわずかな力により，容易に元の分散した状態に戻る．しかし，凝集した粒子が熱揺らぎなどにより斥力に打ち勝ってエネルギー障壁を越えると合一が起こる．第1極値より内側のポテンシャルの勾配は大きいので，合一した粒子がエネルギー障壁を越えて，再び2つの粒子になることはない．したがって，分散系の安定性を高めるには，第1極値で表されるエネルギー障壁が高く，第2極値まで近接した粒子がこのエネルギー障壁を越えられないことが大切である．

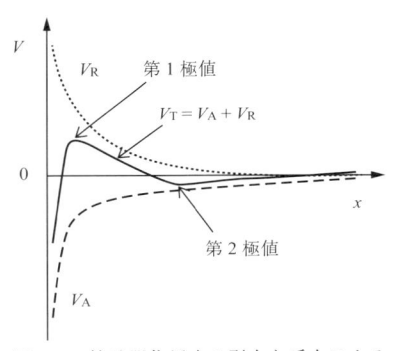

図 8.15 粒子間作用する引力と斥力によるポテンシャル（V_A と V_R）および全ポテンシャル V_T

以上のことより，油滴径を小さく均一にすること，荷電をもつ乳化剤を使用し，油滴の表面電位を大きくすること，さらに分散媒のイオン強度を低くすることなどが，課題 8.1 に対する答えである．

8.5 気 泡

ビールの泡のように，液体中に存在する単一の気泡（直径 d_p〔m〕）を考える．表面張力 γ_L による収縮と内外の圧力差 Δp による釣り合いから式（8.9）の**ヤング・ラプラス（Young-Laplace）の式**が成立する．

$$\Delta p = \frac{4\gamma_L}{d_p} \tag{8.9}$$

したがって，小さい気泡は大きい気泡より内圧が高いため，これらが近接すると液体膜を介して気体の移動が起こり，小ない気泡は収縮し，大きい気泡は成長する．ついには，小さい気泡が消滅し，大きい気泡が残る．

気液の分散系で気体の体積分率が大きく気泡間に液体膜が形成される系を**泡沫**という．気泡間にあ

る液体は重力を受けて流下するので，液体膜が薄くなる．**プラトー**（Plateau）の**境界**と呼ばれる 3 つの気泡の接触部（**図 8.16**）では界面が曲率をもつ．気泡内の圧力は同じであるので，式（8.9）より曲率をもつ部分は平面のところより圧力が低くなる．この圧力差により平面部からプラトーの境界部に液が移動（排液）して液体膜は次第に薄くなり，ついには消滅する．界面活性剤などを加えて表面張力を低下させると，圧力差が小さくなるので，泡沫層は安定になる．

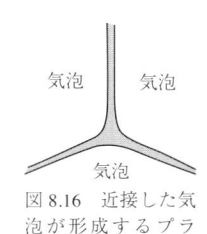

図 8.16　近接した気泡が形成するプラトーの境界

演　習

8.1　身の回りにある O/W エマルションと W/O エマルションの例を挙げよ．

8.2　ある界面活性剤水溶液の種々の濃度における表面張力（25℃）を**表 8.4** に示す．この界面活性剤の臨界ミセル濃度，表面過剰および界面占有面積はいくらか？

表 8.4　界面活性剤の濃度と表面張力

濃度 C〔mol/L〕	1.0×10^{-6}	2.5×10^{-6}	5.0×10^{-6}	1.0×10^{-5}
表面張力 γ〔mN/m〕	72	72	66	56
濃度 C〔mol/L〕	3.0×10^{-5}	6.0×10^{-5}	1.0×10^{-4}	2.0×10^{-4}
表面張力 γ〔mN/m〕	43	33	30	31

8.3　ポリエチレン板に表面張力の異なる液滴を滴下したときの接触角を測定し，**表 8.5** の結果を得た．このポリエチレン板の臨界表面張力を求めよ．

表 8.5　表面張力の異なる液滴のポリエチレン板に対する接触角

表面張力 γ〔mN/m〕	34	41	46	52	58	67
接触角〔°〕	24	44	52	60	70	81

8.4　密度が 920 kg/m³ の植物油を油相とする O/W エマルション中の油滴は均一で，その直径が 100 nm のとき，油滴の浮上速度はいくらか？　また，このエマルションを遠心管に入れ，半径が 30 cm の遠心分離機で 3.0×10^4 rpm で回転したときの浮上速度はいくらか？　なお，水相の密度と粘度はそれぞれ 1000 kg/m³ と 0.89 mPa·s である．また，遠心分離機の半径を r〔m〕，回転する角速度を ω〔rad/s〕とすると，遠心加速度は $r\omega^2$〔m/s²〕で与えられる．

第9章 流体の流れとエネルギー

【課題 9.1】 ポンプを用いて，ある水槽の水を 20 m 離れた別の水槽に輸送するとき，2 つの水槽をつなぐ配管の太さにより，ポンプの負荷に差はあるか？

〔指針〕

① 連続の式を理解する．

② 粘度の定義を理解する．

③ 層流と乱流の違いを知る．

④ 流れのエネルギー収支を理解する．

⑤ 流体が円管内や充填層を流れるときの圧力損失を概算できる．

9.1 流れの物質収支とエネルギー収支

9.1.1 連続の式

流体が円管内を連続的に流れているとき，単位時間あたりに流れる流体の体積を**体積流量** v 〔m³/s〕という．管内の流速は半径方向の位置に依存し，均一ではないが，その**平均流速** $\bar{u}$ 〔m/s〕は次式で与えられる．

$$\bar{u} = \frac{v}{S} = \frac{v}{(\pi/4)d^2} \tag{9.1}$$

ここで，S は管断面積〔m²〕，d は管内径〔m〕である．

一方，単位時間に流れる流体の質量を**質量流量** w 〔kg/s〕といい，流体の密度を ρ 〔kg/m³〕とすると，次の関係が成立する．

$$w = v\rho = S\bar{u}\rho \tag{9.2}$$

管路内の任意の断面において，流量，平均流速，温度，圧力などがつねに一定の値に保たれている流れを**定常流れ**という．管路内を流体が定常流れで流れているとき，断面①と断面②の間で物質収支をとると（**図 9.1**），質量流量 w_1 と w_2 は等しいので，式（9.2）の関係を用いると，次の関係が得られる．

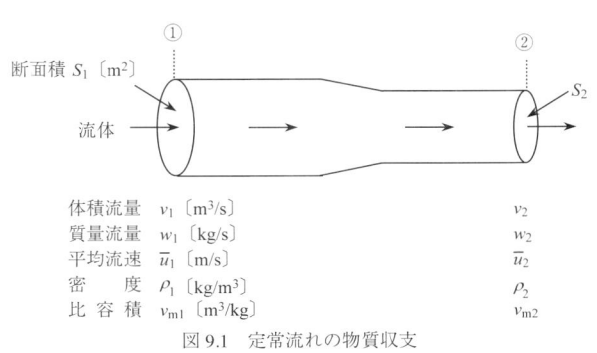

体積流量	v_1 〔m³/s〕	v_2
質量流量	w_1 〔kg/s〕	w_2
平均流速	$\bar{u}_1$ 〔m/s〕	$\bar{u}_2$
密　度	ρ_1 〔kg/m³〕	ρ_2
比容積	v_{m1} 〔m³/kg〕	v_{m2}

図 9.1　定常流れの物質収支

$$S_1 \bar{u}_1 \rho_1 = S_2 \bar{u}_2 \rho_2 \tag{9.3}$$

この関係を**連続の式**という．液体は密度 ρ が一定とみなせる（$\rho_1 = \rho_2$）ので，式（9.3）は次のように簡単になる．

$$S_1 \bar{u}_1 = S_2 \bar{u}_2 \tag{9.4}$$

以下ではおもに，密度が一定とみなせる液体の流れを扱う．

【**例題 9.1**】 図 9.1 に示すように，内径 $d_1 = 100$ mm の管①の下流に内径 $d_2 = 50$ mm の管②が接続されている管路内を水（20℃）が定常的に流れている．管①内の平均流速が $\bar{u}_1 = 1.05$ m/s であった．このとき，管路を流れる水の体積流量，質量流量および管路②の平均流速はそれぞれいくらか？

《**解説**》 管①と管②の断面積はそれぞれ，$S_1 = (\pi/4)d_1{}^2 = (3.14/4)(0.1)^2 = 7.85 \times 10^{-3}$ m²，$S_2 = (3.14/4)(0.05)^2 = 1.96 \times 10^{-3}$ m² である．水の密度は一定とみなせるので，式（9.4）より，

$$\bar{u}_2 = \bar{u}_1 \left(\frac{S_1}{S_2} \right) = (1.05) \left(\frac{7.85 \times 10^{-3}}{1.96 \times 10^{-3}} \right) = 4.21 \text{ m/s}$$

である．また，管路を流れる水の流量は断面①と断面②で等しいので，断面①に着目すると，

$$v_1 = S_1 \bar{u}_1 = (7.85 \times 10^{-3})(1.05) = 8.24 \times 10^{-3} \text{ m}^3/\text{s}$$

である．さらに，20℃の水の密度を 1000 kg/m³ とすると，質量流量は

$$w_1 = v_1 \rho_1 = (8.24 \times 10^{-3})(1000) = 8.24 \text{ kg/s}$$

である．■

9.1.2　全エネルギー収支

図 9.2 に示すように，流体を輸送するポンプや加熱器があり，外部と機械的な仕事や熱の授受があ

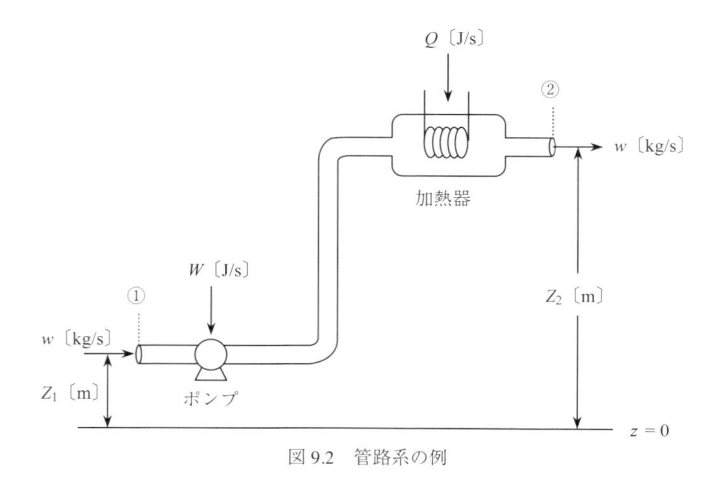

図 9.2　管路系の例

る管路系で，関係する液体1 kg あたりのエネルギーを考える．なおここでは，流体と管壁との摩擦によるエネルギー損失がない理想的な場合を考える．

1 kg の物体が基準面から高さ Z〔m〕の位置にあるとき，物体は重力に逆らって仕事をしたと考えられ，gZ〔J/kg〕の**位置エネルギー**をもつ．ここで，g は重力加速度（= 9.8 m/s^2）である．また，1 kg の物体が速度 $\bar{u}$〔m/s〕で運動しているとき，その物体は $\bar{u}^2/2$〔J/kg〕の**運動エネルギー**をもつ．さらに，物質内部での分子や原子の運動に基づく**内部エネルギー** U_m〔J/kg〕をもつ．内部エネルギーは温度の関数である．液体が管路を流れるには，管路の断面に作用する圧力に逆らって仕事をする必要があり，対応するエネルギーを**圧力エネルギー**という．その大きさは，圧力 P〔Pa〕と液体1 kg の体積である比容積 v_m〔m^3/kg〕の積で与えられ，比容積の逆数は密度 ρ〔kg/m^3〕であるので，圧力エネルギー $= Pv_m = P/\rho$〔J/kg〕と表される．

つぎに，系に加えられる仕事率を W〔J/s〕，加熱速度を Q〔J/s〕とする．系に流入および流出する液体の質量流量を w〔kg/s〕とすると，液体1 kg に対する仕事と熱量はそれぞれ，$W_m = W/w$〔J/kg〕と $Q_m = Q/w$〔J/kg〕である．

管路①から管路②までの区間を一つの系と考え，上述のすべてのエネルギーを考慮した液体1 kg あたりのエネルギー収支は次式で表される．

$$gZ_1 + \frac{\bar{u}_1^2}{2} + P_1 v_{m1} + U_{m1} + W_m + Q_m = gZ_2 + \frac{\bar{u}_2^2}{2} + P_2 v_{m2} + U_{m2} \tag{9.5}$$

この式を**全エネルギー収支式**という．

外部からの仕事や熱の出入りがなく，系が等温に保持されているときは，$W_m = 0$，$Q_m = 0$，$U_{m1} = U_{m2}$ であるので，式（9.5）は次のように簡単になる．

$$gZ_1 + \frac{\bar{u}_1^2}{2} + P_1 v_{m1} = gZ_2 + \frac{\bar{u}_2^2}{2} + P_2 v_{m2} \tag{9.6}$$

この式を**ベルヌーイ**（Bernoulli）**の式**という．

【**例題 9.2**】図9.3のように，水を満たした大きなタンクの底部に管が接続されている．基準面からタンクの水面までの高さが 10 m で，管の流出口の高さは 2 m である．このとき，管から流出する水の平均流速はいくらか？

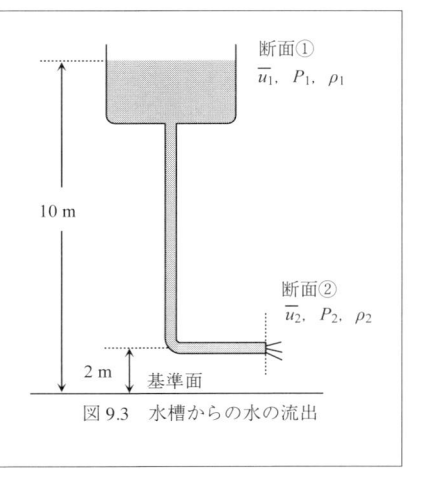

図 9.3　水槽からの水の流出

《**解説**》タンクの水面を断面①，管出口を断面②とおき，式（9.6）を適用する．なお，水槽は大きいので，水が流出しても水面の位置は変化せず，また断面①における水の流入速度 $\bar{u}_1$ はゼロとみなせる．

さらに，水面（断面①）と管出口（断面②）の圧力はともに大気圧で等しい．したがって，

$$gZ_1 = gZ_2 + \frac{\overline{u}_2{}^2}{2} \tag{9.7}$$

これを $\overline{u}_2$ について解き，$Z_1 = 10$ m，$Z_2 = 2$ m，$g = 9.8$ m/s^2 を代入すると，

$$\overline{u}_2 = \sqrt{2g(Z_1 - Z_2)} = \sqrt{(2)(9.8)(10 - 2)} = 12.5 \text{ m/s}$$

である．なお実際には，後述するように管路での摩擦損失の影響があるので，平均流速はこの値より小さくなる．終

9.2　流れの性質

9.2.1　粘性に関するニュートンの法則

容器に入れた水をスプーンで回すと，その動きに追随してスプーンの近くの水が動くが，直接スプーンに接していない水も動く．静止した物体が動くには力が必要である．スプーンに触れていない水が動くのは，スプーンに接している水から力（厳密には，運動量）が伝わるからである．このように，移動速度の速いところから遅いところに力が移動する媒介となる流体の性質を**粘性**という．

運動量は速度と質量の積で与えられる．水は位置によって質量は変わらないので，速く移動しているところは大きな運動量をもち，速度の遅いところは運動量が小さいので，速度の速いところから遅いところに向かって運動量が移動する．単位面積，単位時間あたりに移動する物理量を**流束**といい，移動する物理量が運動量の場合には，**運動量流束**という．すなわち

$$運動量流束 = \frac{（運動量）}{（面積）（時間）} = \frac{（質量）（速度）}{（面積）（時間）} \tag{9.8}$$

であり，運動量流束の単位は，

$$\frac{\text{kg·m/s}}{\text{m}^2 \cdot \text{s}} = \frac{\text{kg·m/s}^2}{\text{m}^2} = \frac{\text{N}}{\text{m}^2} = \text{Pa} \tag{9.9}$$

となり，圧力と同じ単位である．m/s^2 は加速度の単位であるので，式（9.9）第2式の分子は，質量と加速度の積で力を表す．分母は面積であるので，運動量流束は単位面積あたりの力である**応力**を表す．その力は流体の流れに垂直な方向に移動するので，食品科学や高分子科学の分野では**せん断応力**という．

間隔が L〔m〕の固定した板と可動な薄い板の間に水が満たされている．上の板に力 F〔N〕を加えて速度 u_0〔m/s〕で動かすと，板に接した水がもっとも速く移動し，板から離れるにしたがって速度は遅くなり，固定板に接している水は動かない．すなわち，**図9.4** に示すような速度分布が生じ，上方から下方に伝わる単位面積あたりの力であるせん断応力 τ は，速度の勾配に比例し，速度や応力の方向を考えないと，式（9.10）で表される．

$$\tau = \mu \frac{u_0}{L} \tag{9.10}$$

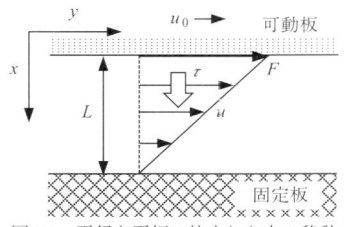

図9.4　平行な平板に挟まれた水の移動

ここで，比例定数 μ を**粘度**（または，粘性係数）〔Pa·s〕という．

一般には，速度や応力は方向を考えるので，上方から下方の方向を距離の正にとると，速度勾配（速度 u の x 方向の変化量 du/dx）は負の値である．一方，応力は上方から下方に伝わるので正の値であり，速度勾配と応力の伝わる向きが逆である．このように，速度と応力の作用する方向を考慮すると，式（9.10）の関係は次のように一般化できる．

$$\tau = -\mu\frac{du}{dx} \tag{9.11}$$

ここで，x は可動板からの下方向への距離であり，du/dx は速度勾配〔(m/s)/m = s^{-1}〕を表す．式（9.11）を**粘性に関するニュートン（Newton）の法則**といい，速度勾配の大きさによらず粘度 μ が一定の値になる流体を**ニュートン流体**という．水やグリセロール（グリセリン）はニュートン流体である．一方，液状食品の多くは粘度が速度勾配の値に依存する．このような流体を**非ニュートン流体**といい，その依存性の形により，さらに細かく分類される．

図 9.4 で可動板と接する水が 1 秒間に移動する距離（移動速度）は u_0〔m/s〕であるので，応力が伝わる方向を考慮すると式（9.10）は，

$$\tau = -\mu\frac{u_0}{L} \tag{9.12}$$

と表せる．ここで，u_0/L に間隔 L が右方向に変形する（歪む）単位時間あたりの値を表すので，これを**歪（ひず）み速度**または**変形速度**と呼ぶ．L の右方向の歪みを γ とし，その時間に対する変化率を $\dot{\gamma}$ と表すと，

$$\dot{\gamma} = \frac{d\gamma}{dt} = \frac{u_0}{L} \tag{9.13}$$

であるから，ニュートンの法則は次式のようになる．

$$\tau = -\mu\dot{\gamma} \tag{9.14}$$

食品科学の分野では，式（9.14）の負号をはずした絶対値のみを使うことが多い．

9.2.2 層流と乱流

ガラス管のなかに水を流し，中心に少量の着色した水を流すと，着色した水が直線状に流れるときと，流れの方向以外の不規則な運動が加わり，流れが乱れて，水が全体的に着色するときがある（**図 9.5**）．前者のように壁面に対して平行な流れを**層流**といい，後者のように乱れながら流れるときを**乱流**という．円管内の流れが層流であるか乱流であるかは，式（9.15）で定義される**レイノルズ（Reynolds）数 Re** といわれる無次元数によって決まる．

$$Re = \frac{d\,\bar{u}\rho}{\mu} \tag{9.15}$$

ここで，d は管の直径〔m〕である．流体の種類に関係なく，Re の値が約 2300 以下のときは層流，

（a）　　　　　　　　　　　　　　　　　　（b）

流れの方向

色素の軌跡

図 9.5 （a）層流と（b）乱流

約 3000 以上では乱流で，Re が 2300 から 3000 の範囲（2100 から 4000 とすることもある）は遷移域といわれ，流れが不安定で層流になったり乱流になったりする．

【例題 9.3】 基準面から 45 cm の高さにある水道の蛇口（断面積は 0.3 cm²）を細く開き，3.5 mL/s の流量で流下させたときに起こる現象について考察せよ．

《解説》 蛇口の出口を図 9.1 の断面①とみなすと，$S_1 = 3 \times 10^{-5}$ m²，$Z_1 = 0.45$ m である．また，流量 v = 3.5 mL/s = 3.5×10^{-6} m³/s より $\bar{u}_1 = v/S_1 = 0.117$ m/s である．圧力による仕事は無視できるものとすると，式（9.5）より次式が成立する．

$$gZ_1 + \frac{\bar{u}_1^{\,2}}{2} = gZ + \frac{\bar{u}^2}{2} \tag{9.16}$$

となる．式（9.16）より任意の高さ Z における流速 $\bar{u}$ は次式で与えられる．

$$\bar{u} = \sqrt{\bar{u}_1^{\,2} + 2g(Z_1 - Z)} \tag{9.17}$$

つぎに高さ Z におけるレイノルズ数 Re を求める．連続の式より高さ Z における水の流れの断面積 S は

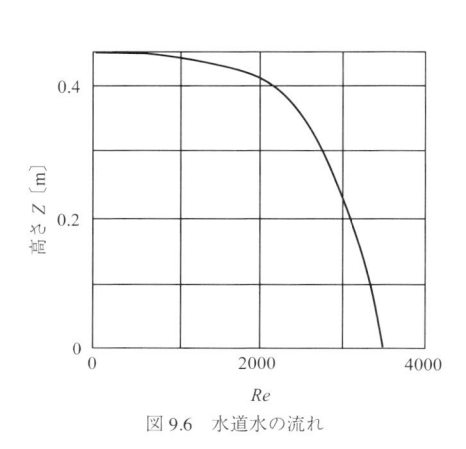

図 9.6　水道水の流れ

$$S = \frac{\bar{u}_1}{\bar{u}} S_1 = \frac{\bar{u}_1 S_1}{\sqrt{\bar{u}_1^{\,2} + 2g(Z_1 - Z)}} \tag{9.18}$$

となり，流れの直径 d は

$$d = \sqrt{4S/\pi} \tag{9.19}$$

である．水温は 20℃ で，粘度は $\mu = 1.0 \times 10^{-3}$ Pa·s，密度は $\rho = 1000$ kg/m³ とし，高さ Z の関数として Re を計算すると図 9.6 となる．蛇口から流下する水の流れは，固体壁をもつ直管内の流れではないので，$Re \leqq 2300$ で層流，$Re \geqq 3000$ で乱流という規準は適用できないが，流下するにつれて Re が大きくなり，流れが乱れると考えられる．　繁

9.2.3　層流の速度分布とハーゲン・ポアズイユの法則

断面積が一定の直管内を液体が流れるとき，連続の式より流れ方向の平均流速は変化しないが，半径方向には流速の分布がある．そのようなとき，図 9.7 に示すように，円管と同心の薄い円筒殻を考え，円筒殻の表面に作用するせん断応力による力と，入口と出口で円筒殻断面に作用する圧力による力の収支をとることにより，運動量流束（せん断応力）の半径方向の分布は式（9.20）で与えられる．

$$\tau = \frac{P_0 - P_L}{2L} r \tag{9.20}$$

ここで，r は中心からの距離〔m〕である．

式（9.20）の左辺 τ を粘性に関するニュートンの法則（式（9.11））で表し，管壁では $u = 0$ であることを考慮すると

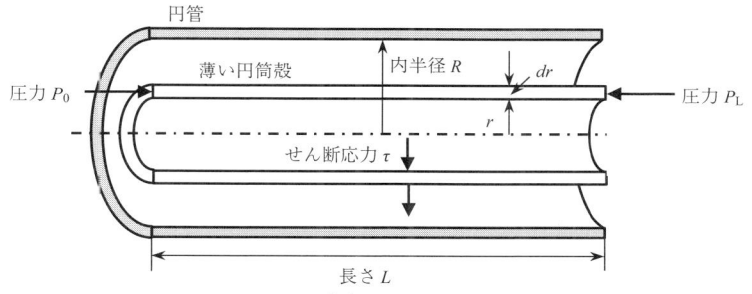

図9.7 円管内層流の運動量収支

$$u = \frac{P_0 - P_L}{4\mu L}(R^2 - r^2) = \frac{(P_0 - P_L)R^2}{4\mu L}\left[1 - \left(\frac{r}{R}\right)^2\right] \tag{9.21}$$

を得る．ここで，R は円管の内半径〔m〕である．式（9.21）は管内の層流の速度分布を表す式であり，管中心軸を回転軸とする回転放物面となる（**図 9.8**）．式（9.21）より，流速は管中心軸上で最大で，

$$u_{\max} = \frac{(P_0 - P_L)R^2}{4\mu L} \tag{9.22}$$

である．また，式（9.21）より単位時間あたりに流れる液体の量（流量）v は次式で計算できる．

$$v = \int_0^R 2\pi r u\, dr = \frac{\pi(P_0 - P_L)R^4}{8\mu L} \tag{9.23}$$

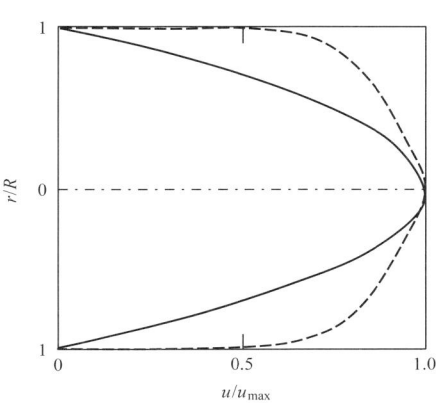

図9.8 層流（実線）と乱流（1/7 乗則，破線）の流速分布

円管内の層流では流量は半径 R の 4 乗および静圧差（$P_0 - P_L$）に比例し，粘度 μ および円管の長さ L に反比例する．これを**ハーゲン・ポアズイユ**（Hagen-Poiseuille）**の法則**という．

【例題 9.4】 内半径 $R = 0.1$ mm，長さ $L = 3$ cm の注射針がある．注射器には 5 mL の水（25℃）が入っており，これを押出すのに 20 秒を要した．このときの静圧差（$P_0 - P_L$）を求めよ．

《解説》流量 v は

$$v = \frac{5 \times 10^{-6}}{20} = 2.5 \times 10^{-7}\ \mathrm{m^3/s}$$

であり，$R = 1 \times 10^{-4}$ m，$L = 0.03$ m である．また，25℃の水の粘度は $\mu = 8.9 \times 10^{-4}$ Pa·s である．これらを式（9.23）を変形した次式に代入すると，

$$P_0 - P_L = \frac{8\mu L v}{\pi R^4} = \frac{(8)(8.9 \times 10^{-4})(0.03)(2.5 \times 10^{-7})}{(3.14)(1 \times 10^{-4})^4} = 1.7 \times 10^5\ \mathrm{Pa}$$

このときのレイノルズ数 Re を計算する．$\bar{u} = v/(\pi R^2)$ であるので，

$$Re = \frac{2R\bar{u}\rho}{\mu} = \frac{2R\,[v/(\pi R^2)]\,\rho}{\mu} = \frac{2v\rho}{\pi R\mu}$$

となり，25℃の水の密度 $\rho = 996$ kg/m^3 を用いて，

$$Re = \frac{(2)(2.5 \times 10^{-7})(996)}{(3.14)(1 \times 10^{-4})(8.9 \times 10^{-4})} = 1782$$

を得る．$Re \leqq 2300$ であるので，層流として取り扱って算出した静圧差は妥当である．　終

【例題 9.5】 例題 9.4 で針の長さが 1 m であるとき，同一流量で水を押出すときの静圧差はいくらになるか？　このとき，注射器の内径（直径）が 1 cm であれば，どれだけの力を加える必要があるか？

《解説》$L = 1$ m である以外は例題 9.4 と同じである．よって，

$$P_0 - P_L = \frac{8\mu L v}{\pi R^4} = \frac{(8)(8.9 \times 10^{-4})(1)(2.5 \times 10^{-7})}{(3.14)(1 \times 10^{-4})^4} = 5.67 \times 10^6 \text{ Pa}$$

出口における圧力 $P_L = 1.013 \times 10^5$ Pa（= 1 atm）であるので，注射筒内の圧力（すなわち，注射針の付け根での圧力）P_0 は

$$P_0 = 5.67 \times 10^6 + 1.013 \times 10^5 = 5.77 \times 10^6 \text{ Pa}$$

注射筒の断面積 S は

$$S = \frac{(3.14)(1 \times 10^{-2})^2}{4} = 7.85 \times 10^{-5} \text{ m}^2$$

である．圧力 =（力）/（面積）であるので，ピストンを押す力 F は

$$F = P_0 S = (5.77 \times 10^6)(7.85 \times 10^{-5}) = 453 \text{ N}$$

が必要である．重力加速度 $g = 9.8$ m/s^2 を用いると，

$$\frac{F}{g} = \frac{453}{9.8} = 46.2 \text{ kg}$$

となり，注射器のピストンの上に（鉛直方向に）46.2 kg の重りを置いたことに相当する．　終

9.2.4　粘度の測定

　粘度の測定法には，同心円筒回転粘度計による方法，落球粘度測定法，オストワルド（Ostwald）型毛管粘度計による方法などの種々の方法がある．そのうちで，ハーゲン・ポアズイユの法則に基づくオストワルド型毛管粘度計（**図 9.9**（a））は，ニュートン流体の粘度測定法として実験室などで広く用いられている．

　オストワルド型毛管粘度計では，まず密度 ρ_0〔kg/m^3〕と粘度 μ_0〔Pa·s〕が既知の溶媒（または溶液）の一定量を用いて液面が刻線 A と B の間を通過する時間 t_0〔s〕を測定する．つぎに，同一の体積液量で，粘度を測定する試料溶液についても同様に，刻線 A と B の間を通過する時間 t を測定する．試料溶液の密度を ρ とすると，式（9.24）の関係から試料の粘度 μ が求められる．

$$\frac{\mu}{\mu_0} = \frac{\rho t}{\rho_0 t_0} \tag{9.24}$$

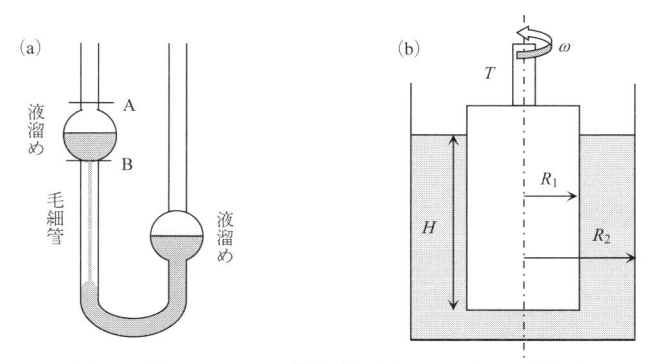

図9.9 （a）オストワルド粘度計と（b）同心円筒回転粘度計

同心円筒回転粘度計（B型粘度計）（図9.9（b））は，非ニュートン流体の粘度も測定できるので，液状食品の粘度の測定に比較的よく用いられる．半径がそれぞれ R_1〔m〕と R_2〔m〕の内円筒と外円筒の間に試料を入れ，試料に接している内円筒の高さを H〔m〕とする．内円筒を角速度 ω〔rad/s〕で回転するときに内円筒に作用するトルクを T〔N·m〕とすると，試料の粘度 μ は次式で求められる．

$$\mu = \frac{T}{4\pi\omega H}\left(\frac{1}{R_1{}^2} - \frac{1}{R_2{}^2}\right) \tag{9.25}$$

トルクは，力と距離の積で表される量（モーメント）である．物体を回転させるために必要な力は，てこの原理から理解できるように，どこに力を加えるかによって異なり，一般に回転軸（中心）からの距離に反比例するが，トルクは力を作用させる点に依存せず一定である．

9.2.5 乱流の速度分布
乱流の運動量流束は層流のそれに比べて複雑であり，速度分布を理論的に導くことは困難である．円管内を流体が $Re = 10^4 \sim 3 \times 10^4$ の乱流で流れるときの速度分布は式（9.26）の 1/7 乗則で表現できる（図9.8）．

$$\frac{u}{u_{\max}} = \left(1 - \frac{r}{R}\right)^{1/7} \tag{9.26}$$

ここで，$u_{\max}$ は速度の最大値で，$u_{\max} \approx \overline{u}/0.817$（$\overline{u}$ は平均流速）で与えられる．

9.3 流体のエネルギー損失
9.3.1 円管流れの摩擦損失と圧力損失
実際の管路系では，図9.2に示すように，ポンプなどにより外部から仕事 W_m が加えられる．また，液体の粘性抵抗力により機械的エネルギーの一部は熱に変わり，エネルギーの損失が起こる．これを**摩擦損失** F_m〔J/kg〕といい，この値を加えたものが，流出する液体が本来もつべきエネルギーである．したがって，外部からの仕事 W_m と摩擦損失 F_m を考慮すると，式（9.6）は次のように書き換えられる．

$$gZ_1 + \frac{\overline{u}_1{}^2}{2} + P_1 v_{m1} + W_m = gZ_2 + \frac{\overline{u}_2{}^2}{2} + P_2 v_{m2} + F_m \tag{9.27}$$

この式を W_m について解くと，

$$W_{\mathrm{m}} = (Z_2 - Z_1)g + \frac{1}{2}(\bar{u}_2{}^2 - \bar{u}_1{}^2) + (P_2 v_{\mathrm{m2}} - P_1 v_{\mathrm{m1}}) + F_{\mathrm{m}} \tag{9.28}$$

が得られる．この式は液体のような非圧縮性流体の機械的エネルギー収支を表す．非圧縮性流体では，比容積 v_{m} が一定であり，その逆数は密度 ρ 〔kg/m^3〕であるので，式（9.28）は次のように表現できる．

$$W_{\mathrm{m}} = (Z_2 - Z_1)g + \frac{1}{2}(\bar{u}_2{}^2 - \bar{u}_1{}^2) + \frac{P_2 - P_1}{\rho} + F_{\mathrm{m}} \tag{9.29}$$

　流体の摩擦損失により，管路を流れる流体の圧力は，管入口からの距離に比例して低下する．水平に置かれた断面積が一定の直管に流体を流すとき，$Z_1 = Z_2$，$\bar{u}_1 = \bar{u}_2$ であり，管路には外部から仕事が加えられないとすると $W_{\mathrm{m}} = 0$ である．したがって式（9.29）より，管の入口と出口の圧力差（これを**圧力損失**または**圧力降下**という）$\Delta P = P_1 - P_2$ と摩擦損失 F_{m} の間には次の関係が成立する．

$$\Delta P = P_1 - P_2 = \rho F_{\mathrm{m}} \tag{9.30}$$

　管径が一定の長い直管を流体が流れるときの摩擦損失 F_{m}〔J/kg〕は，流体の運動エネルギー $\bar{u}^2/2$ と管長 L に比例し，管径 d に反比例する．

$$F_{\mathrm{m}} = 4f \frac{\bar{u}^2}{2} \frac{L}{d} \tag{9.31}$$

この式を**ファニング**（Fanning）**の式**といい，f は**摩擦係数**〔－〕という無次元の値である．

　摩擦係数 f はレイノルズ数 Re の関数であり，流れが層流のときには，次式で表される．

$$f = \frac{16}{Re} \tag{9.32}$$

式（9.32）を式（9.31）に代入し，得られた F_{m} を式（9.30）に代入すると，直管を層流で流れるときの圧力損失 ΔP は，式（9.23）のハーゲン・ポアズイユの式を変形した次式で求められる．

$$\Delta P = \frac{32\,\mu\,L\bar{u}}{d^2} \tag{9.33}$$

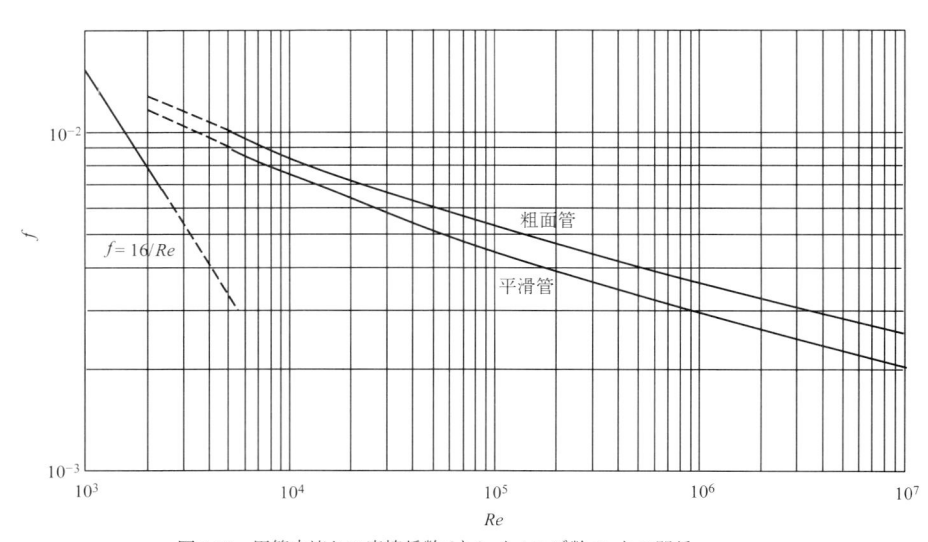

図 9.10　円管内流れの摩擦係数 f とレイノルズ数 Re との関係

一方，流れが乱流のときの摩擦係数は，層流のように一般的な式で表すことが難しく，管内面の粗さにも影響されるので，線図として与えられることが多い．内面が粗面と平滑面の場合について，摩擦係数とレイノルズ数の関係を図 9.10（前頁）に示す．なお，同図には層流に対する式（9.32）の関係も示されている．

【例題 9.6】 内径 20 cm の鋼管を用い，20℃の水を体積流量 1.08 m³/h で 20 m 離れた別の水槽に輸送するとき，摩擦によるエネルギー損失 F_m と圧力損失 ΔP はそれぞれいくらか？　また，鋼管の内径が 7.5 cm のときの F_m と ΔP はいくらか？

《解説》内径が 20 cm = 0.2 m のとき，管の断面積は $S = (\pi/4)d^2 = (3.14/4)(0.2)^2 = 3.14 \times 10^{-2}$ m² である．また，体積流量は $v = 1.08$ m³/h $= 1.08/3600 = 3.0 \times 10^{-4}$ m³/s である．したがって，平均流速は $\bar{u} = v/S = (3.0 \times 10^{-4})/(3.14 \times 10^{-2}) = 9.55 \times 10^{-3}$ m/s である．また，20℃の水の密度は $\rho = 10^3$ kg/m³，粘度は $\mu = 1.0 \times 10^{-3}$ Pa·s であるので，レイノルズ数は

$$Re = \frac{d\bar{u}\rho}{\mu} = \frac{(0.2)(9.55 \times 10^{-3})(10^3)}{1.0 \times 10^{-3}} = 1910$$

であるので，流れは層流である．したがって，摩擦係数 f は

$$f = \frac{16}{Re} = \frac{16}{1910} = 8.38 \times 10^{-3}$$

である．$L = 20$ m であるので，式（9.31）と式（9.30）よりエネルギー損失 F_m と圧力損失 ΔP はそれぞれ

$$F_m = 4f\frac{\bar{u}^2}{2}\frac{L}{d} = (4)(8.38 \times 10^{-3})\frac{(9.55 \times 10^{-3})^2}{2}\frac{20}{0.2} = 1.53 \times 10^{-4} \text{ J/kg}$$

$$\Delta P = \rho F_m = (1000)(1.53 \times 10^{-4}) = 0.153 \text{ Pa}$$

である．一方，内径が 7.5 cm のときは，$S = (3.14/4)(0.075)^2 = 4.42 \times 10^{-3}$ m³ であるので，$\bar{u} = (3.0 \times 10^{-4})/(4.42 \times 10^{-3}) = 6.79 \times 10^{-2}$ m/s である．したがって，レイノルズ数は

$$Re = \frac{d\bar{u}\rho}{\mu} = \frac{(0.075)(6.79 \times 10^{-2})(10^3)}{10^{-3}} = 5093$$

であり，流れは乱流であるので，鋼管の内面が粗面とすると，図 9.10 より摩擦係数 f は 0.010 と読み取れる．したがって，F_m と ΔP はそれぞれ

$$F_m = (4)(0.010)\frac{(6.79 \times 10^{-2})^2}{2}\frac{20}{0.075} = 0.0246 \text{ J/kg}$$

$$\Delta P = \rho F_m = (1000)(0.0246) = 24.6 \text{ Pa}$$

である．このように，同一の体積流量で液を輸送するときでも，配管の太さによって圧力損失が異なる．とくに，この例では管径により層流と乱流と流れの状態が異なり，圧力損失の値が大きく異なるので，課題 9.1 では 2 つの水槽をつなぐ配管の太さにより，ポンプの負荷に差がある．　終

9.3.2　非円形断面および継手などの影響

　流路の断面は円形とは限らない．円形でない流路を流体が乱流で流れるときは，式（9.34）で定義される円に相当する直径 d_h（水力相当直径という）を用いる．

$$d_h = 4 \times \frac{（流れの断面積）}{（濡れ辺長）} \tag{9.34}$$

ここで，濡れ辺長に流路の断面で流体と壁面が接している部分の長さをいう．いくつかの非円形流路に対する水力相当直径を図 9.11 に示す．

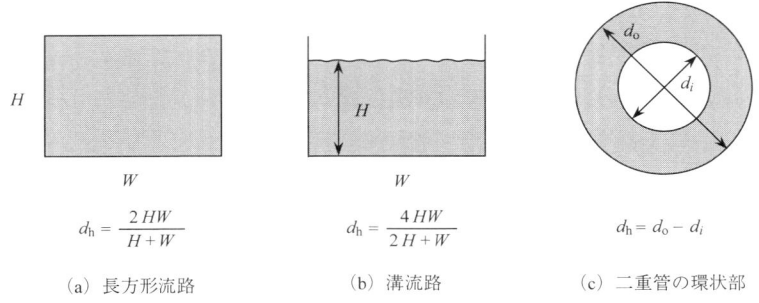

$$d_h = \frac{2HW}{H+W} \qquad\qquad d_h = \frac{4HW}{2H+W} \qquad\qquad d_h = d_o - d_i$$

（a）長方形流路　　　　　　　（b）溝流路　　　　　　　（c）二重管の環状部

図 9.11　断面が円形でない流路の水力相当直径 d_h

　また，管路には継手や弁などがあり，そこでエネルギー損失が起こる．それらは管の直径 d の n 倍に相当する水平直管の長さに換算した**相当長さ** L_e〔m〕により表される．

$$L_e = nd \tag{9.35}$$

すなわち，管路は直管の長さ L に相当長さ L_e を足した長さであるとしてエネルギー損失（圧力損失）を計算する．いくつかの継手などの n の概略値を図 9.12 に示す．

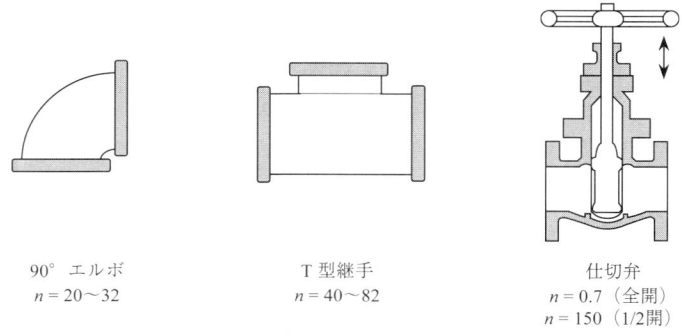

90° エルボ　　　　　　　　T 型継手　　　　　　　　仕切弁
$n = 20 \sim 32$　　　　　　　$n = 40 \sim 82$　　　　　　$n = 0.7$（全開）
　　　　　　　　　　　　　　　　　　　　　　　　　　$n = 150$（1/2開）

図 9.12　管路の付属品の相当長さ

9.4　充填層の圧力損失

　円筒内に粒子が充填されていると，空のときに比べて高い圧力で押さないと流体は流れない．また，充填されている粒子が細かいほど，一定流量で流体を流すには高い圧力を要することは容易に想像できる．

　粒子充填層を流れる流体の空塔速度 u_0〔m/s〕は，圧力損失 ΔP〔Pa〕に比例し，層の厚み L〔m〕

に反比例する．ここで，空塔速度 u_0 とは，流量 v〔m³/s〕を層の断面積 S〔m²〕で除した値（$= v/S$）であり，仮想的に塔が空であると考えたときの流速である．

$$u_0 = \frac{v}{S} = K\frac{\Delta P}{L} \tag{9.36}$$

ここで，K は粒子充填層と流体の性質によって決まる定数である．

粒子充填層の粒子間の隙間の体積分率である空隙率が ε〔−〕，充填層の単位体積あたりの粒子表面積が S_{B}〔m²/m³-充填層〕，流体の粘度が μ〔Pa·s〕であるとき，式（9.36）は次のようになる．

$$u_0 = \frac{1}{k}\frac{\varepsilon^3}{\mu S_{\mathrm{B}}^2}\frac{\Delta P}{L} \qquad (k = 5.0) \tag{9.37}$$

ここで k はコゼニー（Kozeny）定数と呼ばれ，その値は粒子形状と空隙率に依存するが，一般には 5.0 で近似される．粒子の単位体積あたりの表面積を S_{V}〔m²/m³-粒子〕とすると，$S_{\mathrm{B}} = (1 - \varepsilon)S_{\mathrm{V}}$ の関係があるので，式（9.37）は次のように表される．

$$u_0 = \frac{1}{k}\frac{\varepsilon^3}{(1 - \varepsilon)^2}\frac{1}{\mu S_{\mathrm{V}}^2}\frac{\Delta P}{L} \qquad (k = 5.0) \tag{9.38}$$

式（9.37）または式（9.38）を**コゼニー・カルマン**（Kozeny–Carman）の式といい，粒子充填層の圧力損失を推定するときによく用いられる．

充填粒子が直径 d_{p} の球形であるとき，その体積は $(4/3)\pi(d_{\mathrm{p}}/2)^3 = (\pi/6)d_{\mathrm{p}}^3$ であり，表面積は $4\pi(d_{\mathrm{p}}/2)^2 = \pi d_{\mathrm{p}}^2$ である．したがって，粒子の単位体積あたりの表面積 S_{V} は

$$S_{\mathrm{V}} = \frac{\pi d_{\mathrm{p}}^2}{(\pi/6)d_{\mathrm{p}}^3} = \frac{6}{d_{\mathrm{p}}} \tag{9.39}$$

である．$k = 5.0$ として，式（9.39）を式（9.38）に代入すると，

$$u_0 = \frac{1}{180}\frac{\varepsilon^3}{(1 - \varepsilon)^2}\frac{d_{\mathrm{p}}^2}{\mu}\frac{\Delta P}{L} \tag{9.40}$$

となる．

【**例題 9.7**】直径 $d_{\mathrm{p}} = 5.0$ μm の固体粒子を充填した内径 $d = 4.6$ mm で長さ $L = 15$ cm のステンレスカラムにメタノールと水を重量比で 1:1 に混合した液を流量 $v = 0.5$ mL/min で流すのに必要な圧力はいくらか？　なお，粒子充填層の空隙率は $\varepsilon = 0.35$，混合液の粘度は 1.75×10^{-3} Pa·s とする．

《**解説**》まず，諸値を同じ単位で表すため，SI に統一する．$d = 4.6 \times 10^{-3}$ m，$L = 0.15$ m，$d_{\mathrm{p}} = 5.0 \times 10^{-6}$ m，$v = 8.33 \times 10^{-9}$ m³/s である．また，$\varepsilon = 0.35$，$\mu = 1.75 \times 10^{-3}$ Pa·s である．空塔流速 u_0 は

$$u_0 = \frac{4v}{\pi d^2} = \frac{(4)(8.33 \times 10^{-9})}{(3.14)(4.6 \times 10^{-3})^2} = 5.01 \times 10^{-4}\ \text{m/s}$$

であり，これらを式（9.40）に代入すると，

$$\Delta P = \frac{180\,u_0\,(1 - \varepsilon)^2\,\mu\,L}{\varepsilon^3\,d_{\mathrm{p}}^2} = \frac{(180)(5.01 \times 10^{-4})(0.65)^2(1.75 \times 10^{-3})(0.15)}{(0.35)^3(5 \times 10^{-6})^2} = 9.33 \times 10^6\ \text{Pa}$$

となる．これは高速液体クロマトグラフィー（HPLC）といわれる分析法の操作圧力を推算した例である．　終

演　習

9.1 内半径 $R = 0.25$ mm，長さ $L = 3$ cm の注射針を用いて，30℃のグリセロール（粘度は 0.6 kg/(m·s)，密度は 1260 kg/m^3）の 5 mL を 60 秒かけて押出す．このときの静圧差を求めよ．

9.2 台風などで強風が吹いたとき窓ガラスが割れることがある．このとき，窓ガラスは外に向かって割れる．風が窓に平行に吹いていると考え，この現象をベルヌーイの式に基づいて考察せよ．

9.3 オストワルド型毛管粘度計に 10 mL の水を入れ，25℃で刻線 AB を通過する時間を測定したところ 60.7 s であった．つぎに，0.5％（w/v）のポリエチレングリコール（PEG）4000 水溶液の 10 mL を用いて同様の測定を行ったところ落下時間は 62.5 s であった．PEG4000 の濃度は低いので，密度は水のそれと同じであると仮定して，0.5％ PEG4000 水溶液の粘度を求めよ．なお，25℃の水の粘度 μ_0 は 8.9×10^{-4} kg/m·s である．

第10章　食品の弾性と粘性

【課題 10.1】ケチャップやマヨネーズは容器を傾けても水のようにすぐには流れ出ないのはなぜか？

〔指針〕

① 食品の弾性を表すフックの法則を理解する.

② 食品の力学特性と食感との関係を理解する.

③ ニュートンの法則に従わない非ニュートン流体の流動特性を知る.

④ 弾性体と粘性体のそれぞれに対する応力と歪みの関係を理解する.

⑤ 多くの食品は弾性と粘性の両方の性質をもつ粘弾性体であり，その力学特性を理解する.

10.1　弾性体

　ゴムを引張ると，引張る力の大きさに応じて伸びるが，力を除くとゴムは元の形に戻る．また，バネを押すと縮み，力を除くとバネは元に戻る．同様に，食パンを指で軽く押すと凹（へこ）み，指を離すと元に戻る現象は，ゴムやバネの変形に似ている．このように力を加えると変形し，除くと元の形に戻る性質を**弾性**といい，このような性質を持つ物体を**弾性体**という．食パンを押したときの凹みを**変形**といい，その量は押す力が強いほど大きい．歯で噛んだときも同様に，噛む力が強いと大きく変形し，ついには噛み切れる．ここでは，物質に働く力と，その結果生ずる変形の関係について述べる.

10.1.1　弾性体とフックの法則

　同じ力でパンを押しても，指で押すときと，箸で押したときでは，凹みの量が異なる．力をそれが作用する面積で割った値を**応力**といい，箸のほうが指より面積が小さいので応力が大きい．一方，指を使って同じ力で四つ切と六つ切の食パンを押すと，同じ食パンであるが，分厚い四つ切パンのほうが変形量が大きい．そこで，変形量を材料の厚さで割った**歪み**で材料の特性を表す．**図10.1**に示すように，長さL〔m〕の弾性体に引張り力（または，圧縮力）Fを加えたときの伸び（または，縮み）をΔL〔m〕とする．このとき，加えた力F〔N〕を弾性体の断面積（力が作用する面積）S〔m²〕で割った値が応力σであり，弾性体の元の長さに対する変形量（ΔL）の割合が歪みε〔−〕である．すなわち，応力と歪みはそれぞれ式（10.1）と式（10.2）で与えられる.

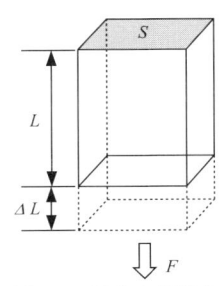

図 10.1　固体の引張り変形

$$\sigma = F/S \tag{10.1}$$

$$\varepsilon = \Delta L/L \tag{10.2}$$

応力は単位面積あたりの力であるので，圧力と同じ単位（$\mathrm{Pa} = \mathrm{N/m^2} = (\mathrm{kg \cdot m/s^2})/\mathrm{m^2}$）である．一方，歪みは長さを長さで除した値（比率）であるので，単位をもたない．弾性体に作用する応力とそれに

よって生ずる歪みの間には式（10.3）の関係があり，これをフック（Hooke）の法則という．

$$\sigma = E\varepsilon \tag{10.3}$$

式（10.3）の比例定数 E はヤング（Young）率または**縦弾性率**といい，単位は Pa である．コンニャクやカマボコを押したときにも，これらが弾性体として挙動するときには，応力 σ と歪み ε の間にフックの法則が成立する．弾性体ではフックの法則により力 F と変位 ΔL が比例する．式（10.3）はこれを応力と歪みの関係として記述したものである．応力 σ と歪み ε の定義（式（10.1）と式（10.2））に基づいて，式（10.3）から力 F は次のように表される．

$$F = \frac{ES}{L} \Delta L \tag{10.4}$$

したがって，力 F は変位 ΔL に比例するという同様の関係が得られる．しかし，式（10.4）では，同じサンプル（例えば，同じパン）であっても，比例定数がサンプルの大きさ L や力が作用する面積（接触面積）S に依存する．一方，式（10.3）のように応力 σ と歪み ε で表すと，比例定数はサンプルの大きさや接触面積に依存せず，ヤング率というサンプルの特性値となる．

【例題 10.1】厚さが 13 mm の食パンを平板上に置き，片面に面積 7 cm² の平板を乗せてこれを種々の力で押し，圧縮応力と歪みの関係を測定したところ，図 10.2 に示す結果を得た（測定装置については 10.1.3 を参照）．図からわかるように，歪みが小さい範囲では，応力は歪みに比例しているように見える．この範囲のデータ（原点を含む初期 3 点の数値データは，歪み：0, 0.1, 0.2 に対して応力：0, 0.46, 0.97 kPa である）を用いて食パンのヤング率 E を求めよ．

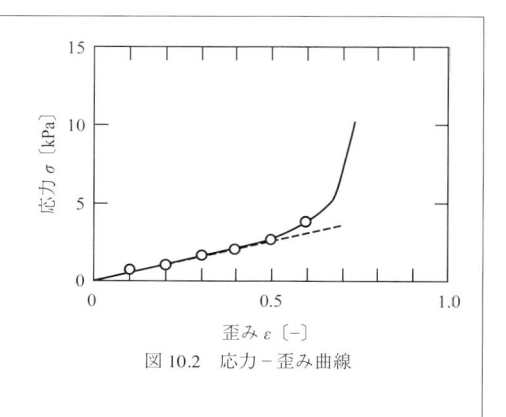

図 10.2　応力－歪み曲線

《解説》原点付近の測定値に対して，目視により，定規を当てて原点を通る直線を引くと，図 10.2 の点線が得られる．この直線の傾きからヤング率の値は，$E = 4.5$ kPa と求められる．一方，図微分（付録 F を参照）により，原点での傾き（微係数）を求めると，$E = 4.6$ kPa となる．なお，これらの値は人によって異なる．さらに，原点と最初の 2 点の計 3 点の値を用いて，数値微分により原点での傾きを求めると（付録 F を参照），

$$E = \frac{(-3)(0) + (4)(0.46) - (0.97)}{(2)(0.1)} = 4.4 \text{ kPa}$$

と求められる．数値微分の値は求める人による差はないが，上記の直観に基づいて引いた直線の勾配や図微分法により求めた値は人によって異なり，さらに数値微分による値とも異なることが多い．このように測定値に何らかの操作を行って値を求めるときには，その方法や人によって異なることに留意する．■

10.1.2 せん断変形とせん断弾性率

図10.3 に示すように，高さ H〔m〕の弾性体の底面を固定し，上面（面積 S）に力 F〔N〕を右方向に加えたときの変形量を δ〔m〕とすると，せん断歪み γ〔-〕は式（10.5）で定義される．

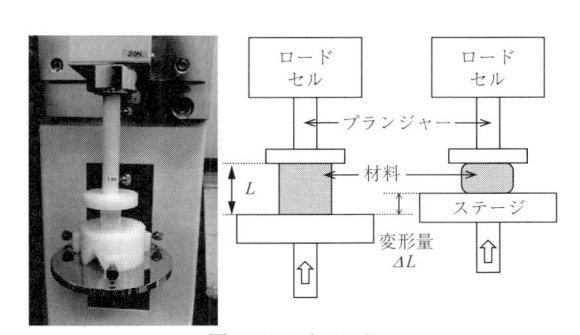

図 10.3　固体のせん断変形

$$\gamma = \frac{\delta}{H} = \tan \alpha \qquad (10.5)$$

また，加えたせん断力 F を面積 S〔m²〕で割った値をせん断応力 τ〔N/m² = Pa〕といい，次式で表す．

$$\tau = F/S \qquad (10.6)$$

弾性体では，せん断応力とせん断歪みの間には，引張り変形と歪みと同様にフックの法則（式（10.7））が成立する．

$$\tau = G\gamma \qquad (10.7)$$

ここで，比例定数 G はせん断弾性率または剛性率という．

10.1.3　応力−歪み曲線

応力と歪みの関係を測定する装置をレオメータという（図10.4）．厚さ L〔m〕の材料を置いたステージを徐々に上げたときの変位が変形量 ΔL〔m〕である．材料とプランジャーが接する部分の面積は S〔m²〕で，材料の反発力（内力）F〔N〕をロードセルで測定する．このとき，応力 σ〔N/m² = Pa〕と歪み ε〔-〕はそれぞれ式（10.1）と式（10.2）で与えられる．応力と歪みの関係を表す曲線を応力−歪み曲線という．

図 10.4　レオメータ

【例題 10.2】茹でた大根を 13 mm 角に切り，レオメータを用いて，変形量と力の関係を測定した（表 10.1）．この結果より，茹でた大根の応力−歪み曲線を描け．なお，大根の上面は全体が円板状プランジャーに接している．

表 10.1　茹で大根の変形と力

変形量〔mm〕	0.65	1.3	1.95	2.6	3.25	3.9	4.55	5.2
力〔N〕	15.5	51.8	77.6	80.5	85.1	83.8	76.2	70.5
歪み〔-〕	0.05	0.10	0.15	0.20	0.25	0.30	0.35	0.40
応力〔kPa〕	91.7	307	459	486	504	496	451	417

《解説》式（10.2）に基づいて，変形量 ΔL を大根の厚さ $L = 13$ mm（= 0.013 m）で除して歪み ε を求める．また，大根とプランジャーが接している部分の面積は $S = 1.3$ cm × 1.3 cm = 1.69 cm² = 1.69 × 10^{-4} m² であるので，式（10.1）より，ロードセルにかかる力 F を面積 $S = 1.69 × 10^{-4}$ m² で割ると応

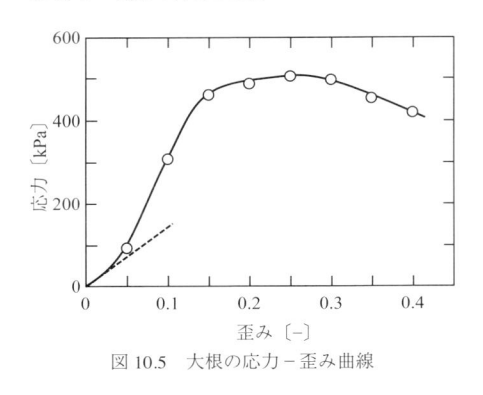

図 10.5　大根の応力－歪み曲線

力 σ の値が求められる．それらを表 10.1 の第 3 行および第 4 行に示す．なお，応力 σ の値は $10^4 \sim 10^5$ Pa（$= N/m^2$）の値になるので，単位に 10^3 を表す接頭語 k（キロ）を付けて，kPa で表記した．このように表すと，応力の値が 10 ～100 の桁になる．普通方眼紙の横軸に ε を，縦軸に σ を取り，表 10.1 の値をプロットすると，応力－歪み曲線は**図 10.5** となる．なお，ここでは歪みが 0.05 刻みになるように変形量を与えたが，実際のレオメータはこれよりはるかに細かい間隔で変形量と力が記録されるので，応力－歪み曲線は線として表される．　終

10.1.4　破断応力とエネルギー

　レオメータを用いて測定した食品の応力－歪曲線は，**図 10.6**（a）のような形状になることが多い．変形量が小さい範囲では，直線（破線）AB で示すように，応力 σ と歪み ε は比例（式（10.3））することが多い．しかし，歪みが大きくなると直線から外れてくる．これはものを噛むとき，最初に比べて噛み切る直前には大きな力が必要な体験からわかる．応力－歪み曲線の傾き（微分値）がこの感覚を反映している．変形量が大きくなると応力も大きくなり，点 C に達すると，食品の構造が崩壊し，応力が低下する．点 C における歪みを**破断歪み**といい，そのときの応力を**破断応力**という．また，点 C と点 E の応力の差は歯ごたえを反映する．

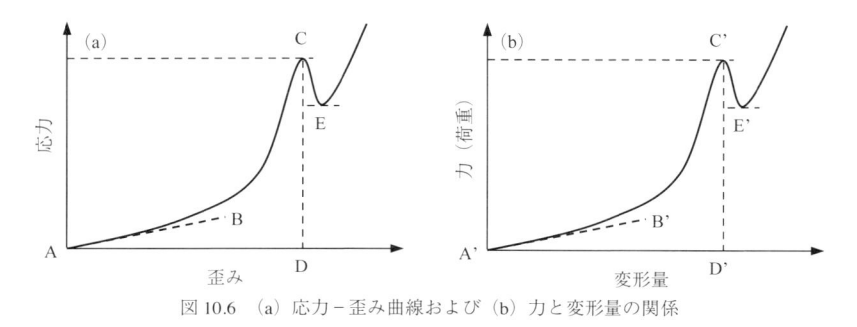

図 10.6　（a）応力－歪み曲線および（b）力と変形量の関係

　また，変形量と力の関係を図示すると，図 10.6（a）に類似した曲線が得られる（図 10.6（b））．このとき曲線 A'C' と横軸で囲まれた部分の面積，すなわち曲線 A'C' を変形量 A' から D' で積分した値は，この食品を噛み切るのに必要なエネルギーを与える．このことを次元と単位の観点から考える．（力）×（長さ（変形量））＝（仕事またはエネルギー）であり，積分では単位は掛け算になるので，N × m ＝ J（エネルギーの単位）である．なお，微分したときには，単位は割り算になる．

　つぎに，図 10.6（a）の応力－歪み曲線で，曲線 AC を歪み A から D の範囲で積分した値は，単位に基づいて考えると，

$$Pa \times \frac{m}{m} = \frac{N}{m^2} \times \frac{m}{m} = \frac{J}{m^3}$$

であるので，変形に伴って食品に蓄積された単位体積当たりのエネルギーを表す．

【例題 10.3】 表 10.1 に示した値より，この大根を破断するのに必要なエネルギーを求めよ．

《解説》変形量と力の関係をグラフで表すと**図 10.7** が得られる．変形量が 3.25 mm のところで破断し始めるので，この図で影を付けた部分の面積が求めるエネルギーである．その求め方にはいろいろな方法があるが，ここでは図 10.7 に示すように，シンボルで表した各点を直線で結んでできる台形の面積を足すことにより，影を付けた部分の面積 A を求める方法（付録 F を参照）を採用する．

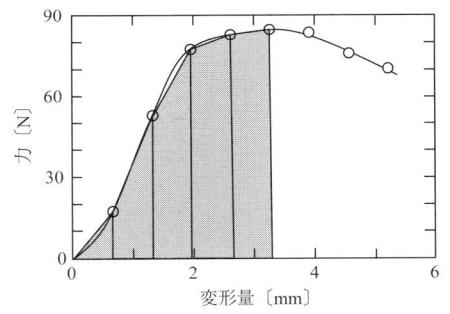

図 10.7 大根を破断するエネルギー

$$A = \frac{0.65}{2}(0 + 15.5) + \frac{0.65}{2}(15.5 + 51.8) + \frac{0.65}{2}(51.8 + 77.6) + \frac{0.65}{2}(77.6 + 80.5) + \frac{0.65}{2}(80.5 + 85.1)$$

$$= (0.65)\left(\frac{0}{2} + 15.5 + 51.8 + 77.6 + 80.5 + \frac{85.1}{2}\right) = 174.17 \approx 174$$

である．その単位を考えると，力の単位は N で，変形量のそれは mm（ミリメートル）であるので，N × mm = 10^{-3}J = mJ（ミリジュール）である．ここで，m（ミリ）は 10^{-3} を表す接頭語である．したがって，大根を破断するのに必要なエネルギーは，174 mJ = 0.174 J である．終

10.2　レオロジー

10.2.1　流動曲線

　図 9.4 に示すような 2 枚の平行平板間に挟まれた液体が，液体食品や高分子溶液である場合には，水のようなニュートン流体とは異なり，せん断応力 τ と歪み速度 $\dot{\gamma}$（速度勾配で変形速度ともいう）が正比例しない場合が多い．このような流体を**非ニュートン流体**といい，液状食品の多くはせん断応力を歪み速度で割った見かけ粘度が速度勾配の値に依存する非ニュートン流体である．せん断応力 τ を種々の歪み速度 $\dot{\gamma}$（$= a\gamma/dt$）で測定し，せん断応力と歪み速度の絶対値を図示して得られる曲線を**流動曲線**という．液体食品によく現れる非ニュートン流体の流動曲線を**図 10.8** に示す．ニュートン流体は τ と $\dot{\gamma}$ の関係が原点を通る直線となり（式（9.11）または式（9.14）），その勾配が粘度を与える．しかし，上述したように，多くの粘稠な液状食品は，両者の関係が原点を通る直線とならない非ニュートン流体であり，その流動挙動は歪み速度 $\dot{\gamma}$ とせん断応力 τ を用いて次式のようになる．

$$\tau = K\left(\frac{d\gamma}{dt}\right)^n = K\left(-\frac{du}{dr}\right)^n = K\left(-\frac{du}{dr}\right)^{n-1}\left(-\frac{du}{dr}\right)$$

$$= -\mu_{app}\dot{\gamma} \tag{10.8}$$

ここで，K は**粘性定数**〔N·s^n/m^2〕（または，〔Pa·s^n〕）で

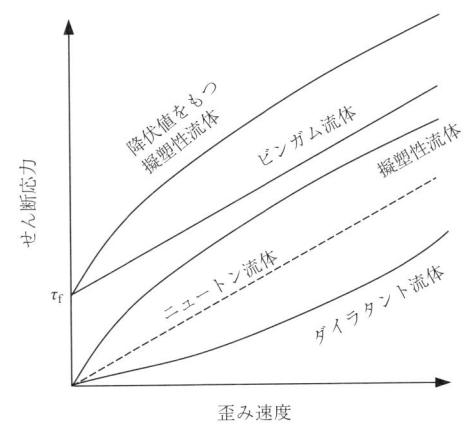

図 10.8 非ニュートン流体の流動曲線

あり，n は**流動性指数**，μ_{app} は見かけ粘度 $K(-du/dr)^{n-1}$ である．式（10.8）は指数法則（power law）と呼ばれる．一般に，流動性指数が $n < 1$ で流動曲線が上に凸になる流体を**擬塑性流体**，逆に $n > 1$ で曲線が凹になる流体を**ダイラタント流体**といい，両者併せて **power law 流体**と呼ぶ．上述したように，ニュートン流体は $n = 1$ で原点を通る直線となる．また，せん断応力がある限界値（これを**降伏値** τ_f という）以下では流動が起こらず（すなわち $\dot{\gamma} = 0$），せん断応力が降伏値以上になって，流動し始めるとニュートン流体のように振る舞う流体を**ビンガム流体**という．降伏値をもち，流動し始めると擬塑性流動する流体は特別な名称はついておらず，降伏値をもつ擬塑性流体という．課題 10.1 で述べた，ケチャップやマヨネーズは容器を傾けてもすぐには流れ出ないのは，これらが降伏値をもつ流体であるからである．

10.2.2　指数法則に従う非ニュートン流体（power law 流体）の円管内流れ

半径 R〔m〕，長さ L〔m〕の水平円管内を流れる power law 流体を考える（**図 10.9**）．円管の中心から位置 r〔m〕の流体に働くせん断応力は式（9.20）で与えられる．これと式（10.8）より次式が得られる．

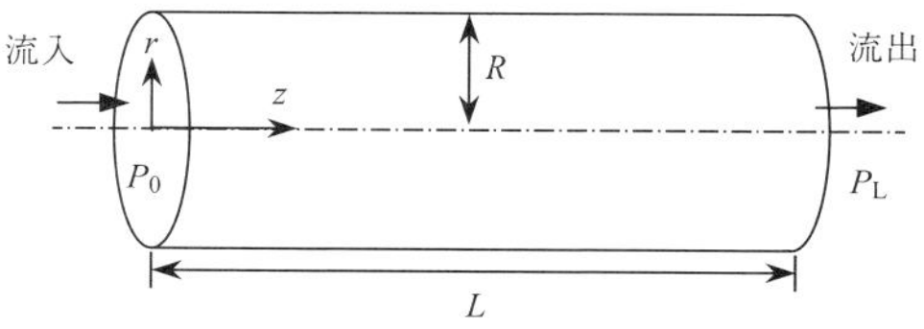

図 10.9　非ニュートン流体の円管内流れ

$$\tau = \frac{P_0 - P_L}{2L} r = \frac{\Delta P}{2L} r = K\left(-\frac{du}{dr}\right)^n \tag{10.9}$$

これを整理すると，式（10.10）となる．

$$-\frac{du}{dr} = \left(\frac{\Delta P}{2LK} r\right)^{1/n} \tag{10.10}$$

なお，u は管中心から r の位置における z 方向の速度〔m/s〕である．

式（10.10）の変数を分離し，u と r についてそれぞれ $u \sim 0$ と $r \sim R$ まで積分すると，管内の速度分布を表す式（10.12）が得られる．

$$-\int_u^0 du = \left(\frac{\Delta P}{2LK}\right)^{1/n} \int_r^R r^{1/n} dr \tag{10.11}$$

$$u(r) = \left(\frac{\Delta P}{2LK}\right)^{1/n} \left(\frac{n}{n+1}\right) (R^{1+1/n} - r^{1+1/n}) \tag{10.12}$$

したがって，体積流量 v〔m³/s〕および平均速度 $\bar{u}$〔m/s〕はそれぞれ式（10.13）と式（10.14）で与えられる．

$$v = 2\pi \left(\frac{\Delta P}{2LK}\right)^{1/n} \left(\frac{n}{n+1}\right) \int_0^R r(R^{1+1/n} - r^{1+1/n}) dr = \left(\frac{\Delta P}{2LK}\right)^{1/n} \left(\frac{\pi n}{1+3n}\right) R^{3+1/n} \tag{10.13}$$

$$\bar{u} = \frac{v}{\pi R^2} = \left(\frac{\Delta P}{2LK}\right)^{1/n} \left(\frac{n}{1+3n}\right) R^{1+1/n} \tag{10.14}$$

式（10.12）と式（10.14）を用いて計算した，ダイラタント流体（$n = 1.5$），ニュートン流体（$n = 1$）および擬塑性流体（$n = 0.5$）の円管内流れの速度分布 $u(r)/\bar{u}$ を**図 10.10** に示す．$n < 1$ の擬塑性流体では管中心付近の速度が平坦になり，$n > 1$ のダイラタント流体では逆に尖った速度分布になる．

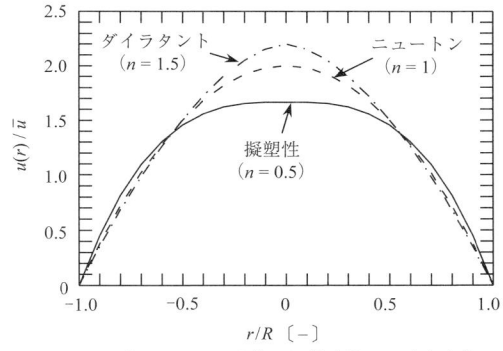

図 10.10 非ニュートン流体の円管内流れの速度分布

【例題 10.4】 内径 0.0524 m, 長さ 14.9 m の円管内を power law 流体が層流で平均速度 0.0728 m/s で流れている. 流体の粘性定数 K は 15.23 Pa·s^n であり, 流動性指数 n は 0.454 である. 円管の両端の圧力差はいくらか?

《解説》 式 (10.14) の両辺を n 乗すると,

$$\bar{u}^n = \left(\frac{\Delta P}{2LK} \right) \left(\frac{n}{1 + 3n} \right)^n R^{n+1} \tag{10.15}$$

これを整理すると次式を得る.

$$\Delta P = \bar{u}^n \frac{2LK}{R^{n+1}} \left(\frac{n}{1 + 3n} \right)^{-n} \tag{10.16}$$

式 (10.16) に諸値を代入すると,

$$\Delta P = (0.0728)^{0.454} \frac{(2)(14.9)(15.23)}{(0.0262)^{1.454}} \left(\frac{0.454}{1 + (3)(0.454)} \right)^{-0.454} = 58248 \text{ Pa} = 58.2 \text{ kPa}$$

であり, 円管の入口と出口における圧力の差は 58.2 kPa である. ▣

10.2.3 降伏値をもつ擬塑性流体の流動曲線

前述したように, マヨネーズは降伏値をもつ擬塑性流体の典型的な例である. 平らな皿にマヨネーズを取り, これを少し傾けてもマヨネーズは動かない. すなわち, マヨネーズに作用する力が小さいと動かないが, さらに傾けると動き始める. このように, マヨネーズは降伏値をもつ非ニュートン流体である. 降伏せん断応力を τ_f とすると, 流動曲線を表す式 (10.8) は降伏値をもつ擬塑性流体に対しては次式で表される.

$$\tau = \tau_f + K \left(\frac{d\gamma}{dt} \right)^n = \tau_f + K\dot{\gamma}^n \tag{10.17}$$

式 (10.17) の流動曲線は縦軸の τ_f を通り, 上に凸の曲線になる (図 10.8).

【例題 10.5】同心円筒回転粘度計（9.2.4 および 10.2.4 を参照）を用い，歪み速度 $\dot{\gamma}$ を変えてせん断応力 τ を測定して表 10.2 の結果を得た．流動曲線を描き，降伏せん断応力 τ_{f}，粘性定数 K および流動性指数 n を求めよ．

表 10.2　マヨネーズの流動データ

歪み速度〔s^{-1}〕	0.24	0.85	1.62	2.87	3.81
せん断応力〔Pa〕	115	139	160	187	205

《解説》普通方眼紙の横軸に歪み速度，縦軸にせん断応力をとって，これらをプロットすると，図 10.11 の流動曲線が得られる．つぎに，これらの結果から降伏せん断応力 τ_{f} と粘性定数 K および流動性指数 n を求める．求めるべきパラメータは 3 つであるが，式（10.17）を適切に変形し，線形化(直線の式)して求められるパラメータの数は 2 つである．したがって，何らかの方法により 1 つのパラメータを求めておかなければならない．例えば，降伏せん断応力 τ_{f} の値が求まると，式（10.17）は次のように変形できる．

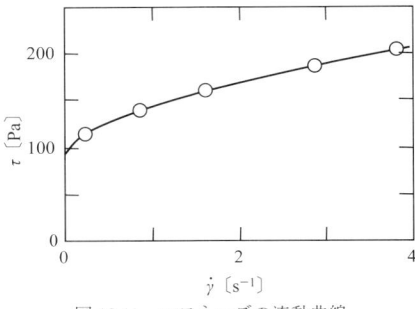

図 10.11　マヨネーズの流動曲線

$$\log(\tau - \tau_{\mathrm{f}}) = \log K + n \log \dot{\gamma} \tag{10.18}$$

したがって，$\tau - \tau_{\mathrm{f}}$ と $\dot{\gamma}$ を両対数方眼紙にプロットして得られる直線から粘性定数 K と流動性指数 n が求められる．降伏せん断応力 τ_{f} は流動曲線と縦軸の切片であるので，雲形定規などを用いて，図 10.11 のデータ点を滑らかに結んだ曲線を外挿して，縦軸との交点の座標から推定できるが，曲線の引き方などで誤差を生むことがある．油性印刷インキの流動挙動を記述するために提案された式（10.19）のキャッソン（Casson）の式は，食品にも適用できることが多い．

$$\sqrt{\tau} = \sqrt{\tau_{\mathrm{C}}} + \sqrt{\mu_{\mathrm{C}}} \sqrt{\dot{\gamma}} \tag{10.19}$$

ここで，τ_{C} と μ_{C} はそれぞれキャッソン降伏値とキャッソン粘度と呼ばれる定数である．表 10.2 の結果を用い，$\sqrt{\tau}$ と $\sqrt{\dot{\gamma}}$ をプロットすると，図 10.12 のように両者の間に直線関係が得られ，式（10.19）がマヨネーズにも適用できることを示す．直線の切片から $\tau_{\mathrm{C}} = (9.52)^2 = 90.6$ が得られる．この値を降伏せん断応力 $\tau_{\mathrm{f}} = 90.6$ Pa とみなし，表 10.2 の流動データを用いて，$\tau - \tau_{\mathrm{f}}$ と $\dot{\gamma}$ を両対数方眼紙にプロットすると，図 10.13 に示すように両者は直線関係を示し，直線の勾配から流動性指数 $n = 0.56$

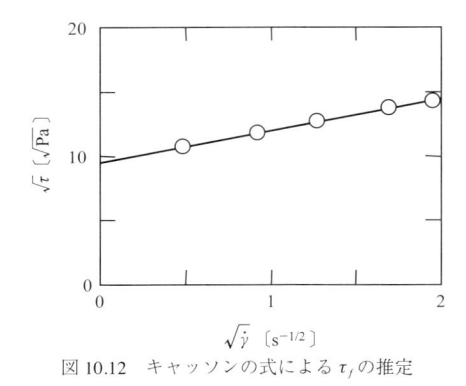

図 10.12　キャッソンの式による τ_f の推定

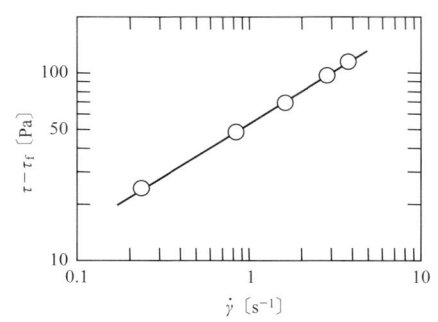

図 10.13　マヨネーズの見かけ粘度と流動性指数の決定

が得られる．また，$\dot{\gamma} = 1$ のときの縦軸の値より，粘性定数 $K = 53.5$ Pa·s$^{0.56}$ と推算される．図 10.11 の実線は，これらの値を式（10.17）に代入した計算線である．終

10.2.4 非ニュートン流体の流動特性の測定法

式（10.8）から明らかなように，非ニュートン流体の見かけ粘度 μ_{app} は歪み速度に依存する．例えば，ケチャップやマヨネーズなどは歪み速度の増加とともに見かけ粘度が減少する．このような流動挙動の変化を理解することは，液状食品を配管で輸送したり，容器に充填するときに重要である．液状食品の流動曲線を測定する典型的な 3 つの方法を以下に示す．

①**キャピラリー粘度計**　直径 d，長さ L の細管内に溶液を層流で流し，そのときの細管の両端の圧力差 ΔP と流量の測定値から，粘性定数 K と流動性指数 n を求める方法である．式（10.14）をニュートン流体にあてはめると，$n = 1$，$K = \mu$ であるから，次の関係式が得られる．

$$\frac{d\Delta P}{4L} = \mu \left(\frac{8\overline{u}}{d} \right) \tag{10.20}$$

式（10.20）の左辺は壁面におけるせん断応力 τ_w に等しく，右辺の $8\overline{u}/d$ は壁面における速度勾配 $-(du/dr)_w$ に等しい．したがって，式（10.8）を円管の壁面における式に書き直し，式（10.20）に代入すると次式が得られ，これを power low 流体の流動曲線の解析に用いる．

$$\frac{d\Delta P}{4L} = \tau_w = K \left(-\frac{du}{dr} \bigg|_w \right)^n = K \left(\frac{8\overline{u}}{d} \right)^n \tag{10.21}$$

ここで，$\overline{u}$ は円管内の平均速度である．$d\Delta P/(4L)$ と $8\overline{u}/d$ を両対数方眼紙にプロットして得られた直線の傾きと直線上の任意の点の座標から流動性指数 n と粘性定数 K が求められる．

②**同心円筒回転粘度計**　半径 R_1〔m〕の内円筒と半径 R_2〔m〕の外円筒からなる粘度計である（図 9.9 を参照）．この粘度計を指数法則に従う非ニュートン流体に用いたとき，内円筒に作用するトルク T〔N·m〕と内円筒の回転角速度 ω〔rad/s〕の関係は次式となる．

$$T = 2\pi R_1{}^2 HK \left[\frac{2}{n[1 - (R_1/R_2)^{2/n}]} \right]^n \omega^n = A\omega^n \tag{10.22}$$

ここで，H は内円筒の浸漬高さである．流動性指数 n は定数であるから，T と ω を両対数プロットして得られた直線の傾きから n が求められる．また，直線上の任意の点の座標から A が求められ，粘性定数 K が計算される．

③**円錐–平板粘度計**　図 10.14 のように，平板上に頂角の大きな円錐（半径 R〔m〕）を載せ，円錐と平板の間隙に試料溶液を入れて円錐を角速度 ω〔rad/s〕で回転させる．定常状態において円錐の回転軸にかかるトルクを T とすると，試料溶液の粘性定数 K は次式で得られる．

$$K = \frac{3T\theta_0}{2\pi R^3 \omega} \tag{10.23}$$

ここで，θ_0 は円錐と平板のなす角〔rad〕である．この粘度計では歪み速度 $\dot{\gamma}$ が試料溶液内の場所に依存せず，$\dot{\gamma} = \omega/\theta_0$ になるという特徴があるので，非ニュートン流体の流動特性を測定するのに適している．また，必要な試料の量が少なく，エマルションな

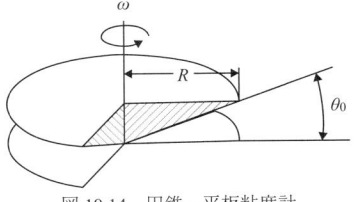

図 10.14　円錐–平板粘度計

どの濃厚分散系にも適用できる.

10.3　粘弾性流体

10.3.1　粘弾性流体の特性

　粘弾性流体は非ニュートン流体の一種であり，ニュートン流体と弾性体の特性を兼ね合わせた流動特性をもつ流体である. 天然高分子である食品には，このような流体に属するものが多く，卵白を強く撹拌した液,トロロ芋をすりおろしたもの,寒天ゲルなどは代表的な粘弾性流体である. 弾性体（固体），ニュートン流体および粘弾性流体の特性を比較するために，**図 10.15**（a）に示すように，時間 $0 \sim t$ の間に応力（圧縮応力，せん断応力）を各物体に作用させたときにどのように変形するかを考える. 物体が弾性固体のときには，応力 σ が作用すると同時に図 10.15（b）のように歪み ε が生じるが，時間 t 後に応力を取り去ると，歪み ε は瞬時に 0 となる. このときの歪み ε と応力 σ の関係はフックの法則に従う. 図 10.15（c）は粘性流体にせん断応力 τ を働かせた場合であり，流体のせん断歪み γ は時間とともに直線的に増加し（流体が流れることに対応），時間 t でせん断応力 τ が 0 となってもせん断歪み γ は 0 とならず，一定の値を保ち続ける. すなわち，弾性体は応力を除去すると，瞬間的に原型に復帰するが，粘性流体はただちに原型に復帰する（流れが止まる）ことはない. 粘弾性流体は弾性体とニュートン流体の中間的特性をもつ流体である. 図 10.15（d）は粘弾性流体に一定のせん断応力が作用したときの歪み γ の時間変化と，応力を瞬時に除いたときの歪みの時間変化を表す. 前者の歪みの時間的な変化を**クリープ**，後者を**クリープ回復**と呼ぶ. 応力を作用させると，粘弾性流体は弾性体と同様に,瞬時に弾性変形（縦軸に沿った歪み）するが，やがて歪みは時間とともに上に凸の曲線を描いて増加し，さらに時間が経過すると，流体は流動し始め，歪みの時間的な変化が直線的になる. 応力を除くと，瞬時に歪みは低下するが，時間の経過とともに減少速度は遅くなり，下に凸の曲線を描いてある一定の値に近づく. このように，粘弾性流体は弾性体のように完全にもとの形状に復帰することはなく，一部はニュートン流体の挙動が残る.

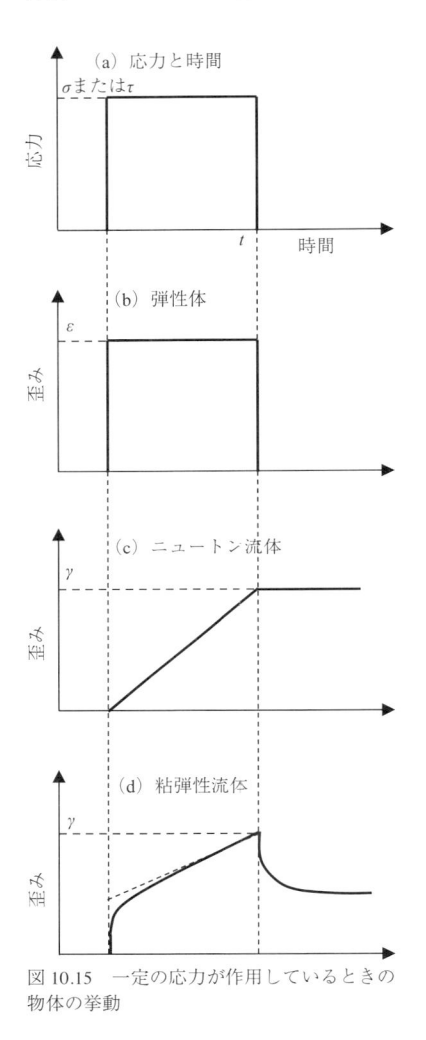

図 10.15　一定の応力が作用しているときの物体の挙動

10.3.2　粘弾性流体の特異な流動挙動

　粘弾性流体を管内や容器内部で流動させると，ニュートン流体では見られない特異な流動状態が観察される（図 10.16）.

（A）流動停止後の円管内流体の表面輪郭の変化　円管内に流体を層流で流し，何らかの方法により流れの先端（表面）が染料などで着色できたとする. 流体がニュートン流体の場合には，先端の形状

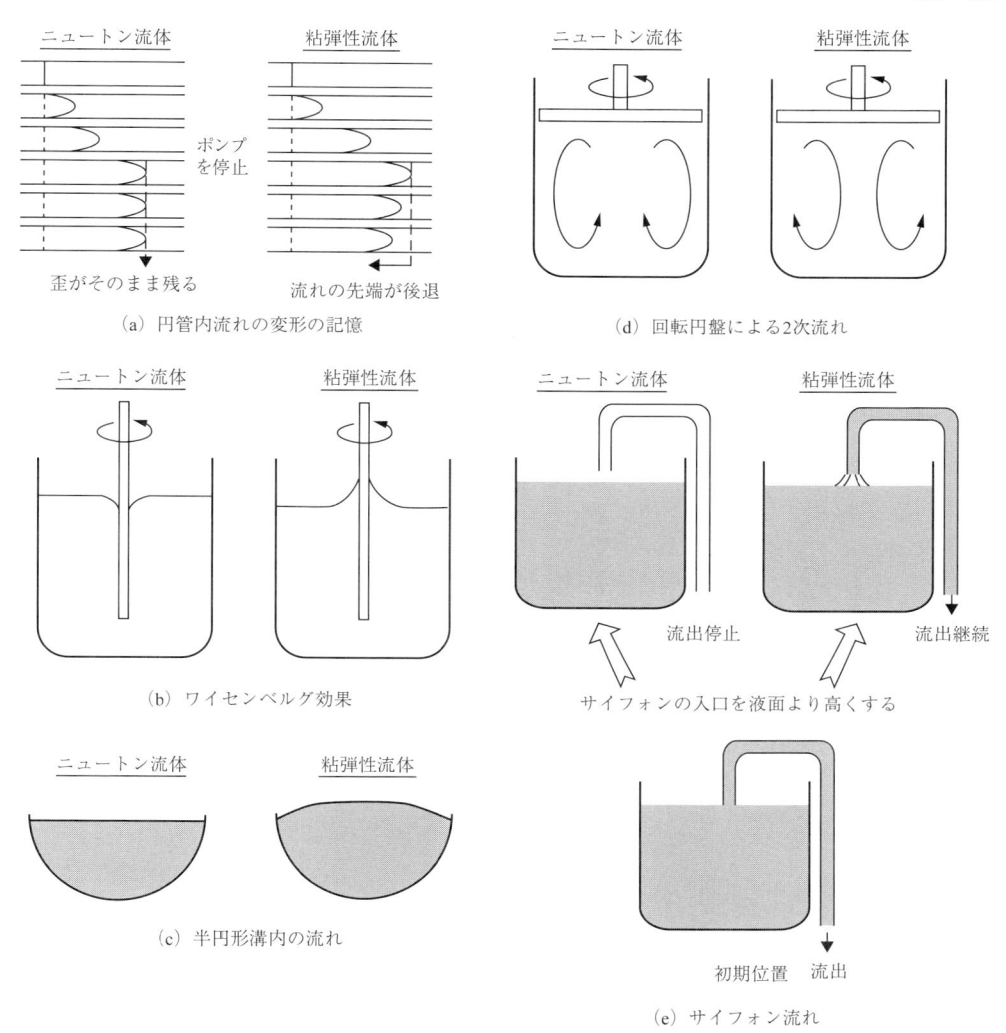

（a）円管内流れの変形の記憶

（d）回転円盤による2次流れ

（b）ワイセンベルグ効果

サイフォンの入口を液面より高くする

（c）半円形溝内の流れ

（e）サイフォン流れ

図 10.16　粘弾性流体の特異な流動挙動

は平面から次第に円管の軸を回転軸とする回転楕円体に近い分布形となる．この状態で流れを停止すると，流体は変形したままの状態で停止し（図 10.16（a）の左図），先端の形状（プロファイル）および頂点の位置は変化しない．この現象は応力を除去してもニュートン流体のせん断歪み γ が一定の値を保つことに対応する．これに対して粘弾性流体の場合には，図 10.16（a）の右図に示すように，先端の速度分布の形状は変化しないが，分布の頂点の位置が次第に後退する現象が観察される．これはちょうど伸ばしたゴム糸が力の除去と同時にもとの位置に縮む現象に対応し，粘弾性流体の弾性によるものである．

（B）ワイセンベルグ効果　図 10.16（b）に示すように，液体の入ったビーカー中で液表面に垂直に入れた回転する円柱周りの流れを観察する．液体がニュートン流体のときには，流体は円柱と同心円状に回転流動するとともに，円柱近くの液体は遠心力のためにビーカー壁に移動し液面が低くなる．これに対して粘弾性流体の場合には，回転円柱近くの液体は円柱表面を上方に“よじ登り”移動する．この現象を**ワイセンベルグ（Weissenberg）効果**という．トロロ芋をすりおろした液などで観察され

る現象である.

(C) 半円形溝内の流れ　図 10.16（c）のような傾いた半円形の溝内を重力で流れる液体を考える. ニュートン流体の場合は，液面は平面となって流れるが，粘弾性流体が流れる場合には，上に凸の液面が形成される.

(D) 円筒内で撹拌された流体の 2 次流れ　円筒容器内に液体を入れ，容器上部に取り付けた円盤を回転させると，円盤の下部の液体は半径方向の回転流れと同時に，上下方向に 2 次流れが生じる（図 10.16（d））. ニュートン流体の場合には，この 2 次流れが円筒壁面で下降流れ，中心部で上方流れとなる. 一方，粘弾性流体では，円筒壁面で上昇流れ，中心部で下降流れとなる

(E) サイフォン流れ　ビーカー内の液体を図 10.16（e）のようにサイフォンを用いて汲みだすとき，液体がニュートン流体の場合には，サイフォン管を液面以上にすると，流体流れは止まってしまう. しかし，液体が粘弾性流体の場合には，管を液面から数 cm 離しても，サイフォン流れによって液は流れ続ける. これを**チューブレスサイフォン効果**という.

10.3.3　粘弾性流体の変形挙動

　粘弾性流体の変形（歪み）と力（応力）の関係を表すモデルとして，マックスウェル（Maxwell）モデルとフォークト（Voigt）モデルがある. これらのモデルでは，**図 10.17** に示すようなフックの法則に従うバネ（弾性）と，ニュートンの粘性法則に従うダッシュポット（粘性）の模型図を用い，これらの組み合わせで粘弾性流体の挙動を表現する方法が用いられている.

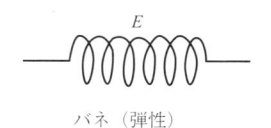

バネ（弾性）

ダッシュポット（粘性）

図 10.17　粘弾性流体の挙動の図的表現

(A) マックスウェルモデル　流体にせん断応力 τ が作用したとき，ニュートン流体ではせん断応力 τ と歪み速度 $\dot{\gamma}$ の間にニュートンの式（9.14）が成立する. また，流体が弾性体であるときには式（10.3）のフックの法則が成立する. 式（10.3）の σ および ε をそれぞれ τ と γ と表し，両辺を時間 t で微分すると歪み速度 $\dot{\gamma}$ は次式となる.

$$\dot{\gamma} = \frac{1}{E}\frac{d\tau}{dt} \tag{10.24}$$

マックスウェルモデルは，**図 10.18** に示すように，バネ（弾性）とダッシュポット（粘性）が直列に連結された模型であるので,全歪み速度 $\dot{\gamma}$ は弾性体とニュートン流体の歪み速度との和で表される. すなわち，

$$\dot{\gamma} = \frac{1}{E}\frac{d\tau}{dt} + \frac{\tau}{\mu} \tag{10.25}$$

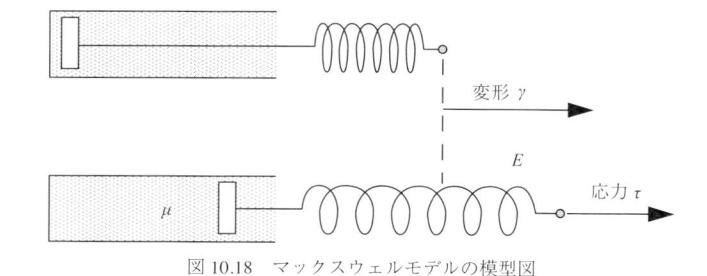

図 10.18　マックスウェルモデルの模型図

式（10.25）を t について積分すると，マックスウェルモデルの歪みと時間の関係が式（10.26）で表される．

$$\gamma = \frac{\tau}{E} + \frac{\tau}{\mu} t \tag{10.26}$$

図 10.19 はマックスウェルモデルのクリープ曲線およびクリープ回復曲線（図 10.15（d））を式（10.26）と比較したものである．式（10.26）から明らかなように，マックスウェル流体に図 10.15（a）のような応力が作用すると，図 10.19 の実線で示すように，瞬間的（$t = 0$）に弾性歪み τ/E が生じたのち，粘性による歪み（$\tau \cdot t/\mu$）が引き続いて起こり，変形は時間に正比例して増加する．また，時間 t に応力が除去されると，弾性による歪みは瞬時に減少するが，粘性による歪みは完全には回復されず 0 にはならない．実際のマックスウェル粘弾性流体では，10.3.1 で述べたようにク

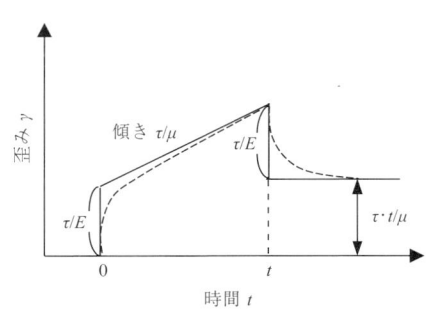

図 10.19　マックスウェルモデルのクリープおよびクリープ回復曲線
実線：式（10.26）による計算線．破線：実際のクリープおよびクリープ回復曲線．

リープ曲線が時間に正比例したものとはならず，図 10.19 の破線のような曲線となる．

（B）フォークトモデル　弾性体であるスポンジゴムの応力と歪みの関係は，式（10.3）のフックの法則で表される．このスポンジゴムに粘性液体を吸い込ませたものを変形させると，式（10.3）の応力に液体の粘性による抵抗力が付け加わるので，応力と歪みをそれぞれ τ と γ で表すと次式となる．

$$\tau = E\gamma + \mu \frac{d\gamma}{dt} \tag{10.27}$$

フォークトモデルは，バネとダッシュポットが並列に連結されたモデルである（図 10.20）．このような粘弾性流体に一定の力（応力）を加えると，バネは瞬時に伸びようとするが，並列に繋がれたダッシュポットの作用で徐々にしか伸びず，図 10.15（d）に示した初期の急激な変形が抑制される．同様に，応力を除去したときにも，変形の急激な減少はなく，徐々に回復される．時間 $t = 0$ での歪みを 0 として式（10.27）を解くと，歪みと時間の関係が次式のように得られる．

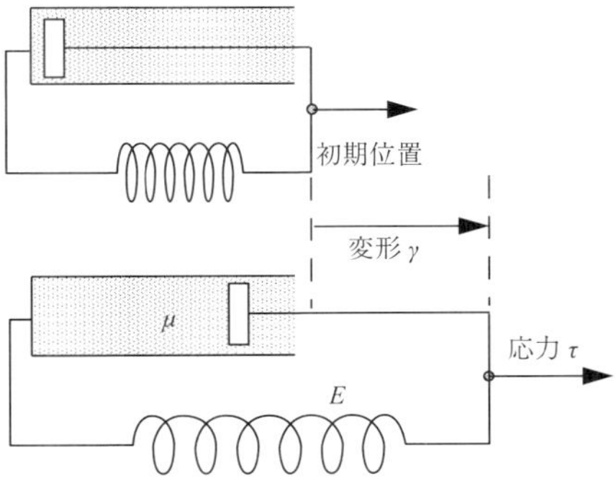

図 10.20　フォークトモデルの模型図

$$\gamma = \left(\frac{\tau_0}{E} \right) \left[1 - \exp \left(-\frac{E}{\mu} t \right) \right] = \gamma_0 [1 - \exp(-E \cdot t/\mu)] \tag{10.28}$$

ここで，τ_0 は初期応力，$\gamma_c = \tau_0/E$ である．

（C）緩和時間　マックスウェルモデルが適用できる物質に応力を加えると，歪みが次第に増加するが，ある時間（$t = 0$ とする）以降の歪みを一定にすると，それ以後の応力は図 10.21 に示すように時間とともに変化する．この変化は物質によって異なり，弾性体では応力は一定値（τ_0）である（図の破線）が，ニュートン流体では応力は瞬時に 0 となる（図の一点鎖線）．粘弾性流体はこの中間の変化を示し，図 10.21 に実線で示すような下に凸の曲線を描いて減少する．この曲線を**応力緩和曲線**といい，応力の時間的な変化（減少）を表す．$t = 0$ における初期応力を τ_0 とし，式（10.25）を $\dot{\gamma} = 0$（$d\gamma/dt = 0$）

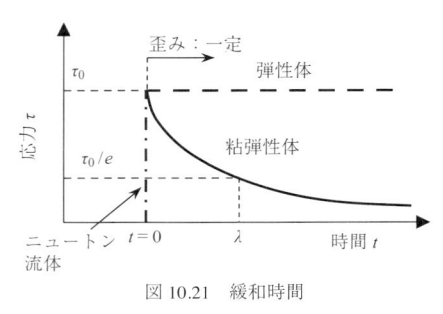

図 10.21　緩和時間

として積分すると，応力緩和曲線は次式のように得られる.

$$\tau = \tau_0 \exp(-Et/\mu) = \tau_0 \exp(-t/\lambda) \tag{10.29}$$

ここで，$\lambda = \mu/E$ は**緩和時間**〔s〕と呼ばれ，応力が τ_0 の $1/e$（$= 0.368$）まで減少するのに要する時間を表す．緩和時間の大小は物質を構成している分子の結合の強さにより異なる．その物体が流体として挙動するか弾性体として挙動するかは，観測時間によっても変化する．緩和時間を観察時間で割った値は**デボラ数**（De）と呼ばれる.

（D）粘弾性流体の動的測定　粘弾性流体の特性を測定する方法は，静的なクリープ曲線を測定する方法と，正弦的な微小変形を与えたときの応力の応答曲線から特性値を求める動的方法がある．粘弾性流体に式（10.30）で表される正弦周期的な変形を与えたとする（例えば，図 9.9 の同心円筒回転粘度計の内筒を正弦的に左右に振動させる）.

$$\gamma = \gamma_0 \cos \omega t \tag{10.30}$$

ここで，γ_0 は歪みの振幅，ω は振動の周波数である．粘弾性体がマックスウェルモデルで表されると仮定し，この微小変形に対する応力を式（10.25）から計算すると，$\dot{\gamma} = d\gamma/dt = -\gamma_0 \omega \sin \omega t$ であるので，

$$\tau = \frac{\mu\omega^2\lambda}{1 + \omega^2\lambda^2} \gamma_0\cos \omega t - \frac{\mu\omega}{1 + \omega^2\lambda^2} \gamma_0\sin \omega t = G'\gamma_0\cos \omega t - G''\gamma_0\sin \omega t \tag{10.31}$$

ここで，G' と G'' は.

$$G' = \frac{\mu\omega^2\lambda}{1 + \omega^2\lambda^2} \tag{10.32}$$

$$G'' = \frac{\mu\omega}{1 + \omega^2\lambda^2} \tag{10.33}$$

である．三角関数の定理より，式（10.31）の最右辺は次式のように書ける.

$$\tau = \gamma_0 \sqrt{G'^2 + G''^2} \cos(\omega t + \delta) \tag{10.34}$$

ここで，$G''/G' = \tan \delta = 1/(\omega\lambda)$ である．δ は**損失角**と呼ばれる位相角であり，与えた変形に対する応力の応答の遅れを表す．弾性体の δ は 0，ニュートン流体に対するそれは $\pi/2$ であり，一般の粘弾性流体は $0 < \delta < \pi/2$ の値をとる．ω が大きいときの G' の分子は $\mu/\lambda = E$ となり，弾性特性を表すパラメータとなる．そこで G' と G'' を用いて，粘弾性特性を次式のように複素数 G^* で表現することがある.

$$G^* = G' + iG'' \tag{10.35}$$

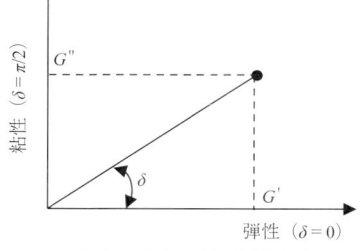

図 10.22　動的粘弾性の表示法

ここで，i は虚数単位である．2 次元の $x - y$ 座標系で，$\delta = 0$ の G' を x 軸に，$\delta = \pi/2$ の G'' を y 軸にとると，G^* は x 座標が G'，y 座標が G''，x 軸からの角度が δ の点として表される（**図 10.22**）.

【例題10.6】　あるマックスウェル粘弾性流体の流動特性を，$\gamma_0 \cos \omega t$ の正弦歪みを与えてレオメータで測定したところ，$\omega = 2$ および 5 s^{-1} の角速度に対して損失角 $\delta = 0.375$ および 0.158 を得た．(a) このデータが妥当であることを示し，緩和時間 λ の値を求めよ．(b) $\omega = 2 \text{ s}^{-1}$ の測定で，式（10.34）における τ/γ_0 の振幅は $2.32 \text{ kg/(m·s}^2)$ であった．この流体の粘度 μ はいくらか？

《解説》(a) 2つの損失角 δ の値はいずれも $0 < \delta < \pi/2$ の範囲にあり妥当である．また，$\tan \delta = 1/(\omega\lambda)$ の関係式から，$1/\tan\delta$ を ω に対してプロットすると，原点を通る直線関係が成立する（図10.23）．このことからも本測定は妥当である．その傾きが λ を与え，これは緩和時間であり，一定の値である．角速度 $\omega = 2$ および 5 s^{-1} に対して，損失角 $\delta = 0.375$ と 0.158 が得られているので，これを $1/\tan \delta$ 対 ω でプロットすると，図10.23に示すように，ω と $1/\tan \delta$ は原点を通る傾き 1.26 s の直線上にある．したがって，緩和時間は $\lambda = 1.26 \text{ s}$ である．

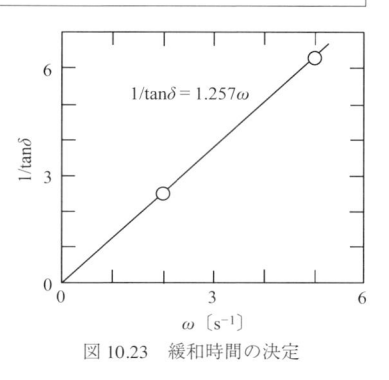

図 10.23　緩和時間の決定

(b) 式（10.34）より $\tau/\gamma_0 = \sqrt{G'^2 + G''^2} \cos(\omega t + \delta)$ である．$\omega = 2 \text{ s}^{-1}$ のとき，τ/γ_0 の振幅が 2.32 であるので，$\sqrt{G'^2 + G''^2} = 2.32$ である．一方，式（10.32）と式（10.33）より，$\sqrt{G'^2 + G''^2} = \mu\omega /\sqrt{1 + \omega^2\lambda^2} = 2.32$ であり，$\omega = 2$，$\lambda = 1.26$ であるので，$\mu = \sqrt{G'^2 + G''^2} \cdot \sqrt{1 + \omega^2\lambda^2} /\omega = (2.32)\sqrt{1 + 2^2 \cdot 1.26^2} /2 = 3.14 \text{ Pa·s}$ である．　終

演　習

10.1　直径 20 mm，高さ 30 mm の円柱状のゼラチンゲルに，円柱の直径よりも大きい円板状のプランジャーを用いて測定した変形量と力を表10.3に示す．なお，このゼラチンゲルは 162.8 N の力を加えたときに 20.3 mm の変形を示して崩壊した．

ア）応力-歪み曲線を描け．イ）少しの変形を加えたときのヤング率を求めよ．ウ）破断歪みと破断応力はいくらか？　また，エ）このゲルを崩壊させるのに必要なエネルギーを求めよ．

表 10.3　ゼラチンゲルの変形量と力

変形量〔mm〕	2.5	5.0	7.5	10.0	12.5	15.0	17.5	20.0
力〔N〕	4.4	11.4	14.7	20.1	25.7	47.3	80.6	150.3

10.2　表10.4は歪み速度を変えて測定したトマトケチャップのせん断応力を示す．このトマトケチャップの流動特性を表すパラメータを求めよ．

表 10.4　トマトケチャップの流動曲線

歪み速度〔s⁻¹〕	3	10	30	100	300
せん断応力〔Pa〕	6.26	9.34	17.4	32.4	65.3

10.3　長さ L〔m〕，直径 0.01 m の円管に power law 流体を流し，その体積流量 v〔L/s〕と，円管単位長さあたりの圧力損失 dp/dL〔kPa/m〕を測定し，表10.5の結果が得られた．この流体の流動性指数 n と粘性定数 K の値を求めよ．

表 10.5　円管内を流れる power law 流体の流量と圧力損失

圧力損失〔kPa/m〕	10	20	30	40	50	60	70	80	90	100
体積流量〔L/s〕	0.0537	0.264	0.689	1.29	2.35	3.36	4.87	7.13	9.12	11.1

10.4 同心円筒回転粘度計を用いて非ニュートン流体溶液の粘度を測定し，**表 10.6** の結果を得た．内側の回転円筒の直径は 25.15 mm，外側の円筒直径は 27.62 mm であり，内円筒の浸漬深さは 92.39 mm である．溶液の粘性定数 K と流動性指数 n を求めよ．

表 10.6　同心円筒回転粘度計の回転数と内円筒のトルク

内円筒回転速度〔rpm〕	0.5	1	2.5	5	10	20	50
内円筒のトルク×10^7〔N·m〕	86.2	168.9	402.5	754	1365	2379	4636

10.5 粘弾性流体の応力緩和曲線を表す式（10.29）を導け．

10.6 例題 10.6 のマックスウェル粘弾性流体を，初期歪みおよび初期応力が 0 の状態から，歪み速度を一定値（$\dot{\gamma} = c$）で変形させたとき，時間 t におけるせん断応力は次式となることを示せ．

$$\tau = \mu c(1 - e^{-t/\lambda}) \tag{10.36}$$

また，応力が漸近値の 1/2 に達するまでの時間を求めよ．

第11章　反応速度と反応器

【課題 11.1】 酵素 E を用い，基質 S を生成物 P に変換する反応

$$S \xrightarrow{\text{E}} P \qquad\qquad (11.1)$$

を，図 11.1（a）のように液がよく混合されている容器（反応器）および図 11.1（b）のように液がまったく混合されることなく流れている反応器のそれぞれに基質を連続的に供給するとき，いずれの反応器が効率的か？

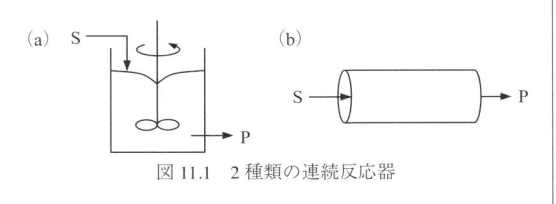

図 11.1　2 種類の連続反応器

〔指針〕

① 反応を分類する．

② 操作法および液の混合状態に基づく反応器の分類を知る．

③ 反応機構と反応速度式の導出法を理解する．

④ 反応時間（滞留時間）と反応率の関係を記述する設計方程式を導出できる．

⑤ 速度定数が推算できる．

⑥ 速度定数の温度依存性が整理できる．

⑦ 複合反応とその速度式を理解する．

11.1　反応と反応器の分類

　化学量論式は反応に関与する成分の物質量の相対的な関係（量論関係）を表す．化学量論式が 1 つの反応を**単一反応**といい，化学量論式が 2 つ以上の反応を**複合反応**という．また，気相か液相のいずれか 1 つの相で進行する場合を**均一反応**といい，2 つ以上の相が関与する反応を**不均一反応**という．後者には，気固反応，気液反応，固液反応，液液反応などがある．さらに，反応の進行に伴い反応系の体積が変わらない反応を**定容反応**といい，圧力が変わらない場合を**定圧反応**という．

　本章では，定容系とみなせる均一液相反応で，主として化学量論式が 1 つの単一反応を取り扱う．最後に，2 つの化学量論式で記述できる複合反応について言及する．

　反応器は操作法により 3 つに大別される．反応原料（基質）を反応器に仕込んで反応を開始し，適当な時間が経過したのちに反応混合物を取り出す操作を**回分操作**といい，そのような反応器を**回分式反応器**という（図 11.2（a））．一方，反応器入口に基質を連続的に供給し，出口から生成物を含む反応混合物を連続的に取り出す操作を**流通操作**または**連続操作**という（図 11.2（c），（d））．また，ある成分については回分式であるが，他の成分は連続的または間歇的に反応器に供給する**半回分操作**（図 11.2（b））は，微生物の培養で用いられることが多く，**流加培養**といわれる．

　また，反応器は流体（気体と液体を合わせて流体という）の混合の程度によっても分類できる．内部の流体がよく混合され，反応器内のどこをとっても濃度と温度が同じ状態を**完全混合**といい，そのような状態で連続操作されている反応器を**完全混合槽型連続反応器**（CSTR：continuous stirred tank reactor）（図 11.2（c））という．また，ピストンを押出すように反応器内を流れる流体がまったく混合されることがない流れを**押出し流れ**（または，**ピストン流れ（栓流）**）といい，そのような状態で連続的に操作されている反応器を**押出し流れ型反応器**（PFR：plug flow reactor または piston flow reactor）（図 11.2（d））という．

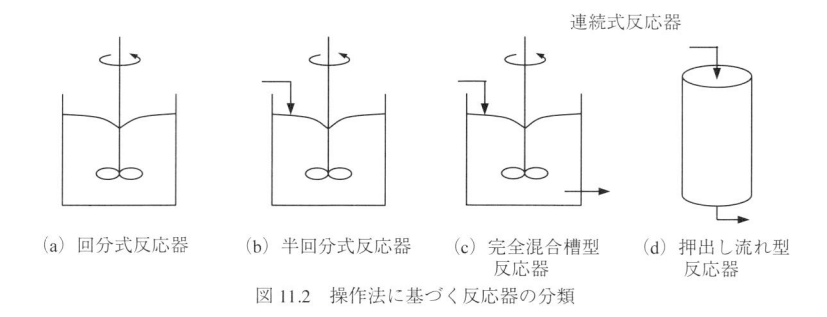

(a) 回分式反応器　　(b) 半回分式反応器　　(c) 完全混合槽型　　(d) 押出し流れ型
　　　　　　　　　　　　　　　　　　　　　　　　反応器　　　　　　反応器

図 11.2　操作法に基づく反応器の分類

11.2　反応速度式

反応機構に基づき，反応速度式を導出する方法には，**定常状態近似法**と**律速段階法**がある．これらを式（11.2）に示す**ミカエリス・メンテン**（Michaelis-Menten）**機構**で表される酵素反応を例として説明する．

$$\mathrm{E + S} \underset{k_2}{\overset{k_1}{\rightleftharpoons}} \mathrm{ES} \xrightarrow{k_3} \mathrm{E + P} \tag{11.2}$$

ここで，E は酵素，S は基質，P は生成物，ES は酵素と基質が結合した複合体を表す．また，k_1，k_2 および k_3 は各素過程の速度定数である．

11.2.1　定常状態近似法

活性中間体である ES 複合体の濃度はほぼ一定であり，その濃度 C_{ES}〔mol/m³〕は基質濃度 C_{S}〔mol/m³〕などに比べて十分小さい（$C_{\mathrm{ES}} \ll C_{\mathrm{S}}$）と考える．すなわち，ES 複合体の正味の生成速度 $r_{\mathrm{ES}} = dC_{\mathrm{ES}}/dt$ は 0 と近似する．ES 複合体の生成速度は次のように表される．

$$\frac{dC_{\mathrm{ES}}}{dt} = k_1 C_{\mathrm{S}} C_{\mathrm{E}} - k_2 C_{\mathrm{ES}} - k_3 C_{\mathrm{ES}} \tag{11.3}$$

ES 複合体に対して**定常状態**（$dC_{\mathrm{ES}}/dt = 0$）を仮定すると，

$$C_{\mathrm{ES}} = \frac{k_1 C_{\mathrm{S}} C_{\mathrm{E}}}{k_2 + k_3} \tag{11.4}$$

が得られる．また，酵素は E または ES の状態にあり，それらの濃度の和は酵素の初期濃度 C_{E0}〔mol/m³〕に等しく，次式が成立する．

$$C_{\mathrm{E0}} = C_{\mathrm{E}} + C_{\mathrm{ES}} \tag{11.5}$$

式（11.4）と式（11.5）より ES 複合体の濃度 C_{ES} は式（11.6）で表される．

$$C_{\mathrm{ES}} = \frac{C_{\mathrm{E0}} C_{\mathrm{S}}}{(k_2 + k_3)/k_1 + C_{\mathrm{S}}} = \frac{C_{\mathrm{E0}} C_{\mathrm{S}}}{K_{\mathrm{m}} + C_{\mathrm{S}}} \tag{11.6}$$

ここで，K_m は式（11.7）で定義される速度パラメータで，**ミカエリス定数**〔mol/m^3〕と呼ばれる．

$$K_m = \frac{k_2 + k_3}{k_1} \tag{11.7}$$

反応速度 r〔$mol/(m^3 \cdot s)$〕は生成する場合を正にとるので，基質の反応速度 r_S は負になる．そこで，基質 S の減少速度の値を正とするために負号を付けて $-r_S$ と表す．基質 S と生成物 P の化学量論係数がともに 1 であるので，$-r_S$ と生成物 P の生成速度 r_P は等しく，C_{ES} に比例するので，

$$-r_S = r_P = k_3 C_{ES} = \frac{k_3 C_{E0} C_S}{K_m + C_S} \tag{11.8}$$

と表される．ここで，

$$V_{max} = k_3 C_{E0} \tag{11.9}$$

とおく（V_{max} は**最大速度**〔$mol/(m^3 \cdot s)$〕と呼ばれる）と，式（11.8）は次式で表される．

$$-r_S = \frac{V_{max} C_S}{K_m + C_S} \tag{11.10}$$

【例題 11.1】 化合物 A が C と D に分解される式（11.11）の液相反応

$$A \rightarrow C + D \tag{11.11}$$

は，次の 2 つの素過程からなる．

$$A + A \underset{k_2}{\overset{k_1}{\rightleftharpoons}} A^* + A \tag{11.12}$$

$$A^* \xrightarrow{k_3} C + D \tag{11.13}$$

活性中間体 A^* に対して定常状態の近似を適用し，反応速度 $-r_A$ を表す式を導出せよ．

《解説》式（11.11）の量論関係より $-r_A = r_C = r_D$ である．式（11.13）より

$$-r_A = r_C (= r_D) = k_3 C_{A^*} \tag{11.14}$$

である．活性中間体 A^* に対して定常状態の近似を適用すると，

$$\frac{dC_{A^*}}{dt} = k_1 C_A^2 - k_2 C_{A^*} C_A - k_3 C_{A^*} = k_1 C_A^2 - (k_2 C_A + k_3) C_{A^*} = 0 \tag{11.15}$$

より，

$$C_{A^*} = \frac{k_1 C_A^2}{k_2 C_A + k_3} \tag{11.16}$$

である．したがって，式（11.16）を式（11.14）に代入すると，

$$-r_A = \frac{k_1 k_3 C_A^2}{k_2 C_A + k_3} \tag{11.17}$$

となる．■

11.2.2　律速段階法

いくつかの素過程からなる反応のなかで，ある素過程の速度が他の過程に比べて非常に遅いとき，全体の反応速度は，その遅い過程の速度によって決まる．そのような過程を**律速段階**といい，それ以外の過程は迅速に進行すると考える．式（11.2）のミカエリス・メンテン機構で，ES 複合体から生成物 P ができる段階が律速であると考え，酵素 E と基質 S から ES 複合体ができる過程は迅速に進行し，平衡状態にあるとする．すなわち，E + S $\rightleftarrows$ ES の段階は平衡状態にあるので，

$$\frac{dC_{ES}}{dt} = k_1 C_E C_S - k_2 C_{ES} = 0 \tag{11.18}$$

であり，これより

$$C_{ES} = \frac{k_1}{k_2} C_E C_S \tag{11.19}$$

全酵素濃度については式（11.5）が成立するので，式（11.5）と式（11.19）から

$$-r_S = r_P = k_3 C_{ES} = \frac{k_3 C_{E0} C_S}{(k_2/k_1) + C_S} = \frac{V_{max} C_S}{K_m + C_S} \tag{11.20}$$

が得られる．ここで，

$$K_m = \frac{k_2}{k_1} \tag{11.21}$$

である．V_{max} は式（11.9）と同じ定義である．

式（11.8）と式（11.20）を比較すると，式の形は同じであるが，ミカエリス定数の定義（式（11.7）と式（11.21））が異なることに留意する．

【例題 11.2】 例題 11.1 の反応で，式（11.13）の段階に律速段階の近似を適用し，反応速度$-r_A$を表す式を導出せよ．

《解説》 式（11.12）は迅速で平衡状態にあると近似すると，

$$k_1 C_A{}^2 = k_2 C_{A^*} C_A \tag{11.22}$$

より，

$$C_{A^*} = \frac{k_1 C_A{}^2}{k_2 C_A} = \frac{k_1}{k_2} C_A \tag{11.23}$$

である．式（11.23）を式（11.14）に代入すると，

$$-r_A = \frac{k_1 k_3 C_A}{k_2} = k' C_A \quad \left(ここで，k' = \frac{k_1 k_3}{k_2}\right) \tag{11.24}$$

が得られる．すなわち，反応速度式は原料濃度 C_A に対して 1 次となる．■

　ミカエリス・メンテン機構では，定常状態近似法と律速段階法で導出した式が同じ形になった．しかし，例題 11.1 と例題 11.2 で示したように，近似法により導出される速度式が異なることが多く，一般に，定常状態近似法に比べ，律速段階法により導出した式のほうが簡単になる．

11.3　反応器の設計方程式

　定容系と扱える液相反応では，反応が進行しても系（反応液）の体積が変化しないので，基質 S の反応率 x_S〔-〕は次のように定義される．

$$x_S = \frac{C_{S0} - C_S}{C_{S0}} \tag{11.25}$$

ここで，C_{S0} は回分式反応器では初期基質濃度，流通式反応器では反応器に供給する液の基質濃度を表す．反応時間（流通式反応器の場合は平均滞留時間）と反応率の関係を与える式を**設計方程式**という．

11.3.1　回分式反応器

　回分式反応器内の基質濃度を C_S〔mol/m³〕，反応液量を V〔m³〕とすると，基質に対する物質収支は次式で与えられる．

$$-V\frac{dC_S}{dt} = V[-r_S(C_S)] \quad \text{すなわち} \quad -\frac{dC_S}{dt} = -r_S(C_S) \tag{11.26}$$

ここで，反応速度 $-r_S$ は基質濃度 C_S の関数であるので，式（11.26）は次のように変数が分離できる．

$$dt = -\frac{dC_S}{-r_S(C_S)} \tag{11.27}$$

式（11.26）または式（11.27）に対する初期条件は

$$t = 0; \quad C_S = C_{S0} \tag{11.28}$$

であるので，

$$\int_0^t dt = -\int_{C_{S0}}^{C_S} \frac{dC_S}{-r_S(C_S)}$$

$$t = -\int_{C_{S0}}^{C_S} \frac{dC_S}{-r_S(C_S)} \tag{11.29}$$

である．式（11.29）が基質濃度で表した回分式反応器に対する設計方程式である．

　式（11.25）より

$$C_S = (1 - x_S)C_{S0} \tag{11.30}$$
$$dC_S = -C_{S0}dx_S \tag{11.31}$$

であるので，式（11.26）を反応率 x_S で表すと，

$$C_{S0}\frac{dx_S}{dt} = -r_S(x_S) \tag{11.32}$$

となる．このとき，反応速度 $-r_S$ は反応率 x_S の関数である．式（11.32）に対する初期条件は，

$$t = 0; \qquad x_{\mathrm{S}} = 0 \tag{11.33}$$

である．上記と同様に，式（11.32）を変数分離して解くと，

$$t = C_{\mathrm{S0}} \int_0^{x_{\mathrm{S}}} \frac{dx_{\mathrm{S}}}{-r_{\mathrm{S}}(x_{\mathrm{S}})} \tag{11.34}$$

を得る．式（11.34）が反応率で表した回分式反応器に対する設計方程式である．

【例題 11.3】 反応速度式が式（11.10）または式（11.20）で表される酵素反応の速度パラメータが $K_{\mathrm{m}} = 5.0 \text{ mol/m}^3$, $V_{\max} = 2.4 \times 10^{-2} \text{ mol/(m}^3 \cdot \text{s)}$ であった．回分式反応器を用い，この反応を初期基質濃度 $C_{\mathrm{S0}} = 20 \text{ mol/m}^3$ で行うとき，反応率が $x_{\mathrm{S}} = 0.80$ となる時間はいくらか？

《解説》式（11.30）および式（11.31）より，式（11.10）または式（11.20）を反応率の関数として表すと，

$$-r_{\mathrm{S}} = \frac{dx_{\mathrm{S}}}{dt} = \frac{V_{\max}(1 - x_{\mathrm{S}})}{K_{\mathrm{m}} - (1 - x_{\mathrm{S}})C_{\mathrm{S0}}} \tag{11.35}$$

となり，初期条件は $t = 0$ で $x_{\mathrm{S}} = 0$ である．式（11.35）は変数分離形の微分方程式であるので，次のように解ける．

$$\left(\frac{K_{\mathrm{m}}}{1 - x_{\mathrm{S}}} + C_{\mathrm{S0}} \right) dx_{\mathrm{S}} = V_{\max} dt$$

$$\int_0^{x_{\mathrm{S}}} \left(\frac{K_{\mathrm{m}}}{1 - x_{\mathrm{S}}} + C_{\mathrm{S0}} \right) dx_{\mathrm{S}} = V_{\max} \int_0^t dt$$

$$K_{\mathrm{m}} \ln \frac{1}{1 - x_{\mathrm{S}}} + x_{\mathrm{S}} C_{\mathrm{S0}} = V_{\max} t$$

したがって，回分式反応器を用いてミカエリス・メンテン式で表される酵素反応を行うときの設計方程式は次式で表される．

$$t = \frac{K_{\mathrm{m}}}{V_{\max}} \ln \frac{1}{1 - x_{\mathrm{S}}} + \frac{x_{\mathrm{S}} C_{\mathrm{S0}}}{V_{\max}} \tag{11.36}$$

式（11.36）に諸値を代入すると，

$$t = \frac{5.0}{2.4 \times 10^{-2}} \ln \frac{1}{1 - 0.80} + \frac{(0.80)(20)}{2.4 \times 10^{-2}} = 1.0 \times 10^3 \text{ s} = 17 \text{ min}$$

である．終

11.3.2　完全混合槽型連続反応器（CSTR）

　槽型反応器に濃度 C_{S0}〔mol/m^3〕の基質溶液を流量 Q〔m^3/s〕で連続的に供給し，同じ流量で反応液を抜き出す（**図 11.3**）．反応器内の液はよく撹拌されており，濃度と温度はどの位置においても等しい．

　反応器内の液量を V〔m^3〕とすると，反応器内での基質の物質収支

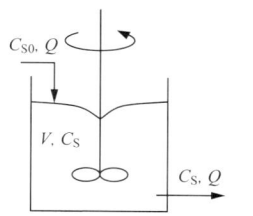

図 11.3　完全混合槽型連続反応器

は次式で与えられる.

$$V\frac{dC_S}{dt} = QC_{S0} - QC_S - V(-r_S) \tag{11.37}$$

ここで，定常状態 $dC_S/dt = 0$ を考え，さらに式（11.25）の関係を用いると，

$$\tau_m = \frac{V}{Q} = \frac{C_{S0} - C_S}{-r_S(C_S)} = \frac{C_{S0}x_S}{-r_S(x_S)} \tag{11.38}$$

を得る．式（11.38）が CSTR に対する設計方程式である．ここで，τ_m は反応器に流入した液が排出されるまでの平均の時間であり，**平均滞留時間**〔s〕と呼ばれる．

> **【例題 11.4】** 完全混合槽型連続反応器（CSTR）を用い，例題 11.3 と同じ条件で反応するとき，反応率が $x_S = 0.80$ となる平均滞留時間はいくらか？

《**解説**》式（11.38）に式（11.35）を代入すると，設計方程式は

$$\tau_m = \frac{x_S[K_m + (1 - x_S)C_{S0}]}{V_{max}(1 - x_S)} \tag{11.39}$$

である．これに諸値を代入すると，

$$\tau_m = \frac{(0.80)[5.0 + (1 - 0.80)(20)]}{(2.4 \times 10^{-2})(1 - 0.80)} = 1500 \text{ s} = 25 \text{ min}$$

である．なお，酵素は反応器から流出しないと仮定している．　◼

11.3.3　押出し流れ型反応器（PFR）

反応器に連続的に供給した基質溶液が押出し流れで流れるとき，基質濃度は入口では高く，出口に向かうにつれて低下する．このように濃度が位置によって変

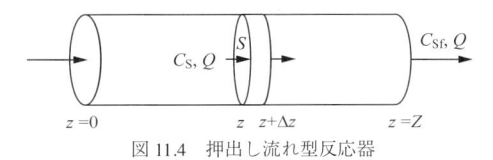

図 11.4　押出し流れ型反応器

わる（分布がある）ときには，**図 11.4** に示すように，反応器（円筒形とする）内の微小区間での物質収支を考える．

反応器の断面積を S〔m²〕，長さを Z〔m〕，反応液の流量を Q〔m³/s〕とする．反応器内の微小区間（$z \sim z + \Delta z$）での基質の物質収支は次式で表される．

$$S\Delta z\frac{\partial C_S}{\partial t} = QC_S\big|_{z=z} - QC_S\big|_{z=z+\Delta x} - S\Delta z\,[-r_S(C_S)] \tag{11.40}$$

両辺を $S\Delta z$ で割り，$\Delta z \to 0$ の極限をとると，

$$\frac{\partial C_S}{\partial t} = -u_0\frac{\partial C_S}{\partial z} - [-r_S(C_S)] \tag{11.41}$$

ここで，$u_0 \, (= Q/S)$ は（空塔）流速〔m/s〕である．定常状態 $\partial C_S/\partial t = 0$ では，

$$\frac{dC_S}{dz} = -\frac{-r_S(C_S)}{u_0} \tag{11.42}$$

である．式（11.31）の関係を用いると，式（11.42）は次のように書ける．

$$C_{S0} \frac{dx_S}{dz} = \frac{-r_S(x_S)}{u_0} \tag{11.43}$$

式（11.43）に対する境界条件は，

$$z = 0; \qquad x_S = 0 \tag{11.44}$$

であるので，式（11.43）を解くと，

$$C_{S0} \int_0^{x_S} \frac{dx_S}{-r_S(x_S)} = \frac{z}{u_0} \tag{11.45}$$

である．ここで，反応器出口 $z = Z$ における反応率を x_{Sf} と表すと，PFR の設計方程式は次式で表される．

$$\tau_p = \frac{Z}{u_0} = C_{S0} \int_0^{x_{Sf}} \frac{dx_S}{-r_S(x_S)} \tag{11.46}$$

ここで，τ_p は管型反応器に流入した液が出口に達するまでの時間，すなわち滞留時間である．

【**例題 11.5**】押出し流れ型反応器（PFR）を用い，例題 11.3 と同じ条件で反応するとき，反応率が $x_S = 0.80$ となる滞留時間はいくらか？

《**解説**》式（11.34）と式（11.46）を比べると，回分式反応器の反応時間 t が PFR の滞留時間 τ_p に対応する．したがって，PFR を用いてミカエリス・メンテン式で表される酵素反応を行うときの設計方程式は次式で与えられる．

$$\tau_p = \frac{K_m}{V_{max}} \ln \frac{1}{1 - x_S} + \frac{x_S C_{S0}}{V_{max}} \tag{11.47}$$

したがって，例題 11.3 と同様に，$\tau_p = 10 \times 10^3$ s $= 17$ min である．CSTR を用いた例題 11.4 のときより短い滞留時間で同じ反応率が達成できる．したがって，課題 11.1 については，反応速度式が式（11.10）（または式（11.20））で表されるときには流体を混合しない図 11.1（b）の反応器のほうが効率的といえる．▨

上述したように，液相反応のような均一系の定容反応では，CSTR および PFR に対する設計方程式の一般形は次のように表される．

$$\text{CSTR;} \quad \tau_m = C_{S0} \frac{x_{Sf}}{-r_S(x_{Sf})} \tag{11.38}$$

$$\text{PFR;} \quad \tau_p = C_{S0} \int_0^{x_{Sf}} \frac{dx_S}{-r_S(x_S)} \tag{11.46}$$

なお，回分式反応器の設計方程式は式（11.34）で与えられ，平均滞留時間 τ_p の替わりに反応時間 t とおけば式（11.46）と同じ式になる．なお，x_{Sf} は反応を停止するときの反応率である．

　式（11.38）と式（11.46）はともに反応速度の逆数を含んでいる．**図 11.5** に示すように，反応速度の逆数と C_{S0} の積を反応率 x_S の関数として表示すると，CSTR で反応率 x_{Sf} を達成するのに必要な

平均滞留時間 τ_m は長方形の面積で与えられる．一方，PFR や回分式反応器では曲線と x 軸で囲まれた部分の面積が平均滞留時間 τ_p と反応時間 t を与える．したがって，ミカエリス・メンテン式のように反応速度が反応率 x_S の増加とともに単調に減少する場合には，PFR や回分式反応器のほうが短い平均滞留時間または反応時間で所定の反応率を達成できる．

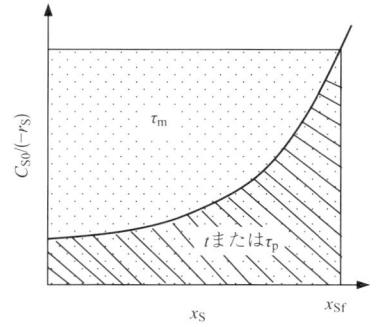

図 11.5 各種反応器の滞留（反応）時間

11.4 速度パラメータの推定

反応速度式に含まれる速度定数など（速度パラメータ）を求める方法は，種々の基質濃度での反応速度に基づく方法と，反応の進行に伴う基質濃度の経時変化に基づく方法に大別される．ミカエリス・メンテン式の速度パラメータである K_m と V_{max} を求める場合を例として，それぞれの方法を説明する．

種々の初期基質濃度 C_{S0} における初期反応速度 $-r_{S0}$ を求める．式（11.10）（または式（11.20））の両辺の逆数をとると，

$$\frac{1}{-r_{S0}} = \frac{K_m}{V_{max}} \frac{1}{C_{S0}} + \frac{1}{V_{max}} \tag{11.48}$$

と変形できる．したがって，$1/(-r_{S0})$ と $1/C_{S0}$ をプロットすると，直線が得られ，その切片と勾配から V_{max} と K_m が求められる．この方法はラインウィーバー・バーク（Lineweaver-Burk）プロットと呼ばれ，広く用いられる．しかし，ほぼ等間隔の初期基質濃度 C_{S0} で初期反応速度を求めたとき，$1/C_{S0}$ は不等間隔となり，直線を引きパラメータを求める際に，低濃度での反応速度（一般に，精度が低い）にウェイトがかかる．一方，式（11.48）の両辺に C_{S0} を乗じた式（11.49）では，横軸のプロットがほぼ等間隔になる．この式によるプロットをヘインズ・ウルフ（Hanes-Woolf）プロットという．

$$\frac{C_{S0}}{-r_{S0}} = \frac{1}{V_{max}} C_{S0} + \frac{K_m}{V_{max}} \tag{11.49}$$

上記の方法は，非線形な式（11.10）または式（11.20）を直線の式に変形（線形化）してパラメータを求めた．直線の式にもっとも適合するパラメータを求める方法を線形最小二乗法という．一方，非線形な式のままでパラメータを推定することもできる（付録 D を参照）．

回分式反応器に対する設計方程式である式（11.36）の両辺を x_S で割ると，

$$\frac{t}{x_S} = \frac{K_m}{V_{max}} \frac{1}{x_S} \ln \frac{1}{1-x_S} + \frac{C_{S0}}{V_{max}} \tag{11.50}$$

となる．したがって，t/x_S と $(1/x_S)\ln[1/(1-x_S)]$ をプロットすれば直線となり，その勾配と切片から K_m と V_{max} が得られる．なお，$x_S \rightarrow 0$ において $(1/x_S)\ln[1/(1-x_S)] \rightarrow 1$ となるので，式（11.50）を変形した次式を用いたほうがよい．

$$\frac{t}{x_S} = \frac{K_m}{V_{max}} \left(\frac{1}{x_S} \ln \frac{1}{1-x_S} - 1 \right) + \frac{K_m + C_{S0}}{V_{max}} \tag{11.51}$$

【例題 11.6】回分式反応器を用い，反応速度式がミカエリス・メンテン式で表される酵素反応を種々の初期基質濃度 C_{S0} で行い，初期反応速度 $-r_{S0}$ を測定して，**表 11.1** の結果を得た．この結果から速度パラメータ K_m と V_{max} を求めよ．

表 11.1　種々の初期基質濃度における初期反応速度

C_{S0} 〔mol/m³〕	5	10	15	20	25
$-r_{S0}$ 〔mol/(m³·s)〕	$2.14×10^{-3}$	$3.32×10^{-3}$	$4.12×10^{-3}$	$4.63×10^{-3}$	$4.92×10^{-3}$

《解説》 表 11.1 の結果を式（11.48）および式（11.49）に適用し，$1/(-r_{S0})$ 対 $1/C_{S0}$ および $C_{S0}/(-r_{S})$ 対 C_{S0} をプロットすると，**図 11.6**（a）と（b）となる．それぞれの直線の勾配と切片から速度パラメータを求めると，式（11.48）を適用したときは $K_m = 12.4\ \text{mol/m}^3$, $V_{max} = 7.46 × 10^{-3}\ \text{mol/(m}^3\text{·s)}$, 式（11.49）を適用したときは $K_m = 12.1\ \text{mol/m}^3$, $V_{max} = 7.36 × 10^{-3}\ \text{mol/(m}^3\text{·s)}$ である．

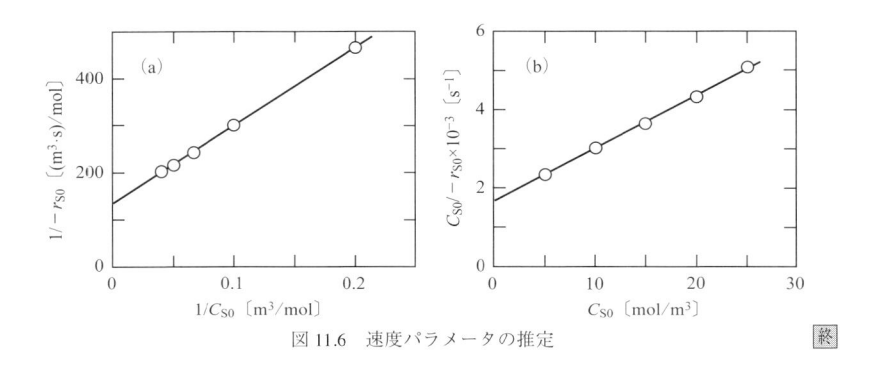

図 11.6　速度パラメータの推定　　終

11.5　速度定数の温度依存性

速度定数 k の温度依存性は次の**アレニウス**（Arrhenius）**式**に従うことが多い．

$$k = Ae^{-E/RT} = A \exp\left(-\frac{E}{RT}\right) \tag{11.52}$$

ここで，A は**頻度因子**（前指数因子）〔速度定数 k と同じ単位〕，E は**活性化エネルギー**〔J/mol〕，R は気体定数（$= 8.31\ \text{J/(mol·K)}$），T は絶対温度〔K〕である．活性化エネルギーは，原系（基質）と活性中間体とのエネルギーの差を表し，この値が大きいほど反応は起こりにくい．酵素などの触媒は，活性化エネルギーを小さくし，反応が進行しやすくする．

式（11.52）の両辺の対数をとると，

$$\ln k = -\frac{E}{R}\frac{1}{T} + \ln A \tag{11.53a}$$

$$\log k = -\frac{E}{2.30R}\frac{1}{T} + \log A \tag{11.53b}$$

したがって，異なる温度 T で速度定数 k を測定し，$\ln k$ または $\log k$ を絶対温度の逆数 $1/T$ に対してプロットすると直線となり，その傾きと直線上の任意の点の座標から活性化エネルギー E と頻度因子 A の値が求められる．なお，式（11.53）では頻度因子の値は縦軸の切片から求められるが，実際のプロッ

トは縦軸から大きく離れているので，直線上の任意の点の座標から求めるのがよい．

11.6 並列反応と逐次反応

化学量論式が 2 つ以上の複合反応のうち，もっとも基本的な並列反応と逐次反応を考える．

基質 S から生成物 P と Q が同時に生成する**並列反応**は次式で表される．

$$S \overset{k_1}{\underset{k_2}{\diagdown}} \begin{matrix} Q \\ P \end{matrix} \tag{11.54}$$

ここで，それぞれの反応に 1 次反応速度式で表されるとする．この反応を回分式反応器で行うと，基質 S と生成物 Q の濃度の変化はそれぞれ式（11.55）と式（11.56）で表される．

$$\frac{dC_S}{dt} = -(k_1 + k_2)C_S \tag{11.55}$$

$$\frac{dC_Q}{dt} = k_1 C_S \tag{11.56}$$

反応開始時（$t = 0$）には成分 Q と P は存在せず，基質 S のみが濃度 C_{S0} で存在するとき，成分 P の濃度は量論関係より次式で与えられる．

$$C_P = C_{S0} - C_S - C_Q \tag{11.57}$$

これらの式を，$t = 0$ で $C_S = C_{S0}$，$C_Q = 0$，$C_P = 0$ の初期条件のもとに解くと，任意の反応時間 t における各成分の濃度は式（11.58）〜式（11.60）で与えられる．

$$\frac{C_S}{C_{S0}} = e^{-(k_1 + k_2)t} = \exp[-(k_1 + k_2)t] = \exp[-(1 + \kappa)k_1 t] \tag{11.58}$$

$$\frac{C_Q}{C_{S0}} = \frac{1}{k_1 + k_2}\{1 - e^{-(k_1 + k_2)t}\} = \frac{1}{1 + \kappa}\{1 - \exp[-(1+\kappa)k_1 t]\} \tag{11.59}$$

$$\frac{C_P}{C_{S0}} = \frac{k_2}{k_1 + k_2}\{1 - e^{-(k_1 + k_2)t}\} = \frac{\kappa}{1 + \kappa}\{1 - \exp[-(1+\kappa)k_1 t]\} \tag{11.60}$$

ここで，$\kappa = k_2/k_1$ である．

つぎに，基質 S から中間体 Q を経て生成物 P が生成し，それぞれの過程が 1 次反応で表される**逐次反応**を考える．

$$S \xrightarrow{k_1} Q \xrightarrow{k_2} P \tag{11.61}$$

また，反応開始時（$t = 0$）には成分 Q と P は存在せず，基質 S のみが濃度 C_{S0} で存在するとする．このとき，成分 S と Q の変化は次式で表され，成分 P の濃度は，上記と同様に，式（11.57）で求められる．

$$\frac{dC_S}{dt} = -k_1 C_S \tag{11.62}$$

$$\frac{dC_{\mathrm{Q}}}{dt} = k_1 C_{\mathrm{S}} - k_2 C_{\mathrm{Q}} \tag{11.63}$$

これらの式を，$t = 0$ で $C_{\mathrm{S}} = C_{\mathrm{S}0}$，$C_{\mathrm{Q}} = 0$ の初期条件のもとに解くと，任意の反応時間 t における成分 S と Q の濃度は式（11.64）と式（11.65）で与えられる（付録 G.2 を参照）．

$$\frac{C_{\mathrm{S}}}{C_{\mathrm{S}0}} = e^{-k_1 t} = \exp(-k_1 t) \tag{11.64}$$

$$\frac{C_{\mathrm{Q}}}{C_{\mathrm{S}0}} = \frac{1}{1 - \kappa}(e^{-k_2 t} - e^{-k_1 t}) \qquad (\text{ただし，} \kappa = k_2/k_1 \text{ で，} k_1 \neq k_2) \tag{11.65a}$$

$$\frac{C_{\mathrm{Q}}}{C_{\mathrm{S}0}} = e^{-k_1 t} k_1 t \qquad (\text{ただし，} k_1 = k_2) \tag{11.65b}$$

なお，$C_{\mathrm{P}}/C_{\mathrm{S}0}$ は式（11.57）と同様の量論関係から求められる．

式（11.54）および式（11.61）で表される並列および逐次反応における各成分の濃度の変化の例を図 11.7（a）と（b）に示す．なお，いずれの場合も $\kappa = k_2/k_1 = 0.6$ とした．

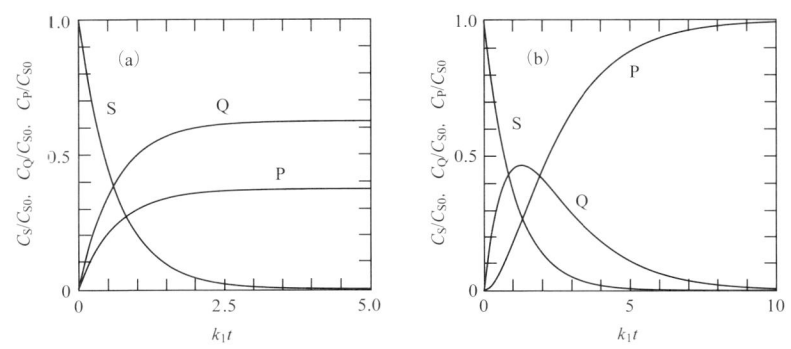

図 11.7 （a）並列反応および（b）逐次反応における各成分の濃度の変化

並列反応では，反応開始直後から成分 Q と P がともに生成し，それぞれが一定の値に漸近する．逐次反応では，反応開始直後は成分 Q のみが生成し，その濃度はピークに達したのち徐々に低下する．一方，反応開始直後には成分 P は生成しない．すなわち，成分 P の初期生成速度は 0 である．その後，少し遅れて生成し始めると単調に増加し，基質 S のすべてが生成物 P に変換される．

なお，複合反応では副生成物の生成を抑え，希望する生成物をできるだけ多く得たい．このとき，原料である基質のうち希望する生成物 P に変換した割合を**収率** Y といい，消失した基質のうち希望する生成物 P に変換した割合を**選択率** S という．すなわち，収率と選択率はそれぞれ式（11.66）と式（11.67）で定義される．

$$Y = \frac{C_{\mathrm{P}}}{C_{\mathrm{S}0}} \tag{11.66}$$

$$S = \frac{C_{\mathrm{P}}}{C_{\mathrm{S}0} - C_{\mathrm{S}}} \tag{11.67}$$

演 習

11.1 A + 3B → 2C で表される液相反応で，成分 A と成分 B の初期濃度がそれぞれ $C_{\mathrm{A}0} = 10 \ \mathrm{mol/m^3}$，

$C_{B0} = 40 \, \mathrm{mol/m^3}$ で，成分 C は存在しなかった．成分 A の反応率が $x_A = 0.70$ のとき，各成分の濃度はいくらか？　また，成分 C の濃度が $16 \, \mathrm{mol/m^3}$ のとき，成分 A の反応率 x_A はいくらか？

11.2 $A + C \longrightarrow P$ は次の 2 つの過程からなる．

$$A \underset{k_2}{\overset{k_1}{\rightleftarrows}} 2B \tag{11.68}$$

$$B + C \xrightarrow{k_3} P \tag{11.69}$$

式（11.69）の過程が律速であると仮定し，生成物 P の生成速度 r_P を表す式を導け．

11.3 阻害剤 I が酵素の活性部位に結合し，基質 S が生成物 P に変換されるのを阻害する．このときの反応機構は次のように表される．

$$E + S \underset{k_2}{\overset{k_1}{\rightleftarrows}} ES \xrightarrow{k_3} E + P$$

$$E + I \underset{k_5}{\overset{k_4}{\rightleftarrows}} EI \tag{11.70}$$

このとき，$ES \xrightarrow{k_3} E + P$ の過程が律速になると仮定し，生成物 P の生成速度 r_P を表す式を導け．

11.4 $S \xrightarrow{k} 2P$ で表される液相反応を回分式反応器で行う．反応速度 $-r_S$ は次式で表される．

$$-r_S = kC_S \tag{11.71}$$

基質 S の濃度 $C_{S0} = 500 \, \mathrm{mol/m^3}$ で反応を開始し，30 min 後の生成物 P の濃度が $800 \, \mathrm{mol/m^3}$ であった．なお，反応開始時には生成物は存在しなかった．このとき，基質 S の反応率 x_S と速度定数 k の値はいくらか？　また，基質 S の初期濃度を $C_{S0} = 200 \, \mathrm{mol/m^3}$ とし，同じ条件で 20 min 反応したときの反応率はいくらか？

11.5 反応速度式がミカエリス・メンテン式で表される酵素反応を，回分式反応器を用い，初期基質濃度 $C_{S0} = 10 \, \mathrm{mol/m^3}$ で行い，**表 11.2** の結果を得た．

表 11.2　基質濃度 C_S の経時変化

t 〔s〕	100	250	500	700	900
C_S〔$\mathrm{mol/m^3}$〕	9.23	8.09	6.35	5.08	3.93

この酵素反応のミカエリス定数 K_m と最大速度 V_{max} はいくらか？　また，他の条件は同じで，基質の初期濃度のみを $C_{S0} = 15 \, \mathrm{mol/m^3}$ としたとき，基質の反応率が 0.85 に達する時間はいくらか？

第12章　有用成分の抽出

【課題 12.1】3 人分のお茶を淹れるとき，茶葉に湯呑み 3 杯分のお湯を一度に加えたときと，3 回に分けてお湯を入れたときでは，どちらが濃いお茶になるか？

〔指針〕

① 固体中に含まれる成分（抽質）を液体で取り出す固液抽出とその操作法を整理する．

② 固液抽出の過程を解析するモデルを考える．

③ 加える溶媒（抽剤）の量と抽出率を関係づける式を求める．

④ 抽剤を一度に加えたときと，小分けして加えたときの抽出率を比較する．

⑤ 抽出に要する時間を推算する．

12.1　固液抽出

12.1.1　固液抽出とその操作

コーヒー豆や大豆からコーヒーエキスや油を取り出す操作のように，固体中に含まれる成分を液体

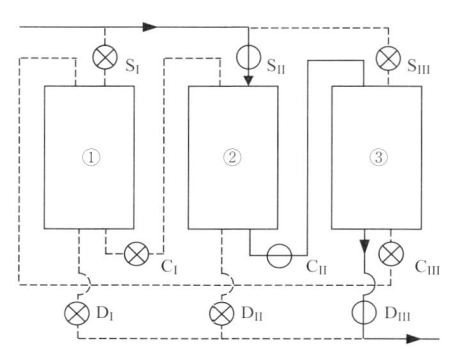

図 12.1　半連続固液抽出装置
実線は通液を，破線は迫液の休止を表す．
塔①：抽料の詰め替え中（抽出休止）
塔②，③：抽出中
次の段階ではバルブ S_{II}，C_{II}，D_{III} を閉じ，バルブ S_{III}，C_{III}，D_I を開き，塔②を抽出休止，塔③，①を抽出中とする．

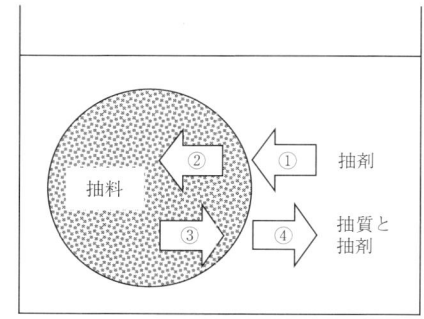

図 12.2　抽出過程

で取り出す**固液抽出**は，食品製造でよく用いられる操作である．抽出される物質を**抽質**，それを含む固体物質（原料）を**抽料**，抽出に用いられる媒体（水や有機溶媒）を**抽剤**という．

　抽出操作は，他の操作と同様に，回分操作，連続操作，半連続（半回分）操作があるが，固体の抽料を連続的に移動することは容易でないので，そのようなときには半連続操作が採用される．

　回分操作はもっとも簡単な抽出法であり，抽料を容器に入れ，そこに抽剤を加えて適当な温度で攪拌しながら抽出し，抽残物と抽出液を分離する．これを**1 回抽出**と呼び，家庭で昆布やカツオ節などからダシを取る操作はその例である．**抽出液**を回収したあとに残る固体（**抽残物**という）に新しい抽剤を入れて抽出する操作を複数回繰り返す場合を**多回抽出**と呼ぶ．

　半連続操作は，**図 12.1** に示すように，新しい抽剤は最終段の抽残物と接触し，新しく充填された抽料はもっとも濃い抽出液と接触するようにする操作法である．工業的なコーヒーの抽出はこの操作法が採用されている．

　抽剤により固体内部から抽質を抽出する過程を，以下のように考える（**図 12.2**）．①抽剤が固体表面に移動する，

144

②抽剤が固体内部に浸透し抽質を溶解する，③抽質を溶解した抽剤が固体表面まで移動する，④抽質が抽剤のバルク相（抽剤の液本体）に溶け出す．

　固体中にある抽質が抽剤中に溶解し，抽質が固体表面まで移動する過程を厳密に解析することは困難である．しかし一般的には，ⓐ固体の外表面に抽質の濃厚な層が存在している場合は，抽出は迅速でほぼ平衡状態まで抽出できる．ⓑ抽質が固体内部に均一に含まれているときは，固体内部での抽質の移動が律速となるので，装置内部を撹拌してもあまり効果がなく，抽料を細かく砕くことが有効である．ⓒ細胞内に含まれる抽質は，浸透圧によって細胞膜を透過するため，移動速度が遅くなるので，乾燥などの前処理により細胞膜を破壊する必要がある．

　食品では抽料は細胞質であるものが多く，抽質は細胞の内部に含まれることが多い．抽料と抽剤を混合すると，まず抽剤が固体内部に浸透し，内部に点在する抽質を溶解して再び固体外部に溶出する過程を経て目的物質が取り出される．固液抽出は一般に速度が非常に遅い．そのため，抽料を小さく粉砕したり，乾燥して細胞壁を壊したりして，抽剤が抽料の内部に移動しやすいようにする．インスタントコーヒーの製造工程では，コーヒー豆を焙煎したのち，これを 1.5 mm 程度の粒子に粉砕する．また，抽剤として高温の熱水を用いて，コーヒー豆の内部を構成する成分を可溶化し，抽剤である熱水の浸透速度を高める．

12.1.2　抽出率

　固液抽出では，抽残物のなかに液が残留する．そのことを考慮し，多回抽出において加える抽出溶媒（抽剤）の量と抽出率の関係について考える．

　計算を簡単にするために次の仮定を設ける（**図 12.3**）．①抽残物中に残留する液（残留液）中の抽質濃度は抽出液のそれに等しい．②抽残物中の抽剤の量は抽質濃度に関係なくつねに一定である．③抽料中の抽質のみが抽剤に溶解する．各回に加える抽剤量を V〔m^3〕，1 回の抽出後，抽残物中に含まれる抽剤量を v〔m^3〕とする．最初の抽料に含まれている抽質の量を a_0〔kg〕，1 回，2 回，……，n 回の抽出後に抽残物中に残っている抽質の量をそれぞれ a_1, a_2, ……, a_n とする．1 回目の抽出後に，抽残物には a_1 の抽質が v の抽剤に溶けた状態で残っており，その濃度は a_1/v である．上記の仮定①からこの濃度は抽出液の抽質濃度に等しいので，1 回目の抽出液中の抽質量は $(a_1/v)(V-v)$ である．抽

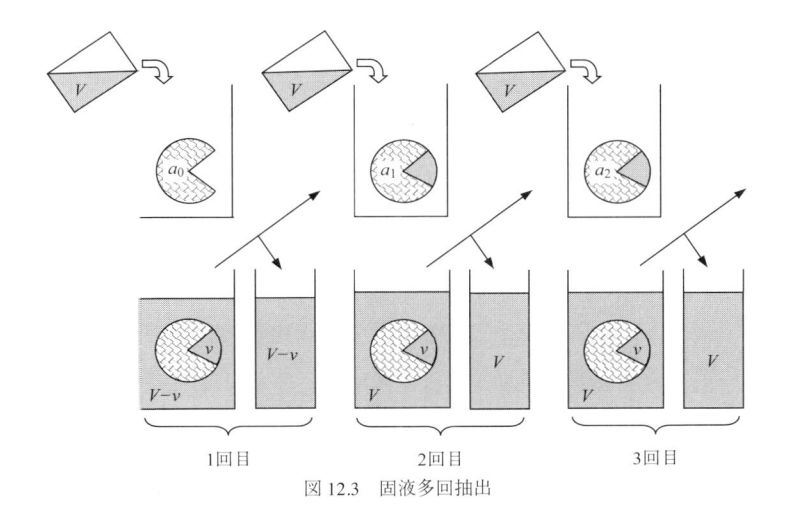

図 12.3　固液多回抽出

残物中の抽質と抽出液中の抽質の量の和は最初に抽料に含まれていた抽質の量に等しいので，次の関係（抽質の物質収支式）が成立する．

$$(a_1/v)(V - v) + a_1 = a_0 \tag{12.1}$$

2 回目以降は，抽料中に抽剤が残存しているので，加えた抽剤の量 V と同じ量の抽出液が得られる点に留意し，1 回目と同様に考えると，2〜n 回の抽出を行った後の抽残物と抽出液中の抽質の物質収支から次式が得られる．

$$\left.\begin{array}{l} (a_2/v)V + a_2 = a_1 \\ \cdots\cdots \\ (a_n/v)V + a_n = a_{n-1} \end{array}\right\} \tag{12.2}$$

$r = V/v$（**抽剤比**という）とおき，上記の式を書き直すと，

$$\left.\begin{array}{l} a_1 r = a_0 \\ a_2(r + 1) = a_1 \\ \cdots\cdots \\ a_n(r + 1) = a_{n-1} \end{array}\right\} \tag{12.3}$$

式（12.3）を整理すると，n 回の抽出操作を行ったのちに抽残物中に残っている抽質の量と最初に抽料に含まれていた抽質の量の比 a_n/a_0 は，

$$\frac{a_n}{a_0} = \frac{1}{r(r + 1)^{n-1}} \tag{12.4}$$

となる．**抽出率**（収率）を E とすると，$E = 1 - (a_n/a_0)$ であるから，

$$1 - E = \frac{1}{r(r + 1)^{r-1}} \tag{12.5}$$

が得られる．式（12.5）の両辺の対数をとると，

$$n = 1 - \frac{\log[r(1 - E)]}{\log(r + 1)} \tag{12.6}$$

となる．式（12.6）は抽出率 E を達成するのに必要な抽出回数を表す．

【例題 12.1】 乾燥茶葉 6 g に 300 mL のお湯を加え，3 人分のお茶を淹れる．お湯を一度に加えたときと，3 回に小分けし 100 mL ずつ加えたときの抽出率を求めよ．なお，抽残物には乾燥茶葉 1 g あたり 9 g の水が残存する．

《解説》抽残物中に含まれる抽剤量は，お湯の密度を 1 g/mL とすると，$v = (9/1) \times 6 = 54$ mL である．一度に 300 mL のお湯を加えたとき（$n = 1$）は，$V = 300$ mL であるので，抽剤と抽残液の比は $r =$

$V/v = 300/54 = 5.56$ である．これを式（12.5）に代入すると，

$$1 - E = \frac{1}{5.56(5.56 + 1)^{1-1}} = 0.180$$

であるので，抽出率 $E = 1 - 0.180 = 0.820$ である．

一方，3回に小分けする（$n = 3$）と，$V = 300/3 = 100$ mL，$r = V/v = 100/54 = 1.85$ である．これを式（12.5）に代入すると，

$$1 - E = \frac{1}{1.85(1.85 + 1)^{3-1}} = 0.067$$

であるので，抽出率 $E = 1 - 0.067 = 0.933$ である．したがって，お湯を3回に小分けして淹れたほうが濃いお茶になる．これが課題 12.1 に対する答えである． 終

12.1.3 固液抽出の速度

抽出装置の大きさや抽出時間を推定するには，抽質が抽料の内部から抽剤相へ移動する過程の速度を解析する必要があり，容易ではない．ここでは，抽料中の抽質の平均濃度と時間の関係を概算する方法を述べる．抽剤中で抽料がよく攪拌されていて，抽料の表面に物質移動に対する抵抗がないとき（抽料の表面の濃度境膜における物質移動係数が十分大きいとき），抽料の形状が直方体，円柱，球の場合について，抽料中の抽質の平均濃度 C_{av} と初期の抽質濃度 C_0 との比 Y（$= C_{av}/C_0$）と抽出時間 t の関係を**図 12.4**（平均値の**ガーニー・ルーリー線図**という）に示す．横軸の D は抽料中の抽質の拡散係数〔m²/s〕である．また，縦軸の値 Y_a，Y_b，Y_c は直方体および円柱のそれぞれ対となる面，Y_r は円柱の側面，Y_s は球面から抽質が抽出されるときの Y の値を示し，$2a$，$2b$ と $2c$ は直方体や円柱の対

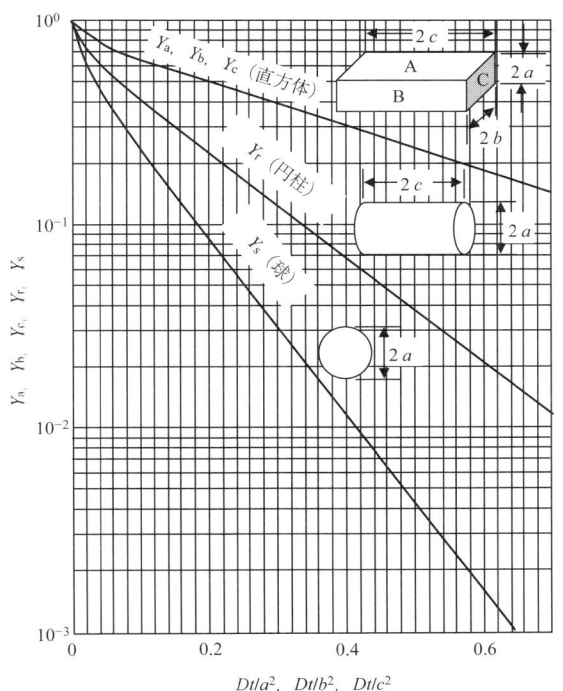

図 12.4 平均値のガーニー・ルーリー線図

となる面の距離であり，円柱や球の $2a$ は直径である．直方体の A，B 面からのみ抽出が行われるときの Y の値は，

$$Y = Y_a Y_b \tag{12.7}$$

であり，3 面から抽出されるときの Y は，

$$Y = Y_a Y_b Y_c \tag{12.8}$$

となる．同様に，半径 a，長さ $2c$ の円柱の側面と長さ方向の円形側面から抽出される場合の Y は，次式で計算される．

$$Y = Y_c Y_r \tag{12.9}$$

ここで，Y_c は直径 $2a$ の円柱の 2 つの底面（距離は $2c$）から抽質が抽出されるときの Y の値であり，直方体に対する Y_c の値で代用する．

【例題 12.2】 1.5 mm × 2 mm × 5 mm の直方体の抽料をヘキサンに入れ，なかに含まれる油脂を抽出する．抽料中の油脂の初期濃度は $C_0 = 0.7$ kg-抽質/kg-固体である．15 分後に固体中に残っている油脂の割合はいくらか？　ただし，抽料中の油脂の拡散係数は $D = 4 \times 10^{-10}$ m²/s とする．

《解説》 $a = 0.75$ mm，$b = 1$ mm，$c = 2.5$ mm であるので，$Dt/a^2 = (4 \times 10^{-10})(15 \times 60)/(0.00075)^2 = 0.64$，$Dt/b^2 = (4 \times 10^{-10})(15 \times 60)/(0.001)^2 = 0.36$，$Dt/c^2 = (4 \times 10^{-10})(15 \times 60)/(0.0025)^2 = 0.0576$ である．図 12.4 より，$Y_a = 0.16$，$Y_b = 0.33$，$Y_c = 0.77$ が得られる．これらを式（12.8）に代入すると，$Y = (0.16)(0.33)(0.77) = 0.041$ となり，4.1 % の油脂が抽料中に残存する．　終

12.2　液液抽出

【課題 12.2】 エタノール水溶液と抽剤（溶剤）を分液漏斗に入れて激しく攪拌したのちに静置すると，抽剤相と水相の上下 2 層に分かれた．このとき，抽剤相に移行したエタノールの量はいくらか？　また，水相に新たに抽剤を加えて同じ操作を繰り返すと，エタノールの回収率はどのようになるか？

〔指針〕
① 抽出液（抽剤相）と抽残液（水溶液相）のエタノール濃度の関係（液液平衡）を求める．
② 水溶液と抽剤を混合した液のエタノールの濃度（重量分率）を求める（てこの原理）．
③ 2 層に分離した抽残液と抽出液の量と組成を求める（対応線）．
④ 一度の抽出操作（単抽出）における回収率を求める．
⑤ 単抽出を繰り返したとき（多回抽出）の回収率を求める．

12.2.1　三角線図

課題 12.2 のように，原料液に溶けにくい抽剤を用い，目的の成分を抽剤相に移行させる操作を**液**

液抽出という．抽料（原料）中から抽出される成分を**抽質**（溶質），抽出されない成分を**原溶媒**，抽出するために用いる第3成分を**抽剤**（溶剤）と呼ぶ．抽質が抽出されたあとの原溶媒を**抽残液**，抽質を含む抽剤を**抽出液**という．

　抽質 A，原溶媒 B，抽剤 C の3成分系において，それぞれの成分の質量分率を x_A，x_B，x_C と表すと，つぎの式が成立する．

$$x_A + x_B + x_C = 1 \qquad (12.10)$$

これらの組成を直角二等辺三角形を用いた**三角線図**（**図12.5**）で表現すると，抽出操作の計算が容易になる．

　三角形の頂点 A，B と C はそれぞれ，純粋な抽質，

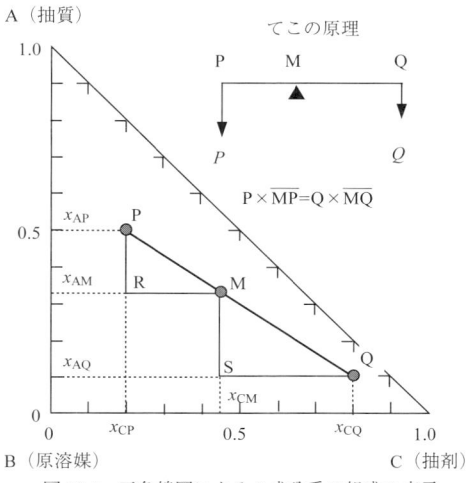

図 12.5　三角線図による3成分系の組成の表示

原溶媒および抽剤を表し，辺 BA（縦軸）は抽質の質量分率，辺 BC（横軸）は抽剤の質量分率を表す．例えば，図 12.5 の点 P は，縦軸が 0.5，横軸が 0.2 であるので，$x_A = 0.5$，$x_C = 0.2$ であり，原溶媒の質量分率は式（12.10）から，$x_B = 1 - (x_A + x_C) = 1 - (0.5 + 0.2) = 0.3$ となる．すなわち，3成分系では，x_A と x_C を独立変数として選び，系の組成を表現する．

12.2.2　2液を混合したときの組成（てこの原理）

　三角線図を用いて，組成の異なる2つの液を混合したときの混合液の組成を求めることができる．点 P で示す組成 (x_{AP}, x_{BP}, x_{CP}) の液 P〔kg〕と点 Q で示す組成 (x_{AQ}, x_{BQ}, x_{CQ}) の液 Q〔kg〕を混合したときの混合液 M〔kg〕の組成を (x_{AM}, x_{BM}, x_{CM}) と表すと，全量，抽質 A および抽剤 C に対する物質収支式がそれぞれ式（12.11）～式（12.13）で与えられる．

$$P + Q = M \qquad (12.11)$$
$$Px_{AP} + Qx_{AQ} = Mx_{AM} \qquad (12.12)$$
$$Px_{CP} + Qx_{CQ} = Mx_{CM} \qquad (12.13)$$

式（12.11）を式（12.12）と式（12.13）に代入すると，

抽質 A　　$$\frac{P}{Q} = \frac{x_{AM} - x_{AQ}}{x_{AP} - x_{AM}} = \frac{\overline{MS}}{\overline{PR}} \qquad (12.14)$$

抽剤 C　　$$\frac{P}{Q} = \frac{x_{CQ} - x_{CM}}{x_{CM} - x_{CP}} = \frac{\overline{SQ}}{\overline{RM}} \qquad (12.15)$$

と表される．これらの式の最右辺はともに P/Q に等しく，三角形 PRM と三角形 MSQ は相似であるので，

$$P \times \overline{MP} = Q \times \overline{MQ} \qquad (12.16)$$

の関係が得られ，点 M は線分 PQ を $\overline{MP} : \overline{MQ}$ に内分する点である．式（12.16）の関係を**てこの原理**という．これらの式に基づき，点 M の組成は

$$x_{AM} = \frac{Px_{AP} + Qx_{AQ}}{P + Q} \tag{12.17}$$

$$x_{CM} = \frac{Px_{CP} + Qx_{CQ}}{P + Q} \tag{12.18}$$

で表される．なお，x_{BM} は式（12.10）の関係から容易に算出できる．

12.2.3　抽料と抽剤を混合したときの抽残液と抽出液の組成（溶解度曲線）

抽質と原溶媒からなる原料液 F に抽剤 C を混合すると，その混合比により，均一に溶けあうときと，2 つの相に分かれるときがある．三角線図上でその境界の組成を結んだ線を**溶解度曲線**という（**図 12.6**）．混合液の組成が溶解度曲線の外側にあれば均一相になり，内側にあれば曲線上の 2 つの点で表される 2 液相に分かれる．このとき，平衡状態にある 2 液相の組成を結んだ線を**対応線**（タイライン）という．

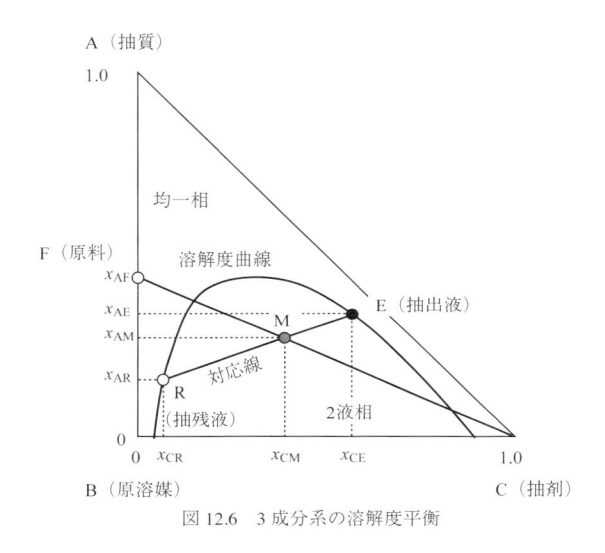

図 12.6　3 成分系の溶解度平衡

原料 F と抽剤 C を混合したときの見かけの組成を表す点 M は，12.2.2 に述べたようにして求められる．点 M が溶解度曲線の内側にあるとき，点 M を通る対応線の両端 R と E の組成をもつ 2 つの相に分かれる．点 E は抽質 A が抽剤 C に抽出された抽出液の組成を表し，点 R は抽質 A が原溶媒中に残った抽残液の組成を表す．

課題 12.2 のように，抽質を含む水溶液と抽剤（有機溶媒）を分液漏斗に入れ，激しく混合したのちに静置すると，水相と有機溶媒相の 2 つの相に分かれる．このとき，水相が抽残相，有機溶媒相が抽出相である．このような抽出操作を 1 回だけ行う場合を**単抽出**という．単抽出で抽質を十分に回収できないときには，抽残液に新たな抽剤を加え，さらに抽質を回収する．このように，単抽出を繰り返す操作を**多回抽出**という．

12.2.4　単抽出

抽質の重量分率が x_{AF} の原料 F〔kg〕に抽剤 S〔kg〕を混合し，抽質 A を回収する単抽出操作における抽質 A の回収率について考える．混合液の量を M〔kg〕，抽質の質量分率を x_{AM} とする．抽出の計算では，全物質と抽質 A の物質収支式を考え，三角線図に基づいて組成を求める．全物質と抽質

に対する物質収支式はそれぞれ式（12.11）と式（12.12）と同様であり，抽剤が抽質を含まない（x_{AS} = 0）ときには，混合液の組成 x_{AM} は次式で与えられる．

$$x_{AM} = \frac{Fx_{AF}}{F + S} \tag{12.19}$$

つぎに，点 M を通る対応線から抽残液と抽出液の量や組成を求める．しかし，溶解度平衡の測定値に対応する対応線が点 M を通るとは限らない（**図 12.7**（a））．そこで，図 12.7（b）のように，溶解度平衡の測定により得られた抽残液 R と抽出液 E 中の抽質の質量分率 x_{AR} と x_{AE} をそれぞれ横軸と縦軸にプロットし，これらの点を滑らかに結んだ**平衡曲線**を作成する．この曲線を用いると，対応線の数を増やすことができる．なお，図中の点 P では抽残相と抽出相の組成が一致し，**プレイトポイント**と呼ばれる．溶解度平衡に基づいて引かれた対応線を参考にし，平衡曲線を利用すると，混合液組成の点 M 付近を通る対応線が引ける（図 12.7（a）の 2 本の破線）．それらを参考に，点 M 付近を通る対応線を引き，その両端の座標から抽残液 R と抽出液 E の組成 x_{AR} と x_{AE} を読み取る．つぎに，抽残液と抽出液の量をそれぞれ R〔kg〕と E〔kg〕とすると，全物質と抽質 A に対する物質収支は，それぞれ式（12.20）と式（12.21）で与えられる．

$$M = R + E \tag{12.20}$$

$$Mx_{AM} = Rx_{AR} + Ex_{AE} \tag{12.21}$$

これらを解くと，抽出液の量 E と抽残液の量 R が求められる．

$$E = M \cdot \frac{x_{AM} - x_{AR}}{x_{AE} - x_{AR}} \tag{12.22}$$

$$R = M - E \tag{12.23}$$

抽質の回収率 Y は，原料中に含まれる抽質量のうち，抽出液に移行した量の割合であるので，

$$Y = \frac{Ex_{AE}}{Fx_{AF}} \tag{12.24}$$

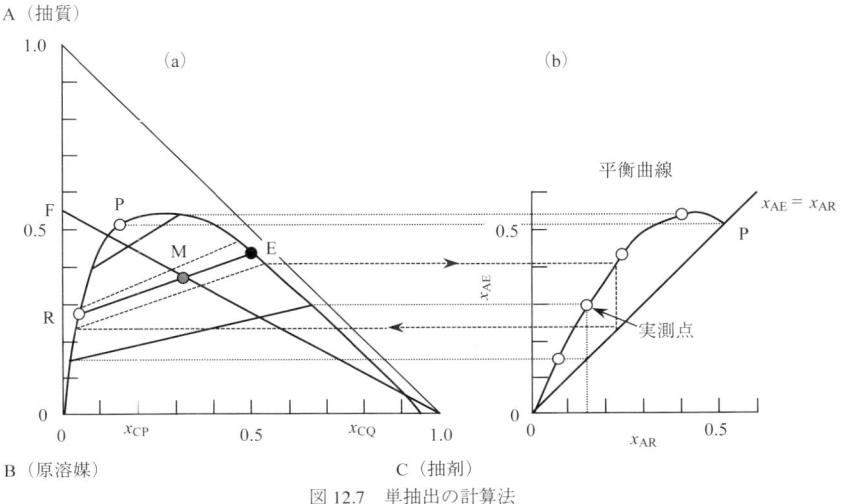

図 12.7 単抽出の計算法

である.

【例題 12.3】 抽剤としてエチルエーテルを用いて,エタノール水溶液からエタノールを抽出する. 30%(w/w)のエタノール水溶液 20 kg とエチルエーテル 30 kg を混合したときの抽残液 R_1 および抽出液 E_1 の量とエタノールの質量分率およびその回収率 Y_1 を求めよ. なお,エタノール(抽質 A),水(原溶媒 B)およびエチルエーテル(抽剤 C)の 3 成分系の液液平衡データ(25℃)は**表 12.1** で与えられる.

表 12.1　エタノール-水-エチルエーテル系の液液平衡

抽残相（水相）R		抽出相（エチルエーテル相）E	
エチルエーテルC	エタノールA	エチルエーテルC	エタノールA
0.060	0	0.987	0
0.069	0.125	0.900	0.067
0.088	0.186	0.800	0.136
0.106	0.219	0.700	0.196
0.183	0.265	0.500	0.269
0.319	0.285	0.319	0.285

《解説》 液液平衡データを三角線図にプロットし,円滑な線で結ぶと溶解度曲線が描ける(**図 12.8** (a)). 図中の細線は対応線を表す. また,抽残相および抽出相の抽質(エタノール)の組成から平衡曲線が描ける(図 12.8 (b)).

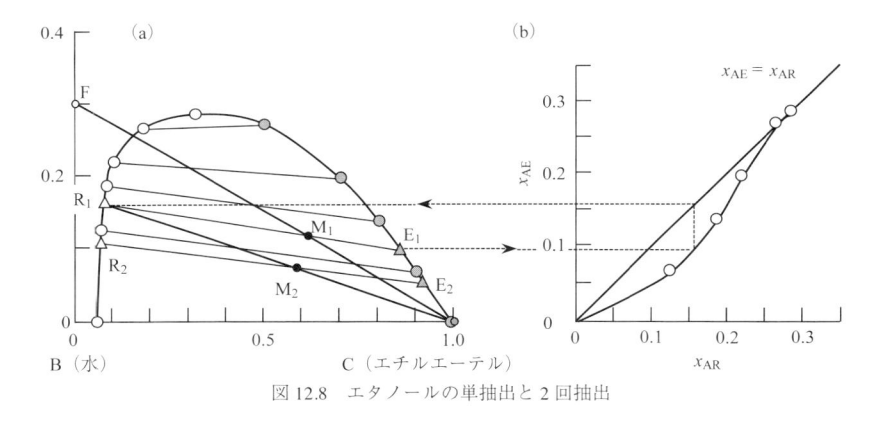

図 12.8　エタノールの単抽出と 2 回抽出

　混合液 M_1 の組成は,原料点 F と抽剤点 C を結ぶ線上にあり,抽質の質量分率 x_{AM1} は式(12.19)より

$$x_{AM1} = \frac{Fx_{AF}}{F + S} = \frac{(20)(0.30)}{20 + 30} = 0.12$$

となり,点 M_1 が定まる. つぎに,細線で示した対応線を参考に,試行法により点 M_1 を通る対応線を引き,溶解度曲線との交点から抽残液 R_1 と抽出液 E_1 の抽質 A の質量分率を,$x_{AR1} = 0.16$,$x_{AE1} = 0.10$ と読み取る. これらを式(12.22)に代入すると

$$E_1 = M_1 \cdot \frac{x_{AM} - x_{AR}}{x_{AE} - x_{AR}} = (50)\frac{0.12 - 0.16}{0.10 - 0.16} = 33 \text{ kg}$$

であり，式（12.23）より

$$R_1 = M_1 - E_1 = 50 - 33 = 17 \text{ kg}$$

と求められる．また，抽質（エタノール）の回収率 Y_1 は式（12.24）より，

$$Y_1 = \frac{Ex_{AE1}}{Fx_{AF}} = \frac{(33)(0.10)}{(20)(0.30)} = 0.55$$

である．終

12.2.5 多回抽出

単抽出で抽質の回収率が十分でないときには，抽残液に抽剤を加え，単抽出を繰り返す多回抽出を行う（図 12.9）．n 回目の抽出における物質収支式は，単抽出のときと同様に，全物質と抽質 A に対し，それぞれ式（12.25）と式（12.26）で与えられる．

$$R_{n-1} + S_n = M_n = R_n + E_n \tag{12.25}$$
$$R_{n-1}x_{AR,n-1} = M_n x_{AM,n} = R_n x_{AR,n} + E_n x_{AE,n} \tag{12.26}$$

これらの式から，n 回目の抽出における混合液中の抽質の質量分率 $x_{AM,n}$ と抽出液の量 E_n，抽残液の量 R_n はそれぞれ次式で与えられる．

$$x_{AM,n} = \frac{R_{n-1}x_{AR,n-1}}{M_n} = \frac{R_{n-1}x_{AR,n-1}}{R_{n-1} + S_n} \tag{12.27}$$

$$E_n = M_n \cdot \frac{x_{AM,n} - x_{AR,n}}{x_{AE,n} - x_{AR,n}} \tag{12.28}$$

$$R_n = M_n - E_n \tag{12.29}$$

n 回目の混合液の組成を表す点 M_n は，$n-1$ 回目の抽残液の組成に対応する溶解度曲線上の点 R_{n-1} と抽剤の組成を表す点 C を結ぶ線上にあるので，抽残液中の抽質の質量分率 $x_{AR,n}$ と抽出液中の抽質の質量分率 $x_{AR,n}$ は，単抽出の場合と同様に，点 M_n を通る対応線から求められる．

多回抽出により回収される抽質の量は，各回の抽質の回収量 $E_n x_{AE,n}$ の和であるので，回収率 Y_n は次式で与えられる．

$$Y_n = \frac{\sum_{i=1}^{n} E_i x_{AE,i}}{Fx_{AF}} = \frac{E_1 x_{AE,1} + E_2 x_{AE,2} + \cdots + E_n x_{AE,n}}{Fx_{AF}} \tag{12.30}$$

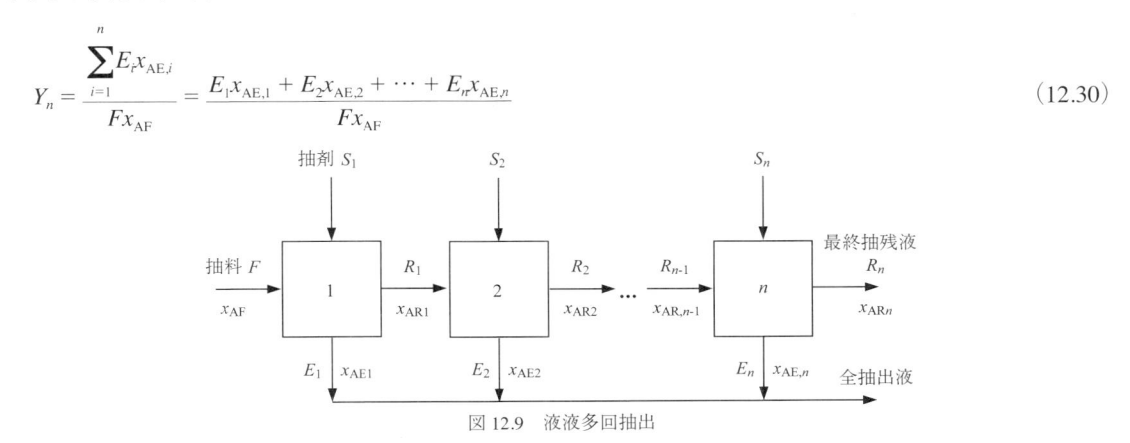

図 12.9　液液多回抽出

【例題 12.4】　例題 12.3 の抽残液を 20 kg のエチルエーテルで 2 回目の抽出を行ったときの抽残液 R_2 と抽出液 E_2 の量と組成を求めよ．また，2 回の抽出操作による総括の回収率 Y_2 を求めよ．

《解説》2 回目の抽出では，例題 12.3 より，$R_1 = 17$ kg を原料とし，抽剤 $S_2 = 20$ kg を混合する．したがって，式（12.25）と式（12.27）より，

$$M_2 = R_1 + S_2 = 17 + 20 = 37 \text{ kg}$$

$$x_{AM,2} = \frac{R_1 x_{AR,1}}{M_2} = \frac{(17)(0.16)}{37} = 0.074$$

である．また，点 M_2 を通る操作線（図 12.8）から，抽残液 R_2 と抽出液 E_2 の抽質 A の質量分率は $x_{AR2} = 0.105$，$x_{AE2} = 0.053$ と求められる．これらを式（12.28）と式（12.29）に代入すると，

$$E_2 = M_2 \cdot \frac{x_{AM,2} - x_{AR,2}}{x_{AE,2} - x_{AR,2}} = (37)\frac{0.074 - 0.105}{0.053 - 0.105} = 22 \text{ kg}$$

$$R_2 = M_2 - E_2 = 37 - 22 = 15 \text{ kg}$$

である．また，2 回の抽出操作による総括的な回収率 Y_2 は，式（12.30）より，

$$Y_n = \frac{E_1 x_{AE,1} + E_2 x_{AE,2}}{F x_{AF}} = \frac{(33)(0.10) + (22)(0.053)}{(20)(0.30)} = 0.74$$

と求められる．繁

演　習

12.1　1 g の乾燥茶葉に 2 回に分けてお湯を入れ，お茶に含まれる抽質の 95% を抽出したい．1 g の茶葉に残存する抽剤の量は $v = 9$ mL である．このとき，2 回の操作で 95% の抽出率を達成するには，抽剤比 r をいくらにすればよいか？　また，1 回あたりの抽剤量 V と加えるべきお湯の総量はいくらか？

12.2　直径 20 mm，長さ 20 cm の棒状の固形食材中に 0.3 kg-食塩/kg-固体の食塩が含まれている．固形食材を純水中に浸し，食塩濃度を低下させる減塩操作を行った．平均値のガーニー・ルーリー線図（図 12.4）を用い，食材中の平均の食塩濃度が 0.015 kg-食塩/kg-固体となるのに要する時間を求めよ．なお，純水中の食塩濃度は変化せずほぼ 0 とみなせる．また，固形食材中の食塩の拡散係数は 3.0×10^{-10} m^2/s とする．

12.3　平均の粒子径が 2.0 mm の球状の植物種子を大量の抽剤中で攪拌し，種子に含まれる油を抽出する．種子に含まれる油の 80% を抽出するのに 3.1 h を要した．平均の粒子径を 1.5 mm にすると，抽出時間はいくらに短縮できるか？

12.4　抽剤としてエチルエーテルを用い，エタノール水溶液からエタノールを抽出する．25%（w/w）のエタノール水溶液 10 kg とエチルエーテル 20 kg を混合したとき，混合液中のエタノールの重量分率 x_{AM}，混合液が 2 層に分離した抽残液と抽出液のエタノールの重量分率 x_{AR} と x_{AE} はそれぞれいくらか？　なお，この系の溶解度曲線と平衡曲線は図 12.8 で与えられる．また，抽出液の量 E，

抽残液の量 R およびエタノールの回収率 Y はいくらか？

12.5 アセトン−水−メタノールの 3 成分系混合液がある．アセトン 20％（w/w），水 10％（w/w），メタノール 70％（w/w）の混合液 30 kg とアセトン 25％（w/w），水 55％（w/w），メタノール 20％（w/w）の混合液 20 kg を混合したとき，混合後の 3 成分溶液の組成を求めよ．また，混合前の 2 液の組成および混合後の溶液組成を三角線図にプロットし，てこの原理が成り立つことを確かめよ．

12.6 例題 12.3 で，抽剤（エチルエーテル）30 kg を 15 kg ずつに分け，2 回の抽出を行った．1 回目および 2 回目のそれぞれの抽残液と抽出液の量と組成およびエタノールの回収率を求めよ．

12.7 メタノール 50％（w/w）とベンゼン 50％（w/w）の混合液 80 kg に水 10 kg を加えてメタノールを単抽出する．抽出液と抽残液の組成と量，およびメタノールの回収率はいくらか？　なお，液液平衡データは表 12.2 に示す．

表 12.2 メタノール−ベンゼン−水系の液液平衡（303 K）

ベンゼン相〔wt%〕			水相〔wt%〕		
水	メタノール	ベンゼン	水	メタノール	ベンゼン
0.08	0.00	99.92	99.82	0.00	0.18
0.05	0.55	99.40	94.50	5.25	0.25
0.10	0.95	98.95	89.70	10.00	0.30
0.15	1.45	98.40	81.80	17.80	0.40
0.20	1.95	97.85	72.30	27.10	0.60
0.25	2.55	97.20	59.20	39.40	1.40
0.30	3.20	96.50	48.00	49.30	2.70
0.30	4.00	95.70	38.25	56.50	5.25
0.35	4.90	94.75	31.00	60.00	9.00
0.40	5.30	94.30	25.80	61.00	13.20
0.45	6.00	93.55	20.80	60.20	19.00
1.10	11.30	87.60	13.00	53.90	33.10
2.00	20.50	77.50	7.70	43.10	49.20

第13章　液状食品の濃縮

【課題 13.1】固形分濃度が 12%（w/w）の果汁を蒸発濃縮により 5 倍に濃縮するにはどのようにすればよいか？

〔指針〕
① 液状食品のおもな濃縮法を知る.
② 食品加工で汎用される蒸発濃縮（単一蒸発缶）の物質およびエネルギー収支を計算する.
③ 排熱の利用により熱エネルギーを節約する方法を知る.
④ 段階的に濃縮する多重効用蒸発缶の考え方を理解する.

13.1　おもな濃縮法

　濃縮は, 不揮発性の溶質を含む液から溶媒（おもに, 水）を除去して, 濃厚な液にする操作であり, 食品工業で広く用いられる. コーヒー抽出液や果実搾汁液などは, そのままでは固形分濃度が低いため, 濃縮されることが多い. とくに, インスタントコーヒーのように乾燥して粉末にする場合には, 乾燥の過程で起こるフレーバーの散失防止や省エネルギーのためにも, 抽出液を濃縮し, 固形分濃度を高くすることが必要である. 食品製造で用いられるおもな濃縮法には, **蒸発濃縮**, **凍結濃縮**と**膜濃縮**がある. 蒸発濃縮は, 食品製造でもっとも汎用的な濃縮法であり, 各種果汁, 牛乳, 糖類, ジャムなどの濃度を高めるのに使われる. なお, 熱に不安定な物質を含む原料では, 低温で操作できる真空蒸発が用いられる.

　蒸発濃縮装置の大半は水蒸気を熱源に用いた加熱型のものである. **図 13.1**（a）に示すように, 円筒形の容器の底部に溶液を入れ, これを多管型熱交換器で加熱して水を蒸発させ濃縮する型式が基本である. 液状食品に含まれる熱に敏感な成分は, 濃縮中に熱変性することが多い. そこで, 濃縮は減

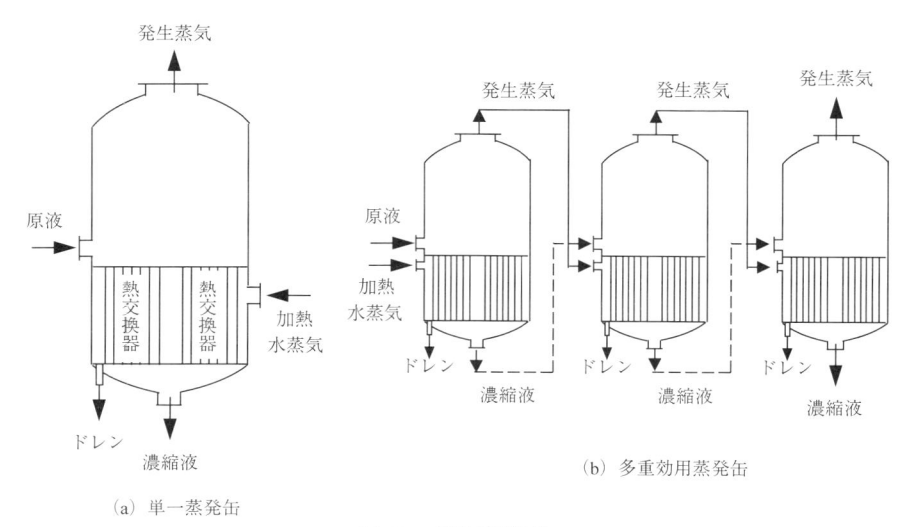

（a）単一蒸発缶　　　　　　　　　（b）多重効用蒸発缶

図 13.1　蒸発濃縮装置

圧下で操作されることが多く，液の沸点を低く保ち，かつ加熱用蒸気との温度差を大きくして効率よく水を蒸発させる．蒸発した水蒸気は凝縮器で凝縮させて排出するが，この水蒸気をさらに他の濃縮器の熱源として用いる型式もある（図 13.1（b））．このような装置を**多重効用蒸発缶**といい，水蒸気を再利用しない型式を**単一蒸発缶**と呼ぶ．そのほかにも，液を管内やプレートに薄膜状に流して蒸発させる薄膜蒸発器や，液を高速で回転させ薄膜を生成させる遠心薄膜蒸発器などがある．

　凍結濃縮は，熱によって劣化しやすい液体食品の濃縮法として開発された．蒸発濃縮に比べエネルギーの消費量が少なく，品質の高い濃縮液が得られるが，装置の経済性の問題からその応用はインスタントコーヒーの製造などに限られる．凍結濃縮は氷の生成と分離の 2 つの基本操作からなる（**図 13.2**）．氷の結晶核の生成には掻き取り型の熱交換器（冷却器）が用いられる．また，生成した微小結晶は撹拌槽で成長させ，溶液は熱交換器を介して循環される．氷を含む濃縮液は洗浄塔の底部から供給され，多孔板を付けたピストンで上方へ押し上げて，氷と洗浄液（濃縮液）

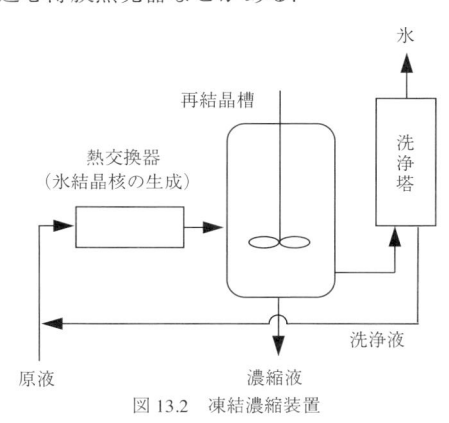

図 13.2　凍結濃縮装置

に分離する．氷の層はゆっくりと上方へ移動するが，このとき水を散布して氷表面に付着した溶液を洗い流し，循環して原液と混合する．

　膜濃縮は，限外ろ過膜や逆浸透膜を用いて濃縮する方法である．凍結濃縮と同様の利点があるが，微生物汚染や洗浄性の問題があり，高度の運転管理が求められる．

13.2　エンタルピーとその計算

　第 2 章では，食品加工プロセスへの種々の物質の出入りの量的な関係を，物質収支として取り扱った．これと同様に，物質は熱エネルギーをはじめとする種々のエネルギーをもつので，例えば加熱・蒸発のような熱エネルギーの授受があるプロセスでは，物質の出入りに伴うエネルギーの出入りが起こり，その収支を考える必要がある．もっとも重要なのは熱エネルギーの出入りを扱う熱収支である．食品加工プロセスは一定の圧力のもとで操作されることが多く，物質に加えられる，または物質から放出されるエネルギー Q〔J/kg〕の収支の基礎式は次式で表される．

$$Q = \Delta H = H_2 - H_1 \tag{13.1}$$

ここで，ΔH は熱の出入りに伴う物質の**エンタルピー変化**〔J/kg〕である．また，H_1 と H_2 はそれぞれ熱量 Q が与えられる前と後の物質のエンタルピーである．エンタルピーは物質が保有する（ため込んだ）熱エネルギーと考えてもよい．ここで留意すべき点は，エンタルピー変化を用いて熱エネルギー収支を考えるときに必要なのは，物質のもつエンタルピーの絶対値ではなく，式（13.1）に示すように，変化の前後におけるエンタルピーの変化量 ΔH である．したがって，式（13.1）により熱量 Q を計算するときは，右辺のエンタルピー H_1 と H_2 は共通した任意の基準を定めて計算すればよい．

　食品加工プロセスで物質のエンタルピーが変化するのは，温度変化，相変化（蒸発や凝縮，凍結など）および（生）化学反応であるが，前者の 2 つがとくに重要である．以下，これらの計算法につい

て述べる.

13.2.1　温度変化によるエンタルピー変化の計算

　圧力が一定のもとで, 物質が相変化を起こさず, 加熱または冷却により温度が T_1 から T_2 に変化したときの物質 1 kg あたりのエンタルピー変化 ΔH は, 定圧比熱 c_p〔J/(kg·K)〕を用いて次式で表される.

$$\Delta H = H_2 - H_1 = \int_{T_1}^{T_2} c_p dT \tag{13.2}$$

　一般に, c_p は温度の関数であるので, ΔH は解析的または数値積分で得られる. 固体や液体の c_p は気体に比べて温度依存性が小さいので, 平均定圧比熱 $\bar{c}_p$ を用いて式（13.3）でエンタルピー変化 ΔH を計算する.

$$\Delta H = H_2 - H_1 = \bar{c}_p(T_2 - T_1) \tag{13.3}$$

13.2.2　相変化を伴うエンタルピーの計算

　食品の蒸発濃縮, 凍結や解凍などの過程では, 水などの液体成分が蒸気（気体）または氷（固体）に相変化する. このような相変化によるエンタルピー変化は**潜熱**となって現れる. 液体から気体（蒸気）へのエンタルピー変化は蒸発潜熱, 液体（水）から固体（氷）への変化は凍結潜熱, 固体から液体への変化は融解潜熱などである. 相変化している間は物質の温度は変化しない. このような相変化を伴うエンタルピー変化を, 水を例として示す.

　図 13.3 は 1 気圧（大気圧）のもとで 1 kg の水が温度 T_1 の氷から水蒸気まで変化したときのエンタルピー変化を, 温度の関数として表す. 温度 T_1 にある氷（点 A）を加熱すると, 氷の温度は次第に上昇し, 氷の融点である 0℃ に達すると氷は融け始める（点 B）. 融解中の氷の温度は一定で 0℃ を保ったまま熱を吸収し, 融解潜熱 ΔH_M を吸収した時点で, すべての氷が融けて水になる（点 C）. 点 C のエンタルピーは点 B よりも ΔH_M だけ高い. 融解した水に熱を加えると, 水温は次第に上昇するとともに水のエンタルピーは式（13.2）に従って増加する. 1 気圧の水の沸点である 100℃（点 D）に達すると, 沸騰が起こり, 水蒸気が発生する. 蒸発中の水温は 100℃ で一定であるが, エンタルピー

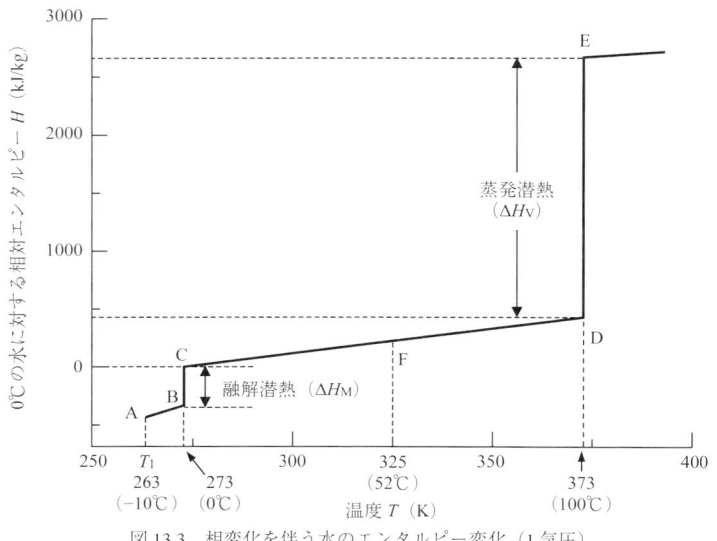

図 13.3　相変化を伴う水のエンタルピー変化（1 気圧）

は次第に増加し，すべての水が蒸発した点Eでは点Dに比較すると，エンタルピーは ΔH_V だけ高くなる．これが1 kg の水の蒸発潜熱である．点E以上の温度では，水蒸気のエンタルピーは式（13.2）に従って増加する．このように物質のエンタルピーは，相変化が起こる温度で不連続に変化するので注意が必要である．相変化を含む全過程のエンタルピー変化 ΔH は式（13.4）により算出される．

$$\Delta H = \Sigma \int c_{\mathrm{p}} dT + \Sigma \Delta H_{\mathrm{p}} \tag{13.4}$$

ここで，ΔH_{p} は相変化におけるエンタルピー変化を表す．例えば，図13.3の点Aから点Fまでのエンタルピー変化は，式（13.4）を用いて，

$$\Delta H = Q = \int_{263}^{273} c_{\mathrm{p}} dT + \Delta H_{\mathrm{M}} + \int_{273}^{325} c_{\mathrm{p}} dT$$

$$= 2.062(273 - 263) + 334 + 4.186(325 - 273) = 572 \text{ kJ/kg} \tag{13.5}$$

と計算される．ただし，氷と水の比熱はそれぞれ 2.062 と 4.186 kJ/(kg·K)，氷の融解潜熱は 334 kJ/kg とする．

13.2.3 エンタルピー収支（熱収支）

第2章で食品の加工プロセスでの物質収支について学んだが，エネルギー収支も基本的にはエネルギーの保存則に基づき，物質収支と同様な方法が適用できる．エネルギー収支を計算するときにも，物質収支と同様に，収支計算の対象となる系を定め，そこに出入りするエネルギー量を考える．このとき，エネルギー量としてはエンタルピーを用いるのがもっとも簡単である．物質収支における物質の質量をエンタルピーに置き換えて収支を計算する．すなわち，エンタルピー収支の基礎式は式（13.6）で与えられる．

$$\text{（エンタルピー蓄積量）} = \text{（エンタルピー流入量）} - \text{（エンタルピー流出量）}$$
$$+ \text{（エンタルピー生成量）} - \text{（エンタルピー消失量）} \tag{13.6}$$

単位時間あたりの収支を考えるときには，式（13.6）の各項を速度と表した式（13.7）で表される．

$$\text{（エンタルピー蓄積速度）} = \text{（エンタルピー流入速度）} - \text{（エンタルピー流出速度）}$$
$$+ \text{（エンタルピー生成速度）} - \text{（エンタルピー消失速度）} \tag{13.7}$$

13.3 単一蒸発缶

単一蒸発缶を用いて濃縮するときに水蒸気として除去すべき水の量と，それに必要な加熱用の水蒸気量の計算法を考える．図13.4 に示すように，単一蒸発缶に蒸発しない成分の濃度が C_{F}〔kg/kg-液〕の原液を流量 F〔kg/s〕で供給し，加熱濃縮して濃度 C_{R}〔kg/kg-液〕の濃縮液が流量 R〔kg/s〕で流出する．このとき，蒸発缶で発生し，外部へ排出される水蒸気の量を V〔kg/s〕とする．装置の周り（破線部分）の物質収支をとると，濃縮液の全体の物質収支式は

$$F = R + V \tag{13.8}$$

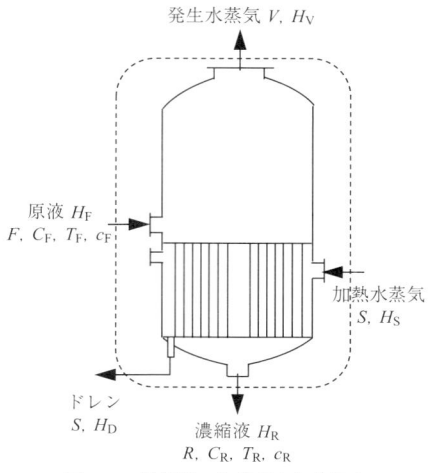

図 13.4　濃縮器の物質収支と熱収支

である．また，蒸発しない成分に対する収支は，発生した水蒸気中にはその成分は含まれないので次式となる．

$$FC_F = RC_R \tag{13.9}$$

式（13.8）と式（13.9）より蒸発した水（水蒸気）の量 V は次式となる．

$$V = F \left(1 - \frac{C_F}{C_R} \right) \tag{13.10}$$

つぎに蒸発缶の熱収支を考える．熱収支を計算するためには，蒸発缶に入出するそれぞれの流れのエンタルピーが必要である．図 13.4 に示すように，濃縮器に供給される原液の温度を T_F 〔K〕，比熱を c_F 〔J/(kg·K)〕とする．濃縮液の沸騰温度を T_B 〔K〕，蒸発缶を出る濃縮液の温度を T_R 〔K〕，その比熱を c_R 〔J/(kg·K)〕とする．溶液の加熱に用いられる飽和水蒸気量を S 〔kg/s〕，そのエンタルピーを H_S 〔J/kg〕とする（**表 13.1** を参照）．水蒸気は加熱に使用されたのちは，エンタルピー H_D 〔J/kg〕の同量（S 〔kg/s〕）のドレン（凝縮水）として熱交換器から排出される．原液および濃縮液の単位質量あたりの熱量（エンタルピー）は以下のように計算する．0℃（273 K）の溶液をエンタルピーが 0 の

表 13.1　飽和水蒸気表

温度〔℃〕	圧力〔kPa〕	エンタルピー〔kJ/kg〕	蒸発潜熱〔kJ/kg〕	温度〔℃〕	圧力〔kPa〕	エンタルピー〔kJ/kg〕	蒸発潜熱〔kJ/kg〕
0	0.6108	2502	2502	90	70.11	2660	2283
20	2.337	2538	2454	95	84.53	2668	2270
40	7.375	2574	2407	100	101.3	2676	2257
50	12.33	2592	2383	105	120.8	2684	2244
55	15.74	2601	2371	110	143.3	2691	2230
60	19.92	2610	2359	115	169.1	2699	2216
65	25.01	2618	2346	120	198.5	2706	2202
70	31.16	2627	2334	125	232.1	2713	2188
75	38.55	2635	2321	130	270.1	2720	2174
80	47.36	2644	2309	140	361.4	2733	2144
85	57.80	2652	2296	150	476.0	2745	2113

状態と定めると，原液および濃縮液とともに，流入・流出する熱量（エンタルピー）はそれぞれ，$H_F = Fc_F(T_F - 273)$ および $H_R = Rc_R(T_R - 273)$ となる．また，加熱濃縮により発生した水蒸気のエンタルピーを H_V〔J/kg〕とすると，上部より排出されるエンタルピーは VH_V〔J/s〕である．蒸発缶が定常状態で操作されているとき，図 13.4 の破線部分のエンタルピー収支は，式（13.7）の左辺を 0 とした次式となる．

$$(FH_F - RH_R) + S(H_S - H_D) - VH_V = 0 \tag{13.11}$$

ここで，左辺第 2 項の $H_S - H_D$ は飽和水蒸気の凝縮潜熱 ΔH_S〔kJ/kg〕であるので，加熱に必要な水蒸気量 S は次式で計算される．

$$S = (RH_R - FH_F + VH_V)/\Delta H_S \tag{13.12}$$

【例題 13.1】 固形分濃度が 12%（w/w）の果汁を，単一蒸発缶を用いて 60% に濃縮する．果汁は温度 25℃，流量 50 kg/h で供給される．原液と濃縮果汁の比熱はそれぞれ 3.9 および 2.7 kJ/(kg・K) であり，濃縮果汁の沸点は 103℃ である．蒸発缶は大気圧で操作されており，130℃ の加熱用水蒸気の潜熱のみで加熱する．濃縮液の流量 R，発生する水蒸気の量 V および加熱に必要な飽和水蒸気の量 S を求めよ．

《解説》式（13.9）より濃縮液の流量は

$$R = \frac{FC_F}{C_R} = \frac{(50)(0.12)}{(0.60)} = 10 \text{ kg/h}$$

である．つぎに，式（13.8）により発生する水蒸気の量は

$$V = F - R = 50 - 10 = 40 \text{ kg/h}$$

である．加熱濃縮に必要な熱エネルギー Q は濃縮液と発生水蒸気のエンタルピーの和から蒸発缶に供給される原液のエンタルピーを差し引いた値であるので，

$$Q = Rc_R(T_R - 273) + H_V V - Fc_F(T_F - 273)$$
$$= (10)(2.7)(103) + (2680.8)(40) - (50)(3.9)(25) = 105138 \approx 1.05 \times 10^5 \text{ kJ/h}$$

飽和水蒸気表（表 13.1）より 103℃ における水蒸気の蒸発潜熱（凝縮潜熱）は $\Delta H_S = 2249$ kJ/kg であるので，加熱用水蒸気の量 S は，

$$S = \frac{Q}{\Delta H_S} = \frac{1.05 \times 10^5}{2249} = 46.7 \text{ kg/h}$$

である． 終

13.4 蒸発濃縮缶の熱効率の改善

蒸発濃縮ではエネルギーの消費量を抑えることが重要である．そこで，蒸発缶で発生した水蒸気を原液の予熱に再利用すると，蒸発缶での加熱用水蒸気の量を大幅に低減できる．この手法は多重効用

蒸発缶を用いて実際に行われているが，ここでは，簡単な例題でその有用性を説明する．

【例題 13.2】 例題 13.1 における熱収支は図 13.5（a）のように図示でき，濃縮果汁と発生した水蒸気はともに高温で多くの熱エネルギーをもつ．そこで，図 13.5（b）のように，熱交換器を用い，濃縮果汁と発生した水蒸気により，供給する原料果汁を予熱した．製品の濃縮果汁および発生した加熱用水蒸気の凝縮水の温度はそれぞれ 40℃ と 70℃ であった．このとき，必要な加熱用水蒸気の量 S_2 はいくらか？

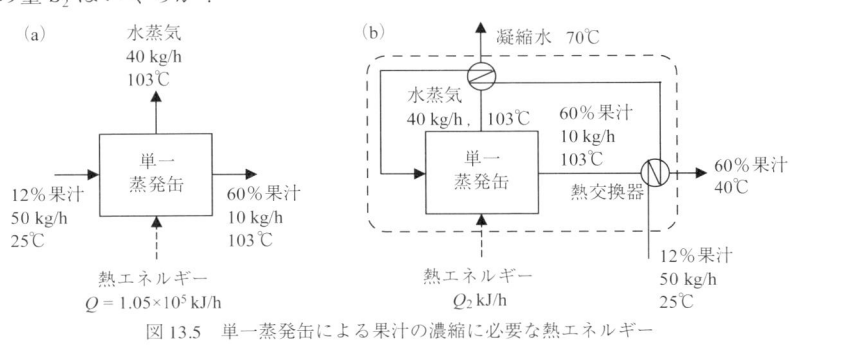

図 13.5　単一蒸発缶による果汁の濃縮に必要な熱エネルギー

《解説》 単一蒸発缶に供給する熱エネルギーの量を Q_2 と表し，図 13.5（b）の破線で囲んだ部分の熱収支を考える．製品の濃縮果汁および凝縮水（比熱は 4.2 kJ/kg）が系外に運び出すエンタルピーはそれぞれ $(10)(2.7)(40) = 1080$ kJ/h と $(40)(4.2)(70) = 11760$ kJ/h である．したがって，単位時間あたりに系に流入および流出するエンタルピーの収支式より

$$(50)(3.9)(25) + Q_2 - (1080 + 11760) = 0$$

$$Q_2 = 7965 \text{ kJ/h}$$

であるので，加熱用水蒸気の量は

$$S_2 = \frac{7965}{2249} = 3.54 \text{ kg/h}$$

となり，熱エネルギーを回収しない例題 13.1 のときに比べ，必要な加熱用水蒸気の量，すなわち供給すべき熱エネルギーの量は大幅に低減できる．　終

13.5　多重効用蒸発缶

多重効用蒸発缶は，図 13.1（b）のように，複数の蒸発缶を順次直列に連結し，一つの蒸発缶で発生した水蒸気を次の蒸発缶の加熱に用いる．原液は第 1 の蒸発缶から第 2，第 3 の蒸発缶に送られるに従い，濃度が高くなり，圧力が一定であると沸点が上昇する．一方，発生した水蒸気で加熱するには，缶内液の温度は水蒸気のそれよりも低くなければならない．そこで，減圧操作により缶内の圧力を，第 1，第 2，第 3 の順に低くし，沸騰する温度（沸点）を低下させる．理論的には 蒸発缶の数が増えるほど熱効率は大きく改善されるが，数が増えると設備費や運転費が増加するため，実用的には 2 〜 6 重効用缶がよく用いられる．以下では 2 重効用缶を例とし，図 13.6 に基づいて熱と物質の収

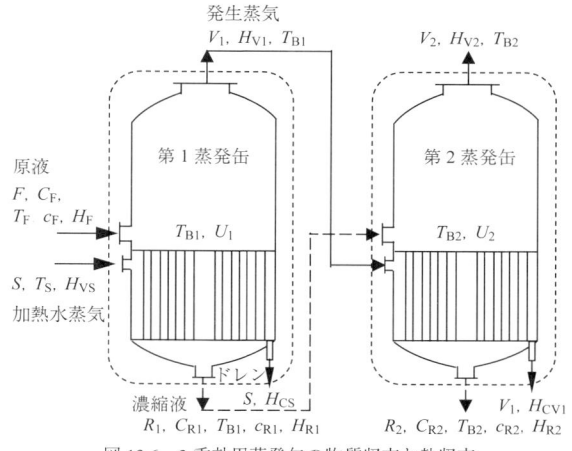

図 13.6　2 重効用蒸発缶の物質収支と熱収支

支を考える.

第 1 蒸発缶に入る原液の流量を F〔kg/s〕,温度 T_F〔K〕,蒸発しない成分の濃度 C_F〔kg-溶質/kg-溶液〕,加熱用水蒸気の流量 S〔kg-水蒸気/s〕,温度 T_S〔K〕とする.第 1 蒸発缶から濃度 C_{R1}〔kg-溶質/kg-溶液〕の濃縮液が流量 R_1〔kg/s〕,温度 T_{B1}〔K〕で流出し,第 2 蒸発缶へ入る.また,この缶で発生した水蒸気 V_1〔kg-水蒸気/s〕は次の缶の加熱用水蒸気として使用される.濃縮液の温度 T_{B1},T_{B2} は缶内液の沸騰温度に等しい.U_i($i=1,2$)は加熱用熱交換器の総括伝熱係数〔W/(m²·K)〕である.

それぞれの蒸発缶を囲む領域(破線で囲んだ部分)における溶液および水蒸気量(加熱用水蒸気は除く)の収支(物質収支)を求めると,

第 1 蒸発缶:$F = R_1 + V_1$　　　　　　　　　　　　　　　　　　　　　　　　　　　　(13.13)

第 2 蒸発缶:$R_1 = R_2 + V_2$　　　　　　　　　　　　　　　　　　　　　　　　　　(13.14)

式(13.13)と式(13.14)の両辺を足すと

$$F = V_1 + V_2 + R_2 \tag{13.15}$$

が得られる.また,蒸発しない成分の収支は次式となる.

$$FC_F = R_2 C_{R2} \tag{13.16}$$

つぎに,各蒸発缶を囲む破線領域に出入する溶液および水蒸気のエンタルピー収支をとる.

第 1 蒸発缶:$FH_F + SH_{VS} = V_1 H_{V1} + R_1 H_{R1} + SH_{CS}$　　　　　　　　　　(13.17)

第 2 蒸発缶:$R_1 H_{R1} + V_1 H_{V1} = V_2 H_{V2} + R_2 H_{R2} + V_1 H_{CV1}$　　　　　(13.18)

ここで,H_{R1} は第 1 蒸発缶から第 2 蒸発缶へ移動する濃縮液のエンタルピーであり,13.3 で説明したように,0℃の液を基準とした値である.また,H_{VS} と H_{Vi}($i=1,2$)は,第 1 蒸発缶の加熱用水蒸気と i 番目の蒸発缶から発生する飽和水蒸気のエンタルピーであり,表 13.1 の値を用いる.さらに,H_{CS} と H_{CV1} は水蒸気が凝縮した液のエンタルピー〔J/kg〕である.飽和水蒸気のエンタルピーは,0℃

の水から沸点まで加熱するのに要する熱量と，蒸発に必要な熱量（蒸発潜熱または凝縮潜熱）の和で表されるので，例えば式（13.17）および式（13.18）において $H_{VS} - H_{CS} = \Delta H_S$ および $H_{V1} - H_{CV1} = \Delta H_{V1}$ とすると，ΔH_S および ΔH_{V1} は水蒸気 1 kg の凝縮潜熱となる．この表記を用いると，式（13.17）と式（13.18）は次のように書くことができる．

第 1 蒸発缶：$FH_F + S\Delta H_S = V_1 H_{V1} + R_1 H_{R1}$ （13.19）

第 2 蒸発缶：$R_1 H_{R1} + V_1 \Delta H_{V1} = V_2 H_{V2} + R_2 H_{R2}$ （13.20）

それぞれの蒸発缶の液の温度（沸点）T_{Bi} $(i = 1, 2)$ は与えられていない場合が多く，これらを決定する必要がある．そのためには，蒸発缶内の熱交換器による水蒸気と沸騰液との伝熱量の計算が必要になる．i 番目の熱交換器の総括伝熱係数を U_i とすると，第 1 および第 2 蒸発缶における水蒸気から溶液への伝熱量 Q_1 と Q_2 はそれぞれ式（13.21）と式（13.22）で与えられる．

第 1 蒸発缶：$Q_1 = U_1 A_1 (T_S - T_{B1}) = S\Delta H_S$ （13.21）

第 2 蒸発缶：$Q_2 = U_2 A_2 (T_{B1} - T_{B2}) = V_1 \Delta H_{V1}$ （13.22）

ここで，A_i は i 番目の蒸発缶の熱交換面積〔m^2〕である．U_i は自然対流伝熱が支配的となるため，水蒸気と液の温度差や液の沸点の影響を受けるが，詳細は本書の範囲を越えるので説明は省く．第 1 蒸発缶に供給される水蒸気 1 kg あたりの全蒸発水量は多重効用缶の熱効率の指標となる値であり，$(V_1 + V_2)/S$ で計算される．

【例題 13.3】 図 13.6 に示す 2 重効用蒸発缶を用い，固形分濃度 12％（w/w）の果汁を 54％（w/w）まで蒸発濃縮する．原液は温度 20℃ で 10500 kg/h の流量で第 1 蒸発缶に供給される．第 2 蒸発缶は減圧操作されており，液の沸騰温度は 70℃ である．第 1 蒸発缶へ供給される加熱用水蒸気は圧力 198.5 kPa の飽和水蒸気である．また，第 1 および第 2 蒸発缶内の熱交換器の総括伝熱係数はそれぞれ 1000 と 800 W/(m^2·K) であり，伝熱面積は同一である．原液，第 1 蒸発缶および第 2 蒸発缶からの濃縮液の比熱はそれぞれ 3.8，3.0 と 2.5 kJ/(kg·K) とし，各蒸発缶の液沸騰温度，蒸発水量，濃縮液量，固形分濃度，必要水蒸気量および供給される水蒸気 1 kg あたりの全蒸発水量を計算せよ．なお，第 1 および第 2 蒸発缶の加熱用水蒸気と液温の差は等しいと仮定できる．

《解説》 $F = 10500/3600 = 2.917$ kg/s であるので，固形分に対する物質収支は式（13.16）より，$(0.12)(2.917) = (0.54)R_2$ である．したがって，$R_2 = 0.648$ kg/s である．R_2 を式（13.15）に代入し整理すると次式を得る．

$$V_1 + V_2 = 2.269 \qquad (13.23)$$

第 1 蒸発缶に供給される加熱用水蒸気の圧力は 198.5 kPa であるので，これは表 13.1 より温度 120℃ の飽和水蒸気に相当する．第 1 蒸発缶の沸騰温度を T_{B1} とし，第 1 蒸発缶の加熱用水蒸気と液温の差 $120 - T_{B1}$ と，第 2 蒸発缶のそれ $(T_{B1} - 70)$ が等しいとすると，$120 - T_{B1} = T_{B1} - 70$ となり，$T_{B1} = 95℃$ が得られる．第 1 および第 2 蒸発缶の熱収支は式（13.19）と式（13.20）の各項に既知の数値を代入し，

$$(2.917)(20 \times 3.8) + (2202)S = (2668)V_1 + (95 \times 3.0)R_1$$

$$(95 \times 3.0)R_1 + (2270)V_1 = (2627)V_2 + (70 \times 2.5)(0.648)$$

これらを整理すると次式を得る.

$$-2202S + 2668V_1 + 285R_1 = 221.7 \tag{13.24}$$

$$-2270V_1 + 2627V_2 - 285R_1 + 113.4 = 0 \tag{13.25}$$

未知変数は S, V_1, V_2, R_1 の4個であるが, 独立な関係式は3個であるので, このままでは解けない. そこで, 蒸発缶内の熱交換器の伝熱速度から, 第1蒸発缶に供給される加熱用水蒸気 S と発生する水蒸気量 V_1 の関係式を求める. $A_1 = A_2$, $U_1 = 1000 \text{ W/(m}^2 \cdot \text{K)}$, $U_2 = 800 \text{ W/(m}^2 \cdot \text{K)}$ を考慮すると, 式 (13.21) と式 (13.22) より次の関係式が得られる.

$$A_1 = S \cdot \Delta H_S / [U_1(T_S - T_{B1})] = A_2 = V_1 \cdot \Delta H_{V1} / [U_2(T_{B1} - T_{B2})] \tag{13.26}$$

この式に既知の諸値を代入すると,

$$S \cdot (2202)/[(1000)(120 - 95)] = V_1 \cdot (2270)/[(800)(95 - 70)]$$

より,

$$0.0881S - 0.1135V_1 = 0 \tag{13.27}$$

式 (13.23)〜式 (13.25) および式 (13.27) を連立して解くと,

$$S = 1.488 \text{ kg/s}, \quad V_1 = 1.155 \text{ kg/s}, \quad V_2 = 1.114 \text{ kg/s}, \quad R_1 = 1.462 \text{ kg/s}$$

が得られる. また, 第1蒸発缶に供給される水蒸気 1 kg あたりの全蒸発水量は, $(1.155 + 1.114)/1.488 = 1.525 \text{ kg/kg}$ である. 終

演　習

13.1 単一蒸発缶を用いて, 糖濃度 38 %（w/w）のサトウキビ水溶液 400 kg/h を糖濃度 74 %（w/w）に濃縮する. 単一蒸発缶で除去される（蒸発すべき）水の量と濃縮液の量を求めよ. また, 単一蒸発缶に原液が沸点（70℃）で供給され, 加熱に 120℃ の飽和水蒸気を用いるとき, 必要な水蒸気量はいくらか?

13.2 固形分濃度が 10 %（w/w）の果汁を, 単一蒸発缶を用いて 50 %（w/w）に濃縮する. 果汁は温度 25℃, 流量 50 kg/h で供給する. このとき, 濃縮液の流量 R と発生する水蒸気の量 V はいくらか? 発生した水蒸気を用いて原料果汁を予熱したところ, 水蒸気は 70℃ の凝縮水になった（**図 13.7**）. このとき, 0℃ を基準として破線で囲んだ系に対する熱収支を考え, 単一蒸発缶に供給する熱エネルギー Q の値を求めよ. なお, 純水, 原料果汁および濃縮果汁の比熱はそれぞ

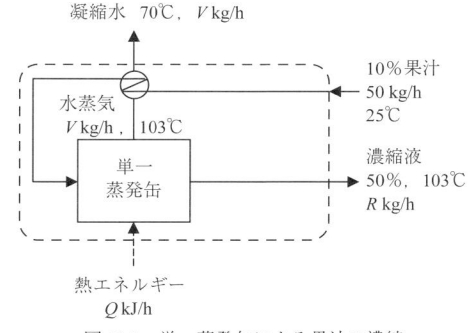

図 13.7　単一蒸発缶による果汁の濃縮

れ 4.2, 4.0 と 3.0 kJ/(kg・K) であり, 濃縮果汁の沸点は 103℃ である.

13.3 加熱用水蒸気と濃縮液が向流に流れる 2 重蒸発缶を用いて 10000 kg/h の流量の果汁を濃度 10 %

（w/w）から 30％（w/w）まで濃縮する．蒸発缶には果汁が 70℃ で供給され，加熱には 110℃ の飽和水蒸気が用いられる．加熱用水蒸気が供給される缶を第 1 蒸発缶と名付ける．第 1 蒸発缶および第 2 蒸発缶の液の沸点をそれぞれ 87℃ と 55℃ とすると，各蒸発缶で発生する水蒸気の蒸発速度と加熱用水蒸気 1 kg あたりの全蒸発水量はそれぞれいくらか？　なお，果汁原液，第 1 蒸発缶および第 2 蒸発缶の出口濃縮液の比熱はそれぞれ 4.0，3.8 と 3.4 kJ/(kg·K) である．

第14章　蒸　留

【課題 14.1】発酵法により得られた 15%（v/v）エタノール水溶液からエタノール濃度が 25%（v/v）の蒸留酒をつくるにはどのようにすればよいか？

〔指針〕

① 水溶液の組成と蒸気の組成の関係（気液平衡）を記述できる.

② 蒸気の組成を予測する方法を理解する.

③ 蒸発量と留出液中の低沸点成分の濃度の関係（単蒸留）が求められる.

④ 連続蒸留の原理を理解する.

⑤ 連続蒸留装置の段数と還流比が求められる.

14.1　蒸留酒

　酵母によるアルコール発酵液中のアルコール（エタノール）濃度は 16 〜 20%（v/v）が限度である. したがって, これ以上のアルコール濃度の酒をつくるには, 発酵液からエタノールを分離し, その濃度を高める必要がある. その方法として古くから用いられているのが, エタノールと水の揮発性の差を利用した**蒸留**操作である. 蒸留によりアルコール濃度を高めた酒を**蒸留酒**（スピリッツ）という. ウイスキー, ブランデー, ウォッカ, ジンなどきわめて多くの種類がある. 焼酎も蒸留酒の一種であり, アルコール濃度は 25%（v/v）前後のものが多いが, 高いものは 40%（v/v）前後にもなる.

　焼酎はわが国では 16 世紀頃から作られており, 当時は米麹から造られていたとされる. しかし, 今日では, 焼酎の原料には, 麦, 甘藷（サツマイモ）, 米など多くのものが使用されている. 甘藷焼酎の製造工程の概要を**図 14.1** に示す. 以前は, 蒸留法により甲類と乙類に分類されていたが, 2006 年の酒税法改正により, 連続式蒸留焼酎（旧焼酎甲類）および単式蒸留焼酎（旧焼酎乙類）と呼ばれるようになった.

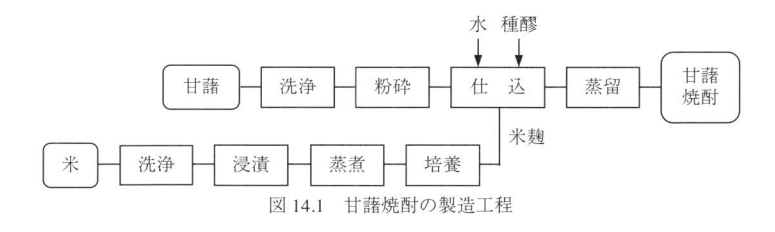

図 14.1　甘藷焼酎の製造工程

　なお, 酒のアルコール濃度は一般にアルコール度数で表現される. これは, エタノールの体積百分率で表した濃度である. したがって, 15%（v/v）のエタノール水溶液のアルコール度数は 15 度または 15%と表記される.

　一方, 焼酎などをつくる蒸留操作では, 濃度は**モル分率**で表すのが一般的である. モル分率は, ある成分の物質量（モル数）を, 全成分の物質量（モル数）の和で割った値である.

> **【例題 14.1】** 発酵法で得られたアルコール度数が 15%（v/v）のエタノール水溶液中のエタノールのモル分率はいくらか？

《解説》 エタノール V_E〔m^3〕と水 V_W〔m^3〕を混合したときの体積は $V_E + V_W$ にはならないが，ここでは体積の加成性を仮定する．エタノールの密度は 785 kg/m^3，モル質量は 0.04607 kg/mol であるので，分子容は

$$\frac{0.04607}{785} = 5.87 \times 10^{-5} \text{ m}^3/\text{mol}$$

である．また，水の密度とモル質量はそれぞれ 997 kg/m^3 と 0.0180 kg/mol であるので，分子容は

$$\frac{0.0180}{997} = 1.81 \times 10^{-5} \text{ m}^3/\text{mol}$$

である．15%（v/v）のエタノール水溶液 1 m^3 中のエタノールと水の体積はそれぞれ 0.15 m^3 と 0.85 m^3 であり，これらを物質量に換算すると，

エタノール　　$0.15/5.87 \times 10^{-5} = 2.56 \times 10^3$ mol

水　　　　　　$0.85/1.81 \times 10^{-5} = 4.696 \times 10^4$ mol

である．したがって，エタノールのモル分率は

$$\frac{2.56 \times 10^3}{2.56 \times 10^3 + 4.696 \times 10^4} = 0.0517$$

すなわち，5.17 mol%である． 終

14.2　気液平衡の自由度

　エタノール水溶液から蒸発した気相（蒸気相）の組成は，液相の組成や温度などにより異なる．なお，蒸留の計算では，液相と気相の組成は**低沸点成分**（揮発しやすい成分）のモル分率で表すのが普通である．エタノール水溶液のような 2 成分系の気液平衡は，温度，圧力および液相と気相の低沸点成分の濃度（モル分率）の 4 つの変数に依存する．なお，高沸点成分のモル分率は 1 −（低沸点成分のモル分率）で表される．これらのうちのいくつの変数を指定すれば平衡関係が一義的に定まるかは**相律**により与えられる．すなわち，C 個の成分と P 個の相からなる系の自由度 F（系の状態を記述するのに必要な独立変数の数）は式（14.1）で与えられる．

$$F = C - P + 2 \tag{14.1}$$

エタノール水溶液系では，$C = 2$，$P = 2$ であるので，自由度 $F = 2$ である．ここで，例えば大気圧下のように，圧力が一定の場合を考えると，自由度は 1 つ減り，$F' = 1$ となる（F' は自由度を 1 つ捨てたことを表す）ので，温度，液相の組成または気相の組成のいずれか 1 つを指定すれば他の変数は決まる．

14.3　ラウールの法則と気液平衡

AとBの2成分からなる混合液に対する気液平衡を考える．それぞれのモル数がn_A〔mol〕とn_B〔mol〕であるとき，成分Aと成分Bのモル分率x_Aとx_Bは次式で表される．

$$x_A = \frac{n_A}{n_A + n_B} = \frac{n_A}{n_t} \tag{14.2}$$

$$x_B = \frac{n_B}{n_A + n_B} = \frac{n_B}{n_t} \tag{14.3}$$

ここで，n_tは全モル数である．また，$x_A + x_B = 1$である．

気液平衡関係のもっとも簡単なものは，成分Aの蒸気圧p_A〔Pa〕が溶液中の成分Aのモル分率x_Aに比例する**ラウール**（Raoult）**の法則**が成立する場合である．

$$p_A = P_A x_A \tag{14.4}$$

ここで，P_Aは純粋な成分Aの蒸気圧〔Pa〕である．式（14.4）の関係は成分Bについても成立する．

$$p_B = P_B x_B \tag{14.5}$$

ここで，P_Bは純粋な成分Bの蒸気圧〔Pa〕である．蒸気の全圧p_tは$p_t = p_A + p_B$であり，蒸気中の成分Aのモル分率y_Aは，理想気体の法則から$y_A = p_A/p_t$であるから，

$$y_A = \frac{p_A}{p_t} = \frac{P_A x_A}{p_t} = \frac{P_A x_A}{P_A x_A + P_B x_B} = \frac{P_A x_A}{P_A x_A + P_B(1 - x_A)} \tag{14.6}$$

が得られる．蒸気中の成分Bのモル分率y_Bに関しても同様に，次式で与えられる．

$$y_B = \frac{p_B}{p_t} = \frac{P_B x_B}{p_t} = \frac{P_B x_3}{P_A x_A + P_B x_B} = \frac{P_B x_B}{P_A(1 - x_B) + P_B x_B} \tag{14.7}$$

P_AとP_Bが既知であれば，y_Aとy_Bはx_Aまたはx_Bの関数として計算できる．ある温度における成分Aと成分Bの蒸気圧の比$P_A/P_3 (= \alpha)$を成分Bに対する成分Aの**比揮発度**と呼び，これを用いると式（14.6）は次式で表される．

$$y_A = \frac{\alpha x_A}{(\alpha - 1)x_A + 1} \tag{14.8}$$

温度が一定であればαは一定の値であるので，式（14.8）から気液平衡関係が計算できる．また，式（14.6）および式（14.7）のそれぞれの右辺第2式から，

$$\alpha = \frac{y_A/x_A}{y_B/x_B} = \frac{y_A/y_B}{x_A/x_B} = \frac{P_A}{P_B} \tag{14.9}$$

が得られる．右辺の$(y_A/y_B)/(x_A/x_B)$は蒸気中および溶液中の成分Aと成分Bのモル分率の比を比較したものであり，この値が大きいほど蒸留により分離しやすい．

【例題 14.2】 アルコール度数 15％のエタノール水溶液（25℃）と平衡にある気相のエタノール
のモル分率はいくらか？ なお，ラウールの法則が成立すると仮定する．また，純粋な水とエ
タノールの 25℃における蒸気圧はそれぞれ 3.17 kPa と 7.87 kPa である．

《解説》 例題 14.1 よりアルコール度 15％のエタノール水溶液中のエタノール（成分 A）のモル分率は
$x_A = 0.0517$ である．この値と，$P_A = 7.87$ kPa，$P_B = 3.17$ kPa（成分 B は水）を式（14.6）に代入すると，

$$y_A = \frac{(7.87)(0.0517)}{(7.87)(0.0517) + (3.17)(1 - 0.0517)} = 0.119$$

である． 終

　ラウールの法則に基づいて気相の組成を計算するには，純粋な成分の蒸気圧の値が必要である．温
度 T〔K〕における蒸気圧の値は，式（14.10）のクラウジウス・クラペイロン（Clausius-Clapeyron）
の式や式（14.11）のアントワン（Antoine）の式から推算できる．

$$\ln \frac{P_2}{P_1} = -\frac{\Delta H_v}{R}\left(\frac{1}{T_2} - \frac{1}{T_1}\right) \tag{14.10}$$

ここで，P_1〔Pa〕と P_2〔Pa〕は温度 T_1〔K〕と T_2〔K〕における蒸気圧，ΔH_v は蒸発潜熱〔J/mol〕，R
は気体定数（＝ 8.31 J/(mol·K)）である．

$$\ln P = A - \frac{B}{T + C} \tag{14.11}$$

ここで，P〔Pa〕と T〔K〕はそれぞれ蒸気圧と温度で，A，B，C はアントワン定数と呼ばれる定数
である．いくつかの物質のアントワン定数を表 14.1 に示す．なお，適用できる温度範囲が物質により
異なることに留意する．

表 14.1　おもな物質の蒸発潜熱とアントワン定数

物　質	蒸発潜熱 ΔH_v〔kJ/mol〕	アントワン定数			
		A〔-〕	B〔K〕	C〔K〕	適用範囲〔K〕
水	40.66	23.1964	3816.44	-46.13	284～441
アセトン	29.12	21.2906	2787.50	-43.49	260～328
エタノール	38.74	23.8047	3803.98	-41.68	270～369
n-ヘキサン	28.85	20.7294	2697.55	-48.78	245～370
メタノール	35.25	23.4803	3626.55	-34.29	284～441

【例題 14.3】 クラウジウス・クラペイロンの式およびアントワンの式を適用し，50℃におけるエ
タノールの蒸気圧を求めよ．なお，25℃におけるエタノールの蒸気圧は，例題 14.2 の値を用いる．

《解説》 例題 14.2 より，純粋なエタノールの $T_1 = 25℃ = 298.15$ K における蒸気圧は $P_1 = 7.87$ kPa で
ある．また，エタノールの蒸発潜熱は表 14.1 より $\Delta H_v = 38.74$ kJ/mol $= 3.874 \times 10^4$ J/mol である．し
たがって，これらを式（14.10）に代入すると，クラウジウス・クラペイロンの式により推算される
$T_2 = 50℃ = 323.15$ K における蒸気圧 P_2 は，

$$\ln \frac{P_2}{P_1} = -\frac{3.874 \times 10^4}{8.31}\left(\frac{1}{323.15} - \frac{1}{298.15}\right) = 1.21$$

$$P_2 = P_1 e^{1.21} = (7.87)(3.35) = 26.4 \text{ kPa}$$

である．一方，アントワンの式による推定値は，表 14.1 のアントワン定数を式（14.11）に代入すると，

$$\ln P = 23.8047 - \frac{3803.98}{323.15 - 41.68} = 10.29$$

$$P = e^{10.29} = 2.94 \times 10^4 \text{ Pa} = 29.4 \text{ kPa}$$

である．50℃におけるエタノールの蒸気圧の実測値は 29.30 kPa である．式（14.10）の導出過程には いくつかの仮定があるので，一般に実測値との一致はよくない．そのため，式（14.11）のアントワ ンの式がよく用いられる．□終□

14.4 温度−組成線図と x−y 線図

14.2 で述べたように，2 成分系の自由度は 2 であり，大気圧下のように圧力が一定のときには自由 度は 1 になる．したがって，温度を沸点と定めると，液相の組成によって気相の組成は決まる．低沸 点成分のモル分率 x の混合液を加熱したときの沸点および発生する蒸気中の低沸点成分のモル分率 y の関係を表す図を**温度−組成線図**といい，液相の組成と沸点の関係を表す線を**液相線**または**泡点線**, 沸点とそのときの気相の組成の関係を表す線を**気相線**または**露点線**という．また，そのときの液相と 気相の組成（モル分率）の関係を **x−y 線図**という．**図 14.2** は，エタノール−水系（圧力一定：0.101 MPa）の温度−組成線図と x−y 線図を表す．例えば，モル分率 $x = 0.0517$ のエタノール水溶液を加 温すると約 90℃で沸騰し，そのときに発生する蒸気中のエタノールのモル分率は $y = 0.34$ である． したがって，蒸留によりエタノールが濃縮できることがわかる．しかし，$x > 0.894$ では x−y 線図は 対角線と一致するため，蒸留によりエタノールのモル分率を 0.894 より高くすることはできない． x−y 線図が対角線と交差する点を**共沸点**という．

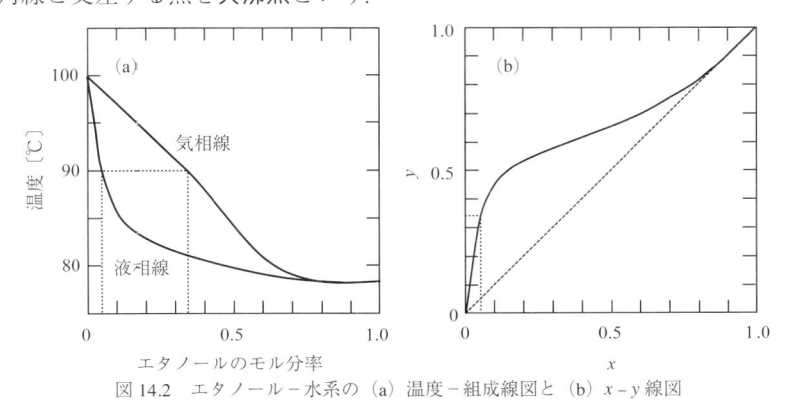

図 14.2 エタノール−水系の（a）温度−組成線図と（b）x−y 線図

14.5 単蒸留

加熱缶と発生した蒸気を凝縮させて液体として回収する凝縮器からなるもっとも単純な蒸留法を単

蒸留といい（**図14.3**），旧焼酎乙類はこの方法により作られる．
加熱缶内の原液を加熱して沸騰させ，発生した蒸気を凝縮さ
せて凝縮液（**留出液**という）とする．低沸点成分が蒸発する
と液相の低沸点成分のモル分率が低下し，沸点も高くなる．
また，そのときに発生する蒸気中の低沸点成分のモル分率も
低下する．したがって，凝縮液中の低沸点成分の濃度（モル
分率）は蒸留を開始した直後がもっとも高く，その後次第に
低くなる．このように，加熱缶内の液および留出液の組成は
時間とともに低下するので，適切なところで操作を終了しなければならない．

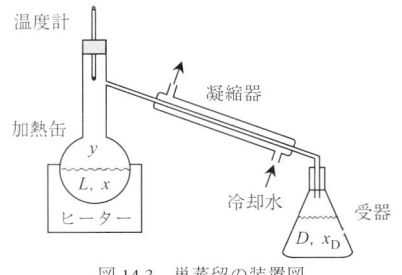

図14.3 単蒸留の装置図

2成分系において，加熱缶内の初期の液量をL_1〔mol〕，低沸点成分のモル分率をx_1とし，蒸留操作を停止したときに加熱缶内に残留する液（**缶残液**という）のそれらをL_2とx_2とする．また，得られた留出液量をD〔mol〕，低沸点成分のモル分率をx_Dとする．蒸留の前後での全物質および低沸点成分の物質収支はそれぞれ式（14.12）と式（14.13）で表される．

$$L_1 = L_2 + D \tag{14.12}$$

$$L_1 x_1 = L_2 x_2 + D x_D \tag{14.13}$$

式（14.13）より，留出液中の低沸点成分のモル分率x_Dは式（14.14）で求められる．

$$x_D = \frac{L_1 x_1 - L_2 x_2}{D} \tag{14.14}$$

時間とともに変化する缶残液の液組成は次のようにして求められる．加熱缶内の全物質量をL〔mol〕，低沸点成分のモル分率をxとする．加温するとxに平衡な組成yの蒸気がdL〔mol〕発生し，それを凝縮すると，凝縮液中の低沸点成分のモル数は$y\,dL$〔mol〕である．一方，加熱缶内の全物質量は$(L - dL)$〔mol〕となり，低沸点成分のモル分率は$(x - dx)$になる．したがって，このときの低沸点成分の物質収支は式（14.15）で表される．

$$xL = (x - dx)(L - dL) + y\,dL \tag{14.15}$$

2次の微小量$dxdL$はきわめて小さく無視できるので，式（14.15）は次のように変形できる．

$$\frac{dL}{L} = \frac{dx}{y - x} \tag{14.16}$$

式（14.16）を蒸留開始時（$L = L_1,\ x = x_1$）から終了時（$L = L_2,\ x = x_2$）まで積分すると，

$$\ln \frac{L_1}{L_2} = \int_{x_2}^{x_1} \frac{dx}{y - x} \tag{14.17}$$

を得る．この式を**レイリー**（Rayleigh）**の式**という．

一般に，xとyの関係は簡単な関数形ではなく，式（14.17）の右辺は解析的に積分することは難しい．そのようなときは，数値的または図的な方法で積分する（付録Fを参照）．なお，xとyの関係が式（14.8）で表されるときには，式（14.17）は次式となる．

$$\ln \frac{L_1}{L_2} = \frac{1}{\alpha - 1} \left(\ln \frac{x_1}{x_2} + \alpha \ln \frac{1 - x_2}{1 - x_1} \right) \tag{14.18}$$

式（14.18）は次のように変形できる．

$$(\alpha - 1)\ln \frac{L_1}{L_2} = \ln \left(\frac{L_1}{L_2} \right)^{\alpha - 1} = \ln \left[\frac{x_1}{x_2} \left(\frac{1 - x_2}{1 - x_1} \right)^{\alpha} \right] \tag{14.19}$$

上式の真数から，

$$\left(\frac{L_1}{L_2} \right)^{\alpha - 1} = \frac{x_1}{x_2} \left(\frac{1 - x_2}{1 - x_1} \right)^{\alpha} \tag{14.20}$$

であり，さらに両辺を整理すると式（14.21）が得られる．

$$\left[\frac{L_1}{L_2} \left(\frac{1 - x_1}{1 - x_2} \right) \right]^{\alpha} = \left(\frac{x_1}{x_2} \right) \left(\frac{L_1}{L_2} \right) \tag{14.21}$$

ここで，成分 A と成分 B の混合液の蒸留前後の加熱缶中のモル数をそれぞれ n_{A1} と n_{B1} および n_{A2} と n_{B2} とすると，$L_1 x_1 = n_{A1}$，$L_1(1 - x_1) = n_{B1}$，$L_2 x_2 = n_{A2}$，$L_2(1 - x_2) = n_{B2}$ であるので，式（14.21）は次式となる．

$$\frac{n_{A1}}{n_{A2}} = \left(\frac{n_{B1}}{n_{B2}} \right)^{\alpha} \tag{14.22}$$

【例題 14.4】 メタノールのモル分率が $x_1 = 0.15$ のメタノール－水混合液（全量 $L_1 = 100$ mol）から単蒸留によりメタノールの 70% を回収するには留出液の量をいくらにすればよいか？ そのとき，留出液中のメタノールのモル分率 x_2 はいくらか？ なお，メタノールの水に対する比揮発度 α は 5.05 である．

《解説》加熱缶内の初期のメタノールの物質量は $n_{A1} = (100)(0.15) = 15$ mol である．その 70% を回収するので，操作を終了するときに加熱缶に残留するメタノールの物質量は $n_{A2} = (15)(1 - 0.7) = 4.5$ mol である．また，加熱缶内の初期の水の物質量は $n_{B1} = 100 - 15 = 85$ mol であるから，これらを式（14.22）に代入すると，

$$n_{B2} = \frac{n_{B1}}{(n_{A1}/n_{A2})^{1/\alpha}} = \frac{85}{(15/4.5)^{1/5.05}} = 67 \text{ mol}$$

である．また，$L_1 = 100$ mol，$L_2 = n_{A2} + n_{B2} = 4.5 + 67 = 71.5$ mol であるので，式（14.12）より留出液量は $D = 100 - 71.5 = 28.5$ mol であり，メタノールのモル分率は $(15 - 4.5)/28.5 = 0.37$ である． ■

14.6 連続蒸留

14.6.1 連続蒸留の原理

　単蒸留は装置と操作が簡単であるが，原料液から最初に発生する蒸気中の低沸点成分のモル分率より高い組成の留出液を得ることはできない．したがって，低沸点成分の濃度の高い液を得るには，単蒸留で得られた留出液をさらに蒸留する操作を繰り返す必要がある．例えば，エタノールのモル分率が $x_1 = 0.05$ のエタノール－水混合液から発生する蒸気のエタノールのモル分率は $y_1 = 0.25$ である（**図**

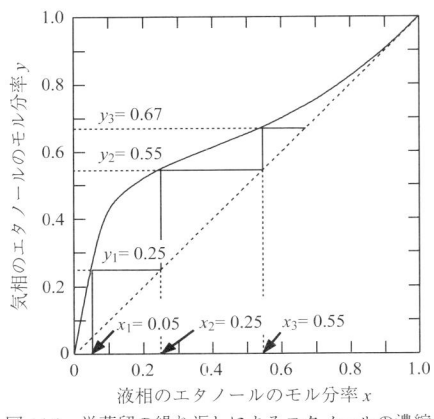

図 14.4　単蒸留の繰り返しによるエタノールの濃縮

14.4）．この凝縮液（$x_2 = 0.25$）を原料として第 2 段の単蒸留を行うと，エタノールのモル分率が $y_2 = 0.55$ の蒸気が発生する．さらに，その凝縮液を第 3 段の単蒸留装置で沸騰させると，$y_3 = 0.67$ の蒸気が発生し，これを凝縮すると，エタノールのモル分率が 0.67 の液が得られる．このように，単蒸留を繰り返すことにより低沸点成分のモル分率を高めることができるが，各段の温度を沸点まで高めるために，個別に熱エネルギーが必要である．また，発生した蒸気を凝縮するためにも，各段に凝縮器が必要であり，効率的ではない．低沸点成分のエタノール濃度が低い液ほど沸点が高いので，**図 14.5**（a）の最下段の缶（第 1 缶）で発生した蒸気を第 2 缶に気泡状にして吹き込むと，液の加熱に使用できる（図 14.5（b））．同様に，第 2 缶で発生した蒸気を第 3 缶の液の加熱に利用できる．第 3 缶の凝縮液は留出液として回収する．しかし，この操作では，第 2 缶と第 3 缶には最初は液がないので，第 1 缶で発生した蒸気は第 2 缶と第 3 缶を素通りするだけである．そこで，第 3 缶の凝縮液のすべてを留出液として取り出すのではなく，一部を第 3 缶に戻す（**還流**という）（図 14.5（c））．これが連続蒸留の肝要な点である．第 3 缶に溜まった液がある量を越えると下の第 2 缶に溢流させる．第 2 缶も同様に，液量が一定量を越えると第 1 缶に溢流させる．これらの操作を一つの装置内で行えるようにしたのが図 14.5（d）である．

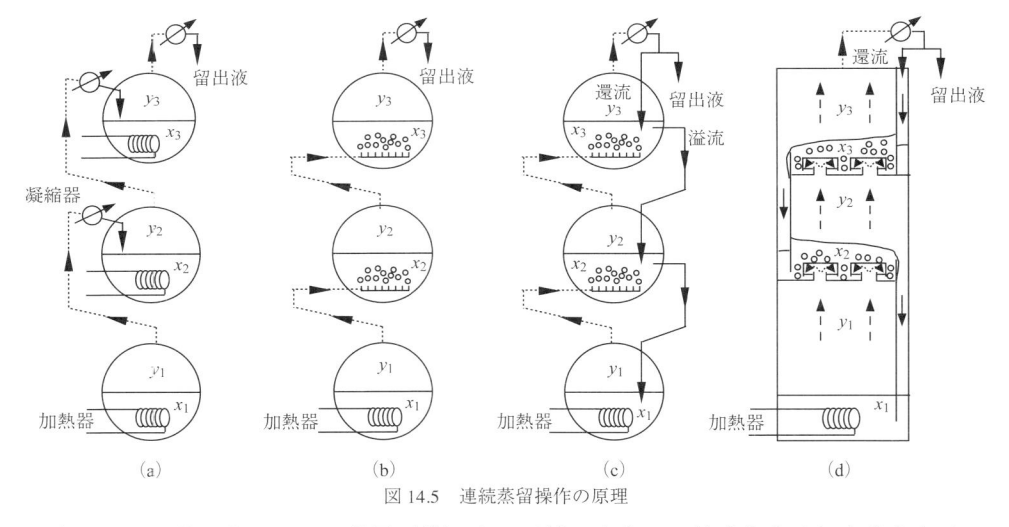

図 14.5　連続蒸留操作の原理

　このような原理に基づき，一つの装置（塔）内で原料に含まれる低沸点成分と高沸点成分のそれぞれを多く含む留出液と缶出液に，連続的に分離する装置を**連続蒸留塔**（または，**精留塔**）という（**図 14.6**（a））．塔内は複数の段からなり，原料は予熱して塔の中間部の段（**原料段**）に連続的に供給される．原料段より上部では，上の段にいくにつれて低沸点成分の濃度が高くなるので，**濃縮部**と呼ぶ．一方，原料段より下では，溢流液中の低沸点成分が蒸気として回収されるので**回収部**と呼ぶ．回収部では，下の段にいくほど低沸点成分の濃度が低くなる．すなわち，高沸点成分の濃度が高くなる．塔底部に設けられる加熱缶はリボイラーとも呼ばれ，蒸留塔の段数からは除かれる．

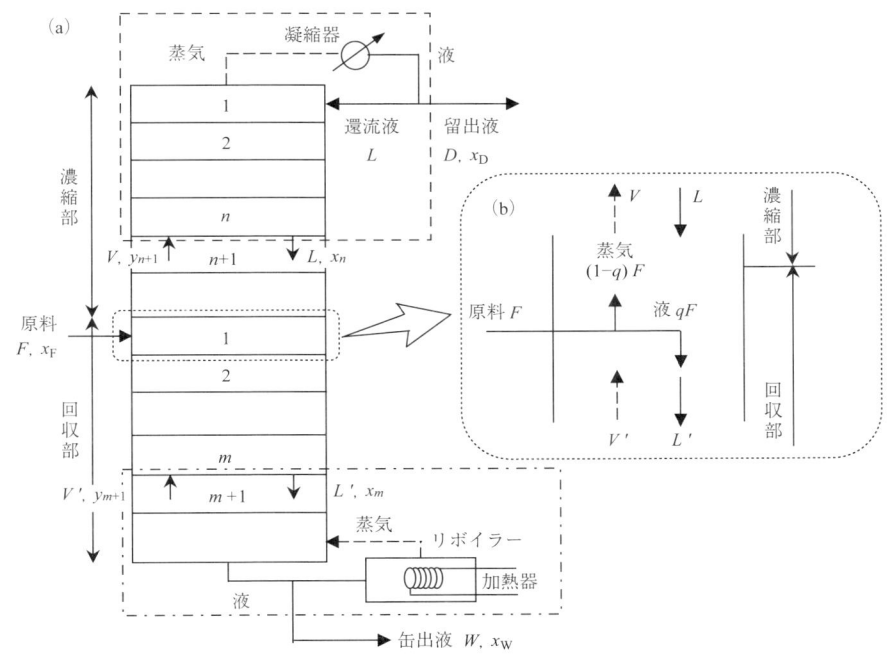

図 14.6　連続蒸留塔の濃縮部および回収部の物質収支

14.6.2　連続蒸留塔の理論段数

　連続蒸留塔の設計では，図 14.5（c）の缶に相当する塔内の段の数を決めることが重要である．まず，ある段から下の段へ流下する液の組成とその段から上昇する蒸気の組成とが平衡であると仮定できる**理論段**（または，理想段）の数を求める．なお，各段で完全に平衡が成立することはないので，実際に必要な段数は理論段数より多くなるのが通例である．

　定常的に操作されている理想的な連続蒸留塔に供給される原料の流量と低沸点成分のモル分率を F〔mol/s〕と x_F，留出液と缶出液の流量および低沸点成分のモル分率をそれぞれ D〔mol/s〕と W〔mol/s〕および x_D と x_W とする．濃縮部の最上段から下へ 1, 2, ……, n, $n+1$, ……と番号を付け，各段から上昇する蒸気と流下する液の液量を V〔mol/s〕と L〔mol/s〕とし，それらの低沸点成分のモル分率を y と x として，段の番号を下付き添字で表す．また，凝縮器から還流する液量は L〔mol/s〕に等しい．一方，回収部は原料を供給する段を 1 とし，その下の段に，2, ……, m, $m+1$, ……と番号をつける（図 14.6（a））．

　まず，塔全体にわたる全物質および低沸点成分の物質収支式はそれぞれ式（14.23）と式（14.24）で表される．

$$F = D + W \tag{14.23}$$
$$x_F F = x_D D + x_W W \tag{14.24}$$

これらの式から，原料の流量 F と組成 x_F，留出液と缶出液の組成 x_D と x_W が与えられると，留出液と缶出液の流量 D と W はそれぞれ式（14.25）と式（14.26）で求められる．

$$D = \frac{x_F - x_W}{x_D - x_W} F \tag{14.25}$$

$$W = \frac{x_D - x_F}{x_D - x_W} F \tag{14.26}$$

つぎに，濃縮部の点線で囲まれた部分では，第 $n + 1$ 段から蒸気 V が流入し，留出液 D および第 n 段からの液 L が流出するので，全物質および低沸点成分の物質収支式はそれぞれ

$$V = L + D \tag{14.27}$$

$$y_{n+1} V = x_n L + x_D D \tag{14.28}$$

で与えられる．ここで，塔頂の凝縮器からの液のうち，塔頂に還流される流量 L と留出液として取り出される流量 D との比を**還流比** r という．

$$r = L/D \tag{14.29}$$

これらの関係から，ある段（n 段）の液組成とすぐ下の段（$n + 1$ 段）の蒸気組成の関係を与える次式が得られる．

$$y_{n+1} = \frac{L}{L + D} x_n + \frac{D}{L + D} x_D = \frac{r}{1 + r} x_n + \frac{1}{1 + r} x_D \tag{14.30}$$

式（14.30）は $x - y$ 線図上で，傾きが $r/(1 + r)$，縦軸との切片が $x_D/(1 + r)$ の直線を与え，**濃縮部操作線**と呼ばれる．式（14.30）で $x_n = x_D$ のとき，$y_{n+1} = x_D$ となるので，操作線は留出液の組成 x_D で対角線と交わる．すなわち，濃縮部操作線は x_D で対角線上の点 D と縦軸上の $x_D/(1 + r)$ の点を結ぶ，傾きが $r/(1 + r)$ の直線である．

　蒸気と液の流量は濃縮部と回収部で異なるので，回収部における蒸気の流量を V'〔mol/s〕，液の流量を L'〔mol/s〕と表すと，回収部の鎖線で囲まれた部分についても同様に，全物質および低沸点成分の物質収支式はそれぞれ式（14.31）と式（14.32）で表される．

$$V' = L' - W \tag{14.31}$$

$$y_{m+1} V' = x_m L' - x_W W \tag{14.32}$$

式（14.32）は次のように変形できる．

$$y_{m+1} = \frac{L'}{V'} x_m - \frac{W}{V'} x_W \tag{14.33}$$

式（14.33）は**回収部操作線**と呼ばれ，$x_m = x_W$ のとき，$y_{m+1} = x_W$ となるので，缶出液の組成が x_W となる点で対角線と交わり，縦軸との交点は $-W x_W/V'$ である．

　原料段に供給される原料は，沸点の液や沸点の蒸気およびそれらの混合物などさまざまである．原料のうち沸点の液として供給される割合を q とすると，原料の流量 F〔mol/s〕のうち，qF〔mol/s〕が沸点の液であり，$(1 - q)F$〔mol/s〕が沸点の蒸気である（図 14.6（b））ので，原料供給段（$m = 1$）で次の関係が成立する．

$$V = V' + (1 - q)F \tag{14.34}$$

$$L' = L + qF \tag{14.35}$$

ここで，$q = 0$ は原料がすべて蒸気として供給されることを意味する．一方，原料がすべて沸点の液として供給されるときは，$q = 1$ であり，通常は $0 < q < 1$ の値である．原料供給段では，濃縮部と回収部の操作線が交わるので，式（14.30）と式（14.32）および式（14.34）と式（14.35）を用いると次式が得られる．

$$y = -\frac{q}{1-q}x + \frac{x_F}{1-q}$$ (14.36)

式（14.36）で表される関係を **$q-$線**または**原料線**という（**図 14.7**）．$x = x_F$ のとき，$y = x_F$ となり，$q-$線は対角線上の点 (x_F, x_F) を通り，傾きが $-q/(1-q)$ の直線である．その縦軸との切片は $x_F/(1-q)$ である．

これらの式に基づき，濃縮部および回収部の段数を求める作図法について述べる（**図 14.8**）．濃縮部の第 1 段で発生する蒸気の組成 y_1 は，還流液の組成 x_D に等しい．したがって，点 D から引いた水平線と $x-y$ 線図で表される平衡曲線の交点の横軸の値が第 1 段の液の組成 x_1 を表す．つぎに，式（14.30）より点 (x_1, y_1) から引いた垂線と濃縮部操作線の交点の縦軸の値が第 2 段の蒸気の組成 y_2 を与え，そこから水平に引いた直線の平衡曲線との交点の横軸の値が第 2 段の液組成 x_2 を表す．このように，平衡曲線と操作線との間で水平線と垂直線を交互に引くことにより，濃縮部の各段での液と蒸気の組成が図示され，必要な段数が求められる．原料段を過ぎたあとは，回収部操作線を用い，垂直線で与えられる液組成 x が缶出液の組成 x_W より小さい値になるまで同様の作図を繰り返す．このような方法を**マッケーブ・シール**（McCabe-Thiele）**の作図法**という．図 14.8 の例では，原料は第 3 段と第 4 段の間に供給すればよい．また，第 7 段の液組成が缶出液の組成 x_W より小さくなる．なお，リボイラーも 1 段のはたらきをするので，塔の段数は 1 段少なくてよい．

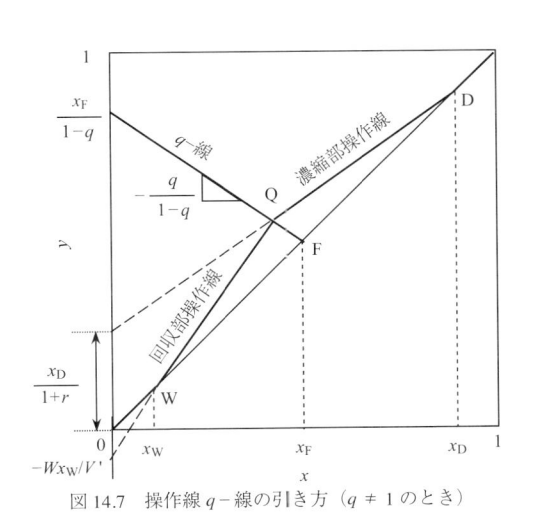

図 14.7 操作線 $q-$線の引き方（$q \neq 1$ のとき）

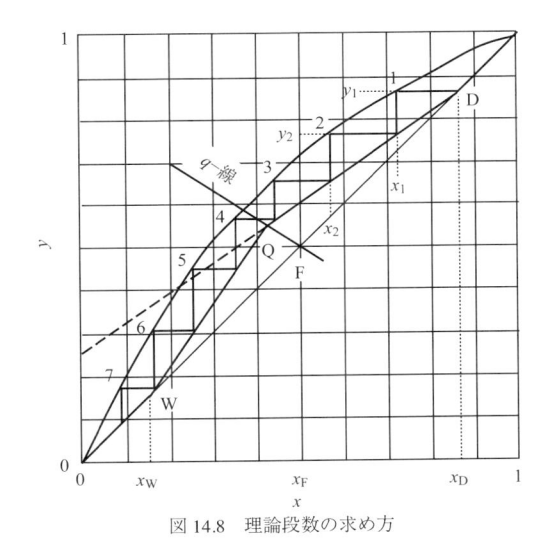

図 14.8 理論段数の求め方

14.6.3 還流比と理論段数

塔頂からの蒸気を凝縮した液はすべて留出液として回収したいが，一部は第 1 段に還流しなければならない．還流する量と理論段数の関係について考える．還流比 r を小さくすると，平衡曲線と操作線の間隔が狭くなり（式（14.30）），マッケーブ・シールの作図法からわかるように，濃縮部の理論

段数が大きくなる．濃縮部と回収部の操作線の交点 Q が平衡曲線の上の点 C にくる（**図 14.9**）と，無限の段数が必要になる．そのときの還流比を**最小還流比** r_{min} という．図 14.9 を参考にすると，

$$最小還流比での操作線の傾き = \frac{r_{min}}{1 + r_{min}} = \frac{x_D - y_C}{x_D - x_C}$$

(14.37)

の関係が成立する．したがって，式（14.37）を解くと，最小還流比は式（14.38）で与えられる．

$$r_{min} = \frac{x_D - y_C}{y_C - x_C}$$

(14.38)

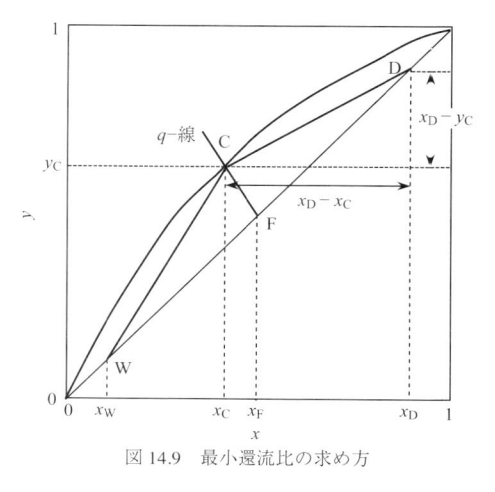

図 14.9　最小還流比の求め方

一般に，還流比の値は，最小還流比の 1.5 ～ 2 倍程度に設定するのがよいとされている．

【例題 14.5】 メタノールのモル分率が $x_F = 0.40$ のメタノール水溶液を全物質量が 45 kmol/h の流量で沸点の温度で連続的に蒸留（大気圧下）し，メタノールのモル分率が $x_D = 0.95$ と $x_W = 0.05$ の留出液と缶出液を得たい．原料中の液の割合は $q = 0.5$ である．留出液量 D と缶出液量 W，最小還流比 r_{min}，理論段数および原料供給段の位置を求めよ．なお，還流比 r は最小還流比の 1.5 倍とする．また，全圧が 1 気圧のときのメタノール‐水系の平衡関係は**図 14.10** で与えられる．

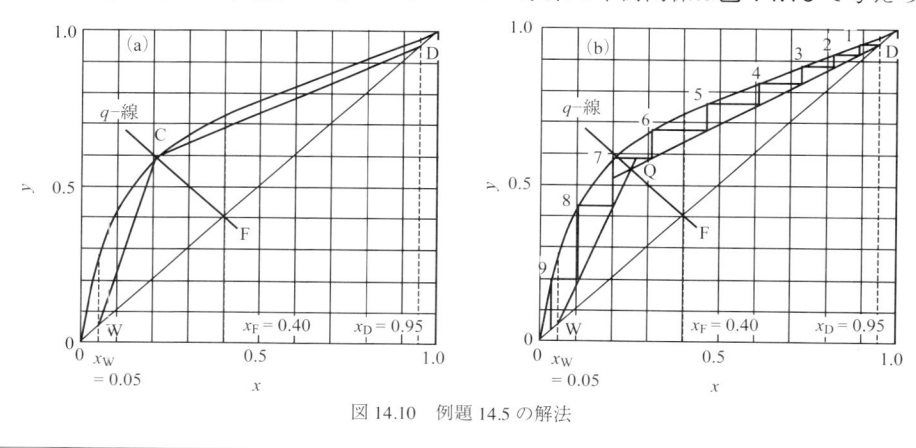

図 14.10　例題 14.5 の解法

《**解説**》式（14.25）および式（14.26）より，留出液量 D と缶出液量 W はそれぞれ

$$D = \frac{0.40 - 0.05}{0.95 - 0.05}(45) = 17.5 \text{ kmol/h}$$

$$W = \frac{0.95 - 0.40}{0.95 - 0.05}(45) = 27.5 \text{ kmol/h}$$

である．$q = 0.5$ であるので，q‐線の傾きは式（14.36）より $-0.5/(1 - 0.5) = -1$ である．$x_F = 0.40$ における対角線上の点 F から傾き -1 の直線を引き（図 14.10（a）），平衡曲線との交点 C の座標を読むと，$x_C = 0.21$，$y_C = 0.59$ である．これらを式（14.38）に代入すると，最小還流比 r_{min} は

$$r_{\min} = \frac{0.95 - 0.59}{0.59 - 0.21} = 0.947$$

したがって，還流比は $r = (0.947)(1.5) = 1.4$ である．濃縮部操作線は式（14.30）より，

$$y_{n+1} = \frac{1.4}{1 + 1.4} x_n + \frac{1}{1 + 1.4} (0.95) = 0.58 x_n + 0.40$$

であり，これを図 14.10（b）に描く．濃縮部操作線と q-線の交点 Q と $x_W = 0.05$ における対角線上の点 W を結ぶと，回収部操作線が描ける．つぎに，図 14.10（b）に示すように，マッケーブ・シールの作図を行うと，8段と9段の間で $x_W = 0.05$ を超え，両段の水平距離を $x_W = 0.05$ になるように内分すると，理論段数は 8.7 段である．このように，理論段数は整数になるとは限らないが，端数を切り上げると9段である．なお，リボイラーは1段とみなされるので，これを引くと，塔内の段数は8段である．また，原料供給段は点 Q を越えたところであるので，塔頂から7段目である．

なお，濃縮部の液流量 L は式（14.29）に $D = 17.5 \text{ kmol/h}$ と $r = 1.4$ を代入すると，$L = (1.4)(17.5) = 24.5 \text{ kmol/L}$ である．また，回収部の液流量 L' は式（14.35）より，$L' = 24.5 + (0.5)(45) = 47.0 \text{ kmol/h}$ である．さらに，回収部の蒸気の流量 V' は式（14.31）より，$V' = 47.0 - 27.5 = 19.5 \text{ kmol/L}$，濃縮部の蒸気の流量 V は式（14.34）より，$V = 19.5 + (1 - 0.5)(45) = 42.0 \text{ kmol/L}$ である．■

演　習

14.1 空気中に含まれるエタノール（モル質量 46.07 g/mol）が 3.5 %（v/v）（爆発下限界）を超えると爆発の危険がある．エタノールで抽出し，大量のエタノールが残存する抽料を密閉した室内に放置した．気温が何℃を超えると，爆発の危険があるかを，アントワンの式を用いて推算せよ．なお，エタノールを含む空気は理想気体と仮定する．

14.2 ベンゼン‐トルエン系の比揮発度 α は，80.1℃（ベンゼンの沸点）で 2.60，110.6℃（トルエンの沸点）で 2.37 である．比揮発度は温度に依存するが，両成分の沸点の間で，比揮発度は両成分の沸点における値の幾何平均の値で定数と仮定する．ベンゼンとトルエンのモル分率がいずれも 0.50 の混合液 $L_1 = 100$ mol を加熱缶に入れ，缶残液のベンゼンのモル分率が 0.20 になるまで単蒸留を行う．以下のア）とイ）に答えよ．

ア）原料液中の低沸点成分のモル分率 x_1 と終了時の缶残液中の低沸点成分のモル分率 x_2 はそれぞれいくらか？

イ）ラウールの式が成立すると仮定し，比揮発度の幾何平均の値を用いると，終了時の缶残液の量 L_2 と留出液の量 D および留出液中の低沸点成分のモル分率（すべての留出液の平均値）x_D はそれぞれいくらか？

14.3 ベンゼンとトルエンのモル分率がそれぞれ 0.40 と 0.60 の混合液 $F = 100$ kmol/h を沸点の液（$q = 1$）として連続蒸留塔に供給し，留出液および缶出液の低沸点成分のモル分率をそれぞれ $x_D = 0.90$ と $x_W = 0.10$ にしたい．以下のア）とイ）に答えよ．

ア）塔頂からの留出液量 D と塔底からの缶出液量 W はそれぞれ何 kmol/h か？

イ）ベンゼン‐トルエン系の平衡曲線と還流比 $r = 2.0$ としたときの操作線を**図 14.11** に示す．このとき，マッケーブ・シールの作図法を適用すると，リボイラーを1段とみなし，それを差し引

　　いた理論段数は何段か（整数で答えよ）？　また，原
料供給段は塔頂から何段目か？

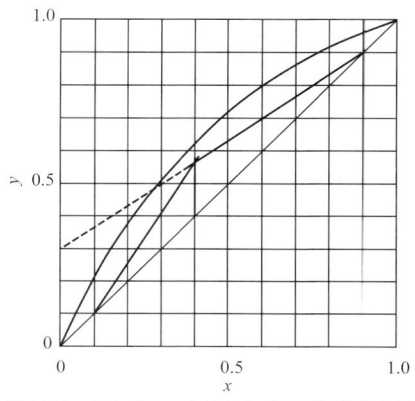

図 14.11　ベンゼン－トルエン系の平衡曲線と操
作線

第 15 章 ろ過と膜分離

【課題 15.1】 固体微粒子を含む懸濁液をろ過すると，液面を一定に保っていても，ろ過の速度が徐々に遅くなるのはなぜか？

〔指針〕

① ろ材や分離膜の細孔径の大きさによる分類を知る．

② ろ過の抵抗となる要因を知る．

③ 定圧ろ過の定量的な取り扱いを理解する．

④ 限外ろ過膜の阻止率と濃縮倍率の関係を理解する．

⑤ 膜分離におけるデッドエンドろ過とクロスフローろ過の操作法を知る．

⑥ 濃度分極という現象を知る．

15.1 さえぎり効果による分離

液体に不溶性の固体粒子が分散した懸濁液（スラリー）をろ紙やろ布などのろ材を通し，固体粒子と液体を分離する操作を**ろ過**という．また，液に分散または溶解した分子を膜を用いて分離する操作を**膜分離**という．いずれもろ材や分離膜の細孔が分散または溶解している物質の大きさより小さい**さえぎり効果**による分離である．

ろ過で分離される固体粒子の大きさはおおむね 10 μm 以上であり，それ以下の粒子や分子を分離するのが膜分離である（**図 15.1**）．膜分離は，分離される物質の大きさや分離機構により，精密ろ過，限外ろ過，ナノろ過や逆浸透などに分類される．

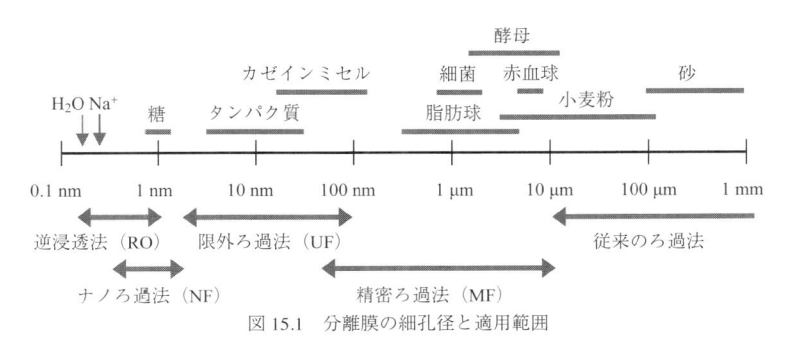

図 15.1　分離膜の細孔径と適用範囲

15.2 ろ　過

15.2.1 ろ過操作

ろ過は，固体粒子が懸濁した液を多孔性のろ材を通し，固体粒子を捕捉するとともに，液を流出させる操作である．ろ材の上に捕捉された固体を**ろ滓**（さい）といい，通過した液を**ろ液**という．ろ材を通して分離するための駆動力は，重力，加圧，減圧または遠心力である．

重力を利用したろ過を**自然ろ過**といい，コーヒーフィルターを用いてコーヒーを淹れたり，化学実

験におけるろ紙を用いた分離がその例である．比較的粘度が低く，固体量が少ないときに用いられる．特別な装置は要らないが，ろ過速度は遅い．ろ材の下流側を減圧し，ろ過速度を向上させる方法を**減圧ろ過**または**真空ろ過**という．粘性の高い液や多くの固体粒子を含む懸濁液をろ過できる．減圧に耐えられる容器を用い，化学実験などでよく用いられる．減圧ろ過では推進力となる圧力差は最大で大気圧との差である 0.1 MPa である．ろ材の上流側に圧縮空気や窒素ガスなどで圧力を加え，高粘度や高濃度の懸濁液をろ過する方法を**加圧ろ過**という．減圧ろ過より大きい圧力差が与えられるので，効率がよく，工業的なろ過操作で広く用いられる．

　ろ過原液の固体粒子濃度は 20 % 程度以下であるが，数 % 以上では分離された固体粒子がろ材の上に堆積し，その層がろ材として作用する．このような機構を**ケークろ過**という．一方，固体粒子の濃度が 0.1 % 以下の希薄な懸濁液では，固体粒子層は形成されず，固体粒子がろ材の間隙で分離される機構を**清澄ろ過**という．

15.2.2　ろ材とろ過助剤

　実験室ではろ材としてろ紙が使われることが多いが，工業的にはおもに，木綿，ナイロン，ポリエステル，ガラス繊維などでつくられたろ布が用いられる．また，粗粒子にはステンレス製の金網が，微粒子にはセラミック膜や焼結金属などが使用される．

　ろ材の目詰まりを防止し，ろ過抵抗を低減するとともに，ろ液の清澄度を向上する目的で，珪藻土やセルロースなどの**ろ過助剤**が使用されることがある．ろ過助剤の使用法には，プリコート法とボディフィード法がある．**プリコート法**では，原液をろ過する前に，ろ過助剤を液体に分散し，これをろ過してろ材表面に 1 〜 2 mm 程度のろ過助剤のケーク層（プリコート層）を形成させる．この層に原液を通じると，サブミクロン程度の懸濁物質まで捕捉することができ，清澄度の高いろ液が得られる．また，ろ材が目詰まりすることを抑え，ろ過操作後のろ滓層の剥離も容易である．一方，原液にろ過助剤を添加し，分散させてろ過して形成されるろ滓層は，懸濁物質とろ過助剤とが混在するので，空隙率が高い．したがって，ろ過抵抗が少なく，ろ過速度が向上する．このような操作法を**ボディフィード法**という．プリコート法とボディフィード法は，合わせて実施されることもある．

15.2.3　定圧ろ過

　ろ液がろ滓層とろ材を通過するには，圧力をかける必要がある．多孔質中を液体が移動する速度 u_p〔m/s〕は圧力勾配 dP/dx〔Pa/m〕に比例する．

$$u_\mathrm{p} = -\frac{k}{\mu}\frac{dP}{dx} \tag{15.1}$$

この式を**ダルシー（Darcy）の式**といい，P は圧力〔Pa〕，x は液が流れる方向の距離〔m〕，μ は液体の粘度〔Pa·s〕，k は定数〔m²〕である．

　単位ろ過面積あたりのろ液の流出速度（すなわち，単位ろ過面積，単位時間あたりのろ液量）を**ろ過流束** J_v〔m³/(m²·s)〕という．ろ過流束は原液とろ液の圧力差 ΔP に比例する．ろ過の過程ではろ滓およびろ材が直列抵抗となる．ろ滓およびろ材の抵抗をそれぞれ R_c〔m⁻¹〕と R_m〔m⁻¹〕とすると，全抵抗は $R_\mathrm{c} + R_\mathrm{m}$ となる（**図 15.2**）．したがって，ろ過の過程を直流回路（等価回路）に例えると，圧力差が電位差に相当し，ろ滓およびろ材の抵抗がそれぞれ可変抵抗と固定抵抗に対応する．ろ液量を V〔m³〕，ろ過面積を A〔m²〕，ろ液の粘度を μ とすると，ろ過流束 J_v は次式で表される．

$$J_\mathrm{v} = \frac{dV}{Adt} = \frac{dv}{dt} = \frac{\Delta P}{\mu(R_\mathrm{c} + R_\mathrm{m})} \tag{15.2}$$

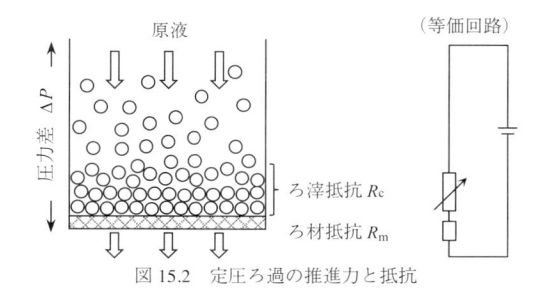

図 15.2　定圧ろ過の推進力と抵抗

ここで, $v\ (= V/A)$ は単位ろ過面積あたりのろ液量〔$\mathrm{m^3}$-ろ液 /$\mathrm{m^2}$-ろ過面積〕である. 圧力差 ΔP が一定のときのろ過操作を**定圧ろ過**という.

　ろ過の進行とともにろ滓層は厚くなり, ろ滓抵抗 R_c が大きくなる. 単位ろ液あたりの固体質量を c〔kg-固体 /$\mathrm{m^3}$-ろ液〕とすると, ろ材の単位面積あたりに堆積するろ滓質量は cv であり, R_c はこの cv に比例する.

$$R_\mathrm{c} = \alpha cv \tag{15.3}$$

比例定数 α は**ろ滓比抵抗**〔m/kg〕と呼ばれる. 一方, ろ材の抵抗 R_m はろ過が進行しても変化しない定数と考えてよい.

　定圧ろ過では ΔP が一定であり, 式(15.3)を式(15.2)に代入して整理すると,

$$(\alpha cv + R_\mathrm{m})dv = \frac{\Delta P}{\mu} dt \tag{15.4}$$

となる. 式(15.4)は変数分離形の常微分方程式であり, 初期条件 $t = 0$ で $v = 0$ のもとで解くと,

$$\int_0^v (\alpha cv + R_\mathrm{m})dv = \frac{\Delta P}{\mu} \int_0^t dt$$

$$\frac{\alpha c}{2} v^2 + R_\mathrm{m}v = \frac{\Delta P}{\mu} t \tag{15.5}$$

となる. ここで,

$$v_0 = \frac{R_\mathrm{m}}{\alpha c} \tag{15.6}$$

$$k = \frac{2\Delta P}{\alpha c \mu} \tag{15.7}$$

とおくと, 式(15.5)は次のように表される.

$$v^2 + 2v_0v = kt \tag{15.8}$$

この式を**ルース(Ruth)のろ過方程式**という. 式(15.8)は次のように変形できる.

$$\frac{t}{v} = \frac{v}{k} + \frac{2}{k} v_0 \tag{15.9}$$

したがって, t/v を v に対してプロットすると直線となり, その傾きと切片から k と v_0 が決定できる.

【例題 15.1】 単立ろ液あたりのろ滓質量 c = 48 g/L の固体粒子を含む水を圧力差 ΔP = 8.51 × 10⁴ Pa, ろ過面積 A = 52.2 cm² で定圧ろ過を行い, **表 15.1** の結果を得た. 水温は 20℃ である. これらの結果より, ろ滓の比抵抗 α を求めよ. なお, 20℃ における水の粘度は 1.00 mPa·s である.

表 15.1　定圧ろ過におけるろ過時間とろ液量の関係

ろ過時間 t 〔s〕	60	210	420	720	1200
ろ液量 V 〔cm³〕	1.62	4.28	7.05	9.81	13.57
$v \times 10^4$ 〔m³/m²〕	3.10	8.20	13.51	18.79	26.00
$t/v \times 10^{-5}$ 〔s/(m³/m²)〕	1.93	2.56	3.11	3.83	4.62

《解説》 ろ過面積 A = 52.2 cm² = 5.22 × 10⁻³ m² であるので, 表 15.1 に与えられたろ液量より単位ろ過面積あたりのろ液量 v と t/v を計算し, 式 (15.9) に従い, t/v を v に対してプロットする (**図 15.3**). 直線の勾配は $1/k$ = 1.18 × 10⁸ s であるので, $k = 2\Delta P/(\alpha c \mu)$ = 8.47 × 10⁻⁹ s⁻¹ である. 単位ろ液あたりのろ滓質量は c = 48 g/L = 48 kg/m³, 水の粘度 μ = 1.00 mPa·s = 1.00 × 10⁻³ Pa·s であるので, ろ滓の比抵抗 α は

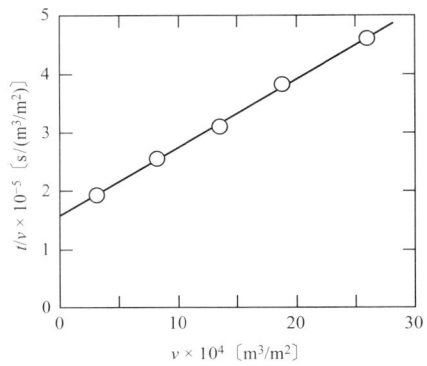

図 15.3　定圧ろ過におけるろ滓の比抵抗

$$\alpha = \frac{2\Delta P}{kc\mu} = \frac{(2)(8.51 \times 10^4)}{(8.47 \times 10^{-9})(48)(0.001)} = 4.19 \times 10^{14} \text{ m/kg}$$

である. 終

　上述したように, 定圧ろ過では, ろ材抵抗は一定であるが, ろ材表面に固体粒子が堆積して形成されるろ滓層が徐々に厚くなるとともに, その抵抗が大きくなる. 自然ろ過において, 原液の液面を一定に保つと, 圧力が一定の定圧ろ過になる. したがって, ろ過の進行に伴いろ滓層が徐々に厚くなるために, 単位時間あたりに得られるろ液量が少なくなるのが, 課題 15.1 に対する答えである.

15.3　膜分離

15.3.1　膜分離法の種類

　図 15.1 に示したように, 分離膜の細孔径の大きさにより, 膜分離法は, 逆浸透法, ナノろ過法, 限外ろ過法および精密ろ過法に分類される. また, 分離の駆動力として電位差を利用する電気透析法もあるが, 他の分離法とは異なる点があるので, 本章では取り扱わない.

　溶質濃度の高い水溶液と低い液を半透膜で仕切ると, 浸透圧の差により, 濃度の低い側から高い側へ水が移動する. しかし, 濃度の高い側に浸透圧の差より大きい圧力をかけると, 水分子だけが濃度の高い側から低い側に移動する逆浸透という現象が起こる. この現象を利用した膜分離法を**逆浸透法**といい, 海水の淡水化や果汁の濃縮などに利用されている. 逆浸透膜より細孔径が大きい膜を用い, 逆浸透法と同様の原理で操作される分離法を**ナノろ過法**という. ナノろ過膜は以前には, ルーズ逆浸透膜と呼ばれた. 細孔径がナノろ過膜より大きく, 精密ろ過膜より小さい (数 nm ～ 100 nm) 分離膜を用い, 分子量の異なる分子を分離する方法を**限外ろ過法**という. さらに, 細孔径が大きい膜 (50

nm～10 μm）を用い，微生物や微粒子を除去するろ過操作を**精密ろ過法**という．

膜分離法は，常温で操作されるので，熱に不安定な物質の分離に適する．また，相変化を伴わないので，エネルギー消費が少なく，かつ大量の溶液が処理できるという利点がある．一方，濃縮限界が低い，膜の寿命が十分には長くないという問題点もある．

精密ろ過では分離される粒子径が大きく，15.1 で述べたろ過とほぼ同様に扱うことができる．

15.3.2 膜とモジュール

分離膜は，その構造から**均質膜**と**非対称膜**に大別される（**図 15.4**）．非対称膜には，膜の微細構造が表面から内部にかけて連続的または不連続に変化する膜と，均質膜の表面に異なる素材からなる厚みが 1 μm 程度以下の緻密なスキン層を形成させた複合膜がある．膜の素材には，ポリアクリロニトリル，ポリ塩化ビニル－ポリアクリロニトリル共重合体，ポリスルフォンやセラミックスが用いられる．膜を適切な容器内に組み込んだ装置を**モジュール**といい，平膜型，管状型，中空糸型，スパイラル型などがある．

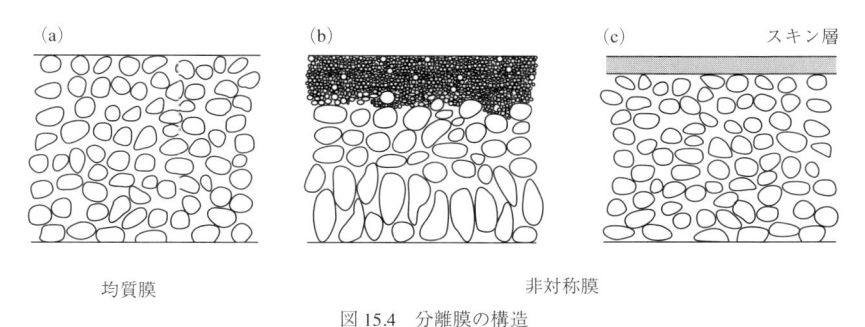

均質膜　　　　　　　　　　　非対称膜

図 15.4　分離膜の構造

限外ろ過膜の分子分画能は膜の細孔径によるが，細孔径には分布があるため，分画特性は**図 15.5**のようになる．縦軸は，特定の分子量の溶質が阻止される割合である**阻止率 R**を表し，次式で定義される．

$$R = 1 - \frac{C_P}{C_F} \tag{15.10}$$

ここで，C_F は膜面上の液の溶質濃度〔mol/m³〕，C_P は透過液の溶質濃度〔mol/m³〕である．分子量と阻止率の関係を表す線を**阻止率曲線**という．ある分子量より大きい溶質は完全に阻止し，小さい溶質はすべて透過させる膜が理想的であるので，図 15.5 の実線のように幅の狭い阻止率曲線の膜が望ま

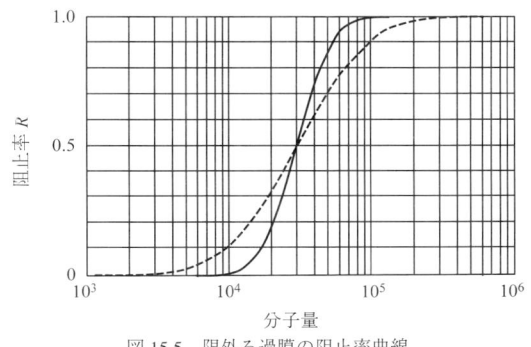

図 15.5　限外ろ過膜の阻止率曲線

しい.

15.3.3　回分式操作による濃縮倍率と濃度比

回分式操作により, 溶質濃度 C_{F0} で液量 V_{F0} の原液を限外ろ過膜で液量を V_F に減少すると, 阻止率 $R = 1$ の溶質の濃縮倍率 X は式 (15.11) で与えられる.

$$X = \frac{V_{F0}}{V_F} = \frac{C_F}{C_{F0}} \tag{15.11}$$

また, 阻止率 $R = 0$ の溶質については, ろ液量にかかわらず, 膜面上の濃度は原液の濃度と同じである.

つぎに, $0 < R < 1$ の溶質について, ろ液量 V_P ($= V_{F0} - V_F$) と膜面上の液の溶質濃度 C_F の関係を考える. 原液中の溶質量は $S_{F0} = C_{F0} V_{F0}$ であり, ろ液とともに流出した溶質量を S_P とすると, そのときの膜面上の液の溶質濃度は $C_F = (S_{F0} - S_P)/(V_{F0} - V_P)$ である. このときのろ液の溶質濃度 C_P は式 (15.10) より, $C_P = C_F(1 - R) = (S_{F0} - S_P)(1 - R)/(V_{F0} - V_P)$ である. したがって, 微小量 ΔV_P のろ液による流出量 ΔS_P は次式で与えられる.

$$\Delta S_P = C_P \Delta V_P = \frac{(S_{F0} - S_P)(1 - R)}{V_{F0} - V_P} \Delta V_P \tag{15.12}$$

ここで, $\Delta V_P \to 0$ の極限をとると,

$$\frac{dS_P}{dV_P} = \frac{(S_{F0} - S_P)(1 - R)}{V_{F0} - V_P} \tag{15.13}$$

となる. $V_P = 0$ で $S_P = 0$ の初期条件のもとに式 (15.13) を解くと式 (15.14) が得られる.

$$S_P = S_{F0} \left[1 - \left(1 - \frac{V_P}{V_{F0}} \right)^{1-R} \right] \tag{15.14}$$

したがって, 濃縮倍率 $X = V_{F0}/V_F$ と原料液の濃度の上昇度 C_F/C_{F0} の関係は式 (15.15) で与えられる (図 15.6).

$$\frac{C_F}{C_{F0}} = X^R \tag{15.15}$$

また, 膜面上に回収される溶質の割合 S_F/S_{F0} は次式で与えられる.

$$\frac{S_F}{S_{F0}} = \left(\frac{1}{X} \right)^{1-R} \tag{15.16}$$

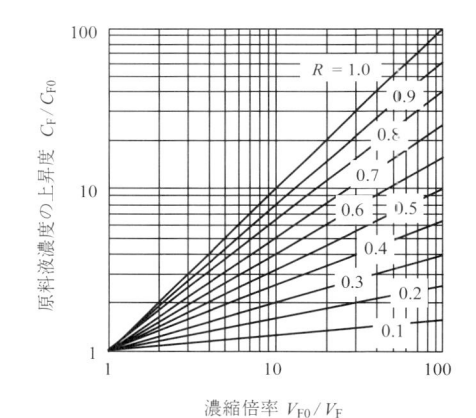

図 15.6　回分式限外ろ過操作における濃縮倍率と原料液濃度の上昇度

【例題 15.2】限外ろ過膜を用い, 500 mL の原料液の濃度 $C_{F0} = 2.0$ g/L を $C_F = 10$ g/L に濃縮する. このとき, 膜面上に回収される液の量と溶質の回収率はいくらか？　なお, この限外ろ過膜の溶質に対する阻止率は $R = 0.85$ である.

《解説》$C_F = 10$ g/L, $C_{F0} = 2.0$ g/L および $R = 0.85$ を式 (15.15) に代入すると, $10/2 = X^{0.85}$ であり, これを解くと, 濃縮倍率 $X = V_{F0}/V_F = 6.64$ である. したがって, 膜面上に回収される液の量は $V_F = 500/6.64 = 75.3$ mL である. また, 溶質の回収率 S_F/S_{F0} は, $X = 6.64$, $R = 0.85$ を式 (15.16) に代入す

ると，$S_{\mathrm{F}}/S_{\mathrm{F0}} = (1/6.64)^{1-0.85} = 0.753$ である．したがって，溶質の回収率は 75.3％ である．終

15.3.4 デッドエンドろ過

原料液を連続的に処理する膜分離操作は，原料液を膜面に対して垂直な方向に流し，ろ液も同じ方向に流す**デッドエンドろ過**と，原料液を膜面に平行に流し，ろ液は原料液と直角な方向に流す**クロスフローろ過**に大別される（**図 15.7**）．

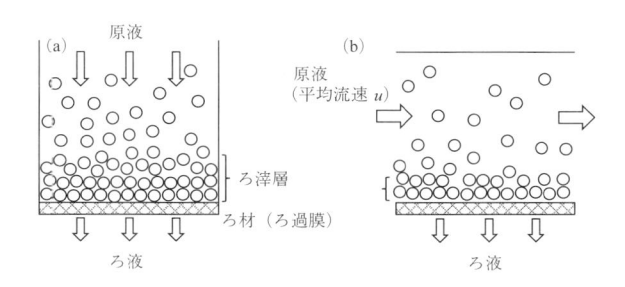

図 15.7　(a) デッドエンドろ過と　(b) クロスフローろ過

デッドエンドろ過における透過流束 J_{v}〔m³/(m²·s)〕は式（15.1）と同様のダルシーの式で表されるが，限外ろ過膜などの膜分離では，原液とろ液の浸透圧差 $\Delta\Pi$〔Pa〕を考慮する必要があることがある．

$$J_{\mathrm{V}} = \frac{dv}{dt} = K_{\mathrm{P}}(\Delta P - \sigma\Delta\Pi) \tag{15.17}$$

ここで，ΔP は膜間の圧力差〔Pa〕，K_{P} は透過係数〔m/(Pa·s)〕である．σ は**スタヴェルマン**（Staverman）**の反射率**といい，膜を透過する溶質と膜との間の相互作用の程度を表す．膜がすべての溶質を阻止する場合には，$\sigma = 1$ である．分離膜の抵抗 R_{m} と膜面上に形成されるろ滓層の抵抗 R_{c} が，ろ過に対する直列抵抗となるので，ろ過流束 J_{v} は式（15.2）と同様の式（15.18）で表される．

$$J_{\mathrm{V}} = \frac{dv}{dt} = \frac{\Delta P - \sigma\Delta\Pi}{\mu(R_{\mathrm{c}} + R_{\mathrm{m}})} \tag{15.18}$$

なお，菌体や微粒子などのサイズが大きい粒子を含む懸濁液の分離を対象とする精密ろ過では，通常は浸透圧の影響が無視できる（$\Delta\Pi \approx 0$）．また，ろ滓層の抵抗 R_{c} は式（15.3）で表され，膜分離の進行とともにその値が大きくなる．

【例題 15.3】精密ろ過膜（膜面積 $A = 78\ \mathrm{cm}^2$）を用い，膜間の圧力差 $\Delta P = 1.0 \times 10^5\ \mathrm{Pa}$ でデッドエンドろ過により水中に懸濁した菌体を除去する．ろ液量 $V = 250\ \mathrm{mL}$ に相当する原料液を処理するのに要する時間はいくらか？　なお，懸濁液の濃度は $c = 20\ \mathrm{g/L}$-ろ液，ろ滓比抵抗は $\alpha = 3.2 \times 10^{13}\ \mathrm{m/kg}$，精密ろ過膜の抵抗は $R_{\mathrm{m}} = 2.1 \times 10^{10}\ \mathrm{m}^{-1}$，水の粘度は $\mu = 1.0 \times 10^{-3}\ \mathrm{Pa·s}$ である．

《**解説**》分散粒子が大きく浸透圧の影響が無視できる精密ろ過で，膜間の圧力差が一定で操作されているので，定圧ろ過に対する式（15.5）が適用できる．ろ液量を単位ろ過面積あたりの量で表すと，$V = 250\ \mathrm{mL} = 2.5 \times 10^{-4}\ \mathrm{m}^3$，$A = 78\ \mathrm{cm}^2 = 7.8 \times 10^{-3}\ \mathrm{m}^2$ であるので，$v = V/A = (2.5 \times 10^{-4})/\,7.8 \times 10^{-3} = 0.032\ \mathrm{m}^3$-ろ液 /m²-ろ過面積である．また，$c = 20\ \mathrm{g/L} = 20\ \mathrm{kg/m}^3$ である．式（15.5）は次のように変形

できる.

$$t = \frac{\mu}{\Delta P}\left(\frac{\alpha c}{2}v^2 + R_{\mathrm{m}}v\right)$$
(15.19)

式（15.19）に諸値を代入すると,

$$t = \frac{1.0 \times 10^{-3}}{1.0 \times 10^{5}}\left[\frac{(3.2 \times 10^{13})(20)}{2}(0.032)^2 + (2.1 \times 10^{10})(0.032)\right]$$

$$= (1.0 \times 10^{-8})(3.28 \times 10^{11} + 6.72 \times 10^{8}) = 3.29 \times 10^{3}\ \mathrm{s}$$

である. したがって, 所要時間は 3.29×10^{3} s = 54.8 min である. なお, 上式のカッコ内の 2 つの項の値を比較すると, ろ滓抵抗に起因する第 1 項は膜自体の抵抗（ろ材抵抗）を表す第 2 項よりはるかに大きい. 終

15.3.5　クロスフローろ過

　例題 15.3 で述べたように, デッドエンドろ過では, ろ滓層の抵抗が大きいので, 高い膜流束を得るには, できる限りろ滓層を薄くし, その抵抗を小さくする必要がある. 膜面に平行に原液を流すクロスフローろ過では, ろ滓層の厚さを薄く保つことができる. ここでは, タンパク質を阻止する限外ろ過膜を用いたクロスフローろ過によるタンパク質水溶液の濃縮を考える.

　タンパク質水溶液を膜面に平行に流し, 圧力をかけると, 膜面に垂直な方向に透過液流が生じる. タンパク質は膜により阻止されるので, 膜面近傍での濃度が原液中より高くなる**濃度分極**という現象が起こる（**図15.8**）. 濃度分極が起こると, タンパク質は透過液の流れによる原液から濃度分極層への移動とともに, 分子拡散による濃度分極層から原液への移動が起こる. したがって, 定常状態において, 透過液によって流出するタンパク質の物質流束 $J_{\mathrm{v}}C_{\mathrm{p}}$ は, 濃度分極層の任意の領域に入ってくるタンパク質の物質流束 $J_{\mathrm{v}}C$ と拡散により主流に運ばれる物質流束 $D(dC/dy)$ の差で表される.

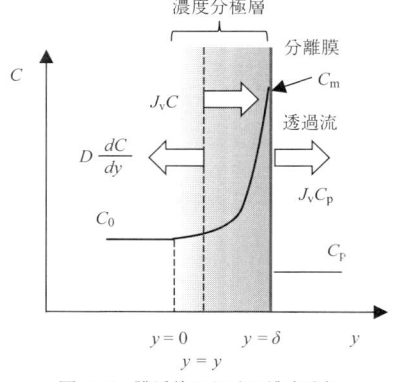

図 15.8　膜近傍における濃度分極

$$J_{\mathrm{v}}C_{\mathrm{p}} = J_{\mathrm{v}}C - D\frac{dC}{dy}$$
(15.20)

ここで, C は濃度分極層の任意の領域におけるタンパク質濃度 $[\mathrm{mol/m^3}]$, C_{p} は透過液中のタンパク質濃度 $[\mathrm{mol/m^3}]$, y は C が主流のそれと等しい点からの膜面に垂直な方向の距離 $[\mathrm{m}]$, D はタンパク質の拡散係数 $[\mathrm{m^2/s}]$ である. $y = 0$ で $C = C_0$, $y = \delta$ で $C = C_{\mathrm{m}}$ の境界条件のもとに式（15.20）を解くと, 透過流束 J_{v} は式（15.21）で表される. なお, δ は濃度分極層の厚さ $[\mathrm{m}]$ である.

$$J_{\mathrm{v}} = k\ln\frac{C_{\mathrm{m}} - C_{\mathrm{p}}}{C_0 - C_{\mathrm{p}}}$$
(15.21)

ここで, C_0 は原液中のタンパク質濃度 $[\mathrm{mol/m^3}]$, C_{m} は膜表面でのタンパク質濃度 $[\mathrm{mol/m^3}]$ である. また, $k = D/\delta$ で濃度分極層でのタンパク質の物質移動係数 $[\mathrm{m/s}]$ である.

　なお，膜表面での濃度 C_m がタンパク質の飽和溶解度より高くなると，タンパク質は析出し，付着層を形成する．タンパク質が他の成分と相互作用し，ゲル状の付着層（ゲル層）を形成すると，透過抵抗が大きくなるだけでなく，膜の分画能が低下する．

　浸透圧の影響が無視できるとき，透過流束 J_v は膜間の圧力差 ΔP に比例して増加するが，ΔP がさらに大きくなると，濃度分極層やゲル層が形成され，J_v の増加は緩慢になり，ついには一定値に漸近する（図 15.9 (a)）．また，透過流束 J_v は原液の平均流速 u〔m/s〕に依存する（図 15.9 (b)）．原液の流れが層流のときは J_v は u の 1/3 乗，乱流のときは u の 7/8 乗に比例して増加する．さらに，式(15.21)からわかるように，原液のタンパク質濃度 C_0 が高くなると，J_v は低下する（図 15.9 (c)）．図 15.19 (c) の直線を外挿した点の濃度 C_g は濃度分極層がゲル層を形成する濃度である．

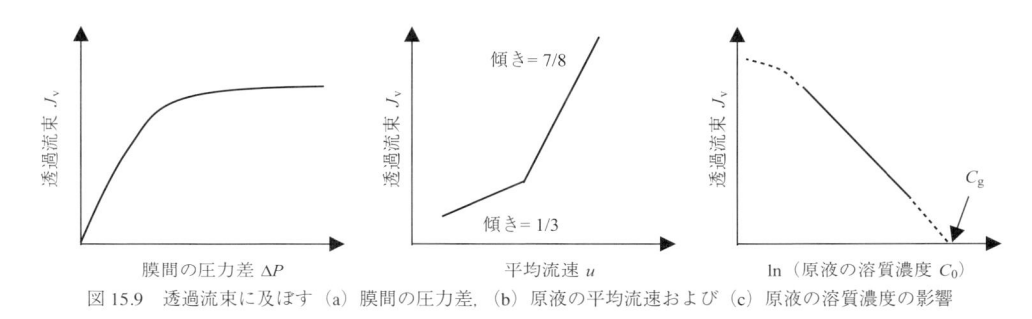

図 15.9　透過流束に及ぼす（a）膜間の圧力差，（b）原液の平均流速および（c）原液の溶質濃度の影響

演　習

15.1 ろ滓抵抗に比べ，ろ材抵抗が十分小さいとき，回分式のろ過装置のろ過流束は堆積したろ滓量に反比例する．あるろ過装置で，5 分間操作したとき，1.0 L のろ液が得られた．同じ形式のろ過装置で，ろ過面積を 5 倍にすると，同じ懸濁液を 15 分間ろ過操作したときに得られるろ液量はいくらか？

15.2 ある限外ろ過膜に対する阻止率が $R_A = 0.8$ と $R_B = 0.3$ の溶質 A と溶質 B を含む原料液を濃縮倍率 $X = 3$ に濃縮した．このとき，膜面上の液に含まれる溶質 A と溶質 B の濃度はそれぞれ原料液中の濃度の何倍か？　また，各溶質の回収率はいくらか？

15.3 膜面積が $80\ \mathrm{cm^2}$ の精密ろ過膜を用い，デッドエンドろ過により水中に懸濁した菌体を除去する．菌体の濃度は $c = 18\ \mathrm{g/L}$-ろ液，ろ滓比抵抗は $\alpha = 2.8 \times 10^{13}\ \mathrm{m/kg}$，精密ろ過膜の抵抗は $R_m = 2.2 \times 10^{10}\ \mathrm{m^{-1}}$，水の粘度は $\mu = 1.0 \times 10^{-3}\ \mathrm{Pa \cdot s}$ である．膜間の圧力差 $\Delta P = 1.0 \times 10^5\ \mathrm{Pa}$ で 60 分操作したときに得られるろ液量はいくらか？

付　録

A. 濃度の表し方

　溶液の濃度には種々の定義がある．溶液の単位体積あたりに含まれる溶質の物質量を**容量モル濃度**（molarity）〔mol-溶質 /m³-溶液〕といい，C と表記することが多い．単位質量あたりの溶媒に対する溶質の物質量を**重量モル濃度**（molality）m〔mol-溶質 /kg-溶媒〕という．英語の表記と発音は似ているが，異なるので注意が必要である．溶液の全重量（溶質と溶媒の重量の和）に対する溶質の重量の割合を**重量分率**w といい，溶液中の全物質量（溶質と溶媒の物質量の和）に対する溶質の物質量の割合を**モル分率**x という．また，重量分率およびモル分率を 100 倍した値をそれぞれ重量百分率とモル百分率という．さらに，溶質の質量と全質量の比を 10^6 倍したものを**重量百万分率**（ppm）という．なお，水の密度はほぼ 1.0 g/mL であるので，希薄な水溶液では，1 L（リットル）の溶液中の溶質の mg 数を ppm と表現することも多い．

　気相では，濃度を各成分のモル分率で表し，y と表記することが多い．また，各成分の分圧はモル分率に比例するので，濃度を分圧で表現することもある．

【例題 A.1】 重量が 63.1 g の乾いた 100 mL 容全量フラスコ（メスフラスコ）に 27.0 g のグルコース（$C_6H_{12}O_6$）を入れたのち，標線まで水を入れて溶解した．このとき，全量フラスコの重量は 172.7 g であった．この水溶液のグルコースの容量モル濃度，重量モル濃度，重量分率，モル分率を求めよ．ただし，水温は 25℃ とする．

《解説》グルコースのモル質量は (12.0)(6) + (1.0)(12) + (16.0)(6) = 180 g/mol であるので，27.0 g のグルコースは物質量で 27.0/180 = 0.15 mol である．したがって，容量モル濃度は，0.15/0.100 = 1.5 mol/L = 1.5 × 10³ mol/m³-溶液である．また，このグルコース水溶液を調製する際に加えられた水の重量は 172.7 − 63.1 − 27.0 = 82.6 g であるので，重量モル濃度は 0.15/0.0826 = 1.82 mol/kg-水である．つぎに，グルコース水溶液の重量は 172.7 − 63.1 = 109.6 g であるので，グルコースの重量分率は 27.0/109.6 = 0.246 である．さらに，水のモル質量は (1.0)(2) + 16.0 = 18.0 g/mol であるので，82.6 g の水は物質量で表すと，82.6/18.0 = 4.59 mol である．したがって，水溶液中のグルコースのモル分率は，0.15/(0.15 + 4.59) = 0.0316 である．　終

　なお，25℃ の水の密度は 0.997 g/mL であるので，この水溶液中の水の体積は 82.6/0.997 = 82.8 mL である．水とグルコースの体積に加成性を仮定すると，グルコースの比容積（比容）v_G〔mL/g〕は 82.8 + 27.0v_G = 100 より，v_G = 0.637 mL/g = 0.637 × 10⁻³ m³/kg である．比容積の逆数は密度を与えるので，グルコースの密度は 1.57 g/mL = 1.57 × 10³ kg/m³ である．

B. 対 数

$2 \times 2 \times 2$ は 2^3（2 の 3 乗）と書き，$2^3 = 8$ である．これを逆にみて，2 を何乗すれば 8 になるか，すなわち 2 を 8 にする指数はいくらかを表すのが**対数**で，$\log_2 8 = 3$ と表す．これを一般的に表すと，$y = a^x$ であるとき，a を y にする指数は x であるので，

$$\log_a y = x \tag{B.1}$$

と表される．ここで，a を**底**，y を**真数**という．なお，$a^0 = 1$ であり，a がいくらであっても a を 1 にする指数は 0 であるので，$\log_a 1 = 0$ である．

対数の底 a は 1 以外の正の数であればいくらでもよいが，食品工学などでは，底が 10 と e（$= 2.718\cdots\cdots$，**自然対数の底**または**ネイピア数**）の場合を扱うことがほとんどで，底がそれ以外のことはほとんどない．底が 10 の対数 $\log_{10} y$ を**常用対数**，底が e の対数 $\log_e y$ を**自然対数**といい，底を省略して，

$$\log_{10} y = \log y \tag{B.2}$$
$$\log_e y = \ln y \tag{B.3}$$

と書かれることが多い．水素イオン濃度 $[H^+]$ を表す pH は底を 10 とする対数の例である．

$$pH = -\log_{10}[H^+] = -\log[H^+] \tag{B.4}$$

すなわち，pH は水素イオン濃度の常用対数に負号を付けた（-1 を掛けた）値であり，pH = 2 は水素イオン濃度が $[H^+] = 10^{-2} = 0.01$ mol/L であることを表す．一方，自然対数は $1/x$ を積分した解として出てくることが多い．

$$\int \frac{1}{x}\, dx = \log_e x = \ln x \tag{B.5}$$

【例題 B.1】 pH = 4.2 と pH = 4.6 の差は ΔpH = 0.4 である．このとき，水素イオン濃度 $[H^+]$ はいくら異なるか？

《解説》pH = 4.2 と pH = 4.5 では水素イオン濃度はそれぞれ $[H^+] = 10^{-4.2} = 6.31 \times 10^{-5}$ mol/L と $[H^+] = 10^{-4.6} = 2.51 \times 10^{-5}$ mol/L であり，約 2.5 倍も異なる．　終

対数にはつぎのような性質がある．

$$\log(xy) = \log x + \log y \quad (\ln(xy) = \ln x + \ln y) \tag{B.6}$$
$$\log(x/y) = \log x - \log y \quad (\ln(x/y) = \ln x - \ln y) \tag{B.7}$$
$$\log x^n = n \log x \quad (\ln x^n = n \ln x) \tag{B.8}$$

後述する片対数や両対数の方眼紙は，対数の値を計算することなく，直接対数をとった値がわかるグラフ用紙である．なお，このときの対数は常用対数の値である．**図 B.1** は片対数方眼紙の一部である．

$\log 1 = 0$，$\log 10 = 1$ であり，図の⓪の座標の値を $x = 1$ とすると，①は $x = 10$ を表す．このように，1 と 10 の座標を定めると，式（B.8）の性質より，$\log 100 = \log 10^2 = 2 \log 10 = 2$ であるので，⓪と① の長さの 2 倍の位置にある②は $x = 100$ を表す．また，市販の片対数方眼紙では，⓪から 1.89 cm の ⓐの線は，その間にある線より少し太くなっている．⓪と①の長さは6.29 cm であり，⓪とⓐの長さ1.89 cm との比は 1.89/6.29 = 0.300 である．これは $\log 2 = 0.301\cdots\cdots$にほぼ等しい．すなわち，⓪と①の長 さを 1 としたときに，ⓐが $\log 2$ の値を表すように線が引かれている．同様にⓑは⓪から 3.00 cm の ところに線が引かれており，3.00/6.29 = 0.477 ≈ $\log 3$ であるので，$x = 3$ を表す．また，ⓒは①から 1.89 cm であり，上記のように $\log 2$ の値を表す．したがって，⓪からは①までの 1 と $\log 2$ を加えた長さ になる．ここで，式（B.8）と式（B.6）の性質から $1 + \log 2 = \log 10 + \log 2 = \log(10 \times 2) = \log 20$ で あるので，ⓒの値は 20 である（11 ではない）．同様に，ⓓは 30 を表す．このような目盛を**対数目盛** という．

　上記の対数の性質を用いると，対数方眼紙を用いて，掛け算や割り算が簡単にできる．例えば，63 × 46 を計算してみる．$63 \times 46 = 6.3 \times 10 \times 4.6 \times 10 = 6.3 \times 4.6 \times 10^2$ であるので，6.3×4.6 の値が求ま ればよい．**図 B.2** の下側の目盛でⒶは 6.3 を表し，⓪から $\log 6.3$ の長さである．一方，上側の目盛 でⒷは 4.6 を表し⓪′から $\log 4.6$ の長さである．そこで，上側の目盛の⓪′を下側の目盛のⒶの位置 に合わせて，上側の目盛のⒷの位置の下側の目盛を読むと約 29 である．すなわち，$63 \times 46 = 6.3 \times 4.6 \times 10^2 \approx 29 \times 10^2 = 2.9 \times 10^3$ である．これは式（B.6）の $\log 6.3 + \log 4.6 = \log(6.3 \times 4.6)$ という性質に 基づく．$63 \times 46 = 2898$ であるので，正確な解は得られていないと思うかもしれない．対数方眼紙の 目盛では目盛の間を目測で読み取っても有効な桁数は 2 桁か 3 桁である．したがって，それらを加え たときの値の有効な桁数は同じであり，上記の例では 2 桁である．精度が悪いように感じるかもしれ ないが，工学計算では有効数字が 2 桁か 3 桁で十分なことが多い．実験結果を表計算ソフトなどで整 理し，割り算などを行って得られた値を 8 桁またはそれ以上の桁数で表示している場合があるが，実

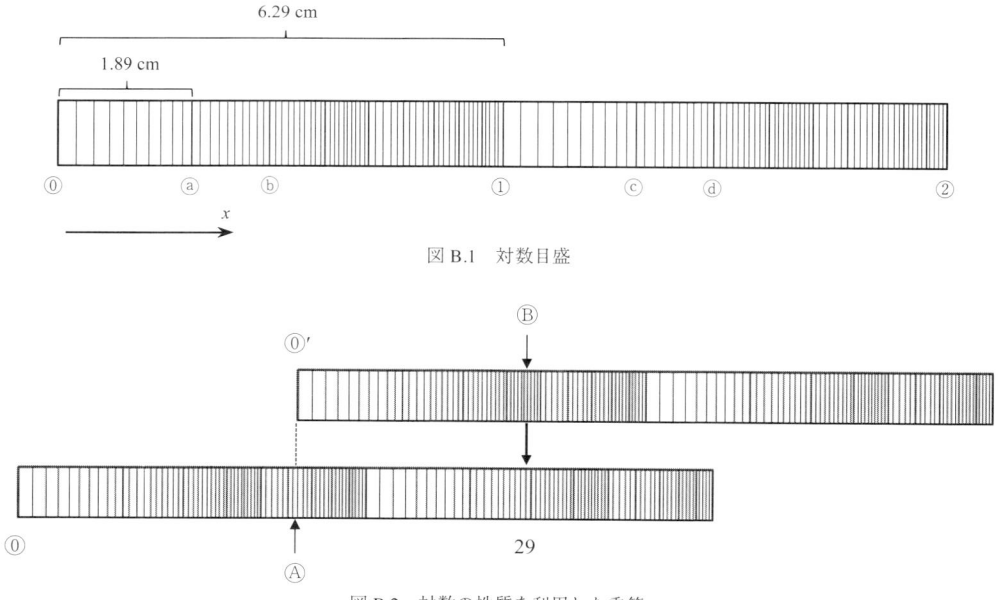

図 B.1　対数目盛

図 B.2　対数の性質を利用した乗算

験による測定値は多くの場合，それだけの有効な桁数をもたないので，これはまったく無意味であり，むしろ有効数字に対するセンスのなさを露呈しており，恥ずべきことである．

式（B.7）の性質を使うと，上記とは逆の操作で割り算ができる．また，式（B.8）の性質から $\log \sqrt{x} = \log^{1/2} = (1/2)\log x$ であるので，例えば $\sqrt{67}$ は対数目盛で 67 のところに印を付け，1（$\log 1 = 0$）に重なるように折り返して，折り目の目盛を読むと，$\sqrt{67} \approx 8.2$ と求められる．これらは，電卓やパソコンが発達する以前に使われていた計算尺の原理である．

C. グラフの描き方

実験や観察およびそれらを解析して得られた結果は，図示すると一目瞭然でわかりやすいことが多い．今日では，ほとんどの場合，パソコンソフトを用いて作図するが，手書きできれいなグラフを作成できることは基本である．また，パソコンソフトのオプションの意味を理解するのにも役立つ．グラフを手書きするにはグラフ用紙（方眼紙）を用いる．グラフ用紙には，目盛が等間隔に付された**普通方眼紙**のほかに，**特殊方眼紙（片対数方眼紙，両対数方眼紙，正規確率紙など）**といわれるものも市販されている．ここでは，使用する機会が多い普通方眼紙，片対数方眼紙および両対数方眼紙の使い方について説明する．なお，図の表題は下に書き（表の表題は上に書く），条件や注釈などは表題の下に書くことが多いが，これらを図中に記入することもある．

C.1　普通方眼紙

両軸ともに等間隔に目盛られた普通方眼紙は使用する頻度がもっとも高い．グラフを作成する際には，座標軸，軸の説明，シンボルの説明などが必要であり，それらにはいくつかの描き方がある．

【例題 C.1】 太さの異なるスパゲッティを茹でたときの茹で時間と乾重量基準含水率（含水率）の関係を**表 C.1** に示す．この関係を普通方眼紙に描け．なお，d.m. は乾燥した試料（スパゲッティ）を表す．

表 C.1　スパゲッティの吸水過程

茹で時間〔min〕		0	5	10	15	20	25	30
含水率〔g-水/g-d.m.〕	細い	0.19	1.38	2.08	2.93	3.29	3.79	4.18
	太い	0.19	1.01	1.57	2.08	2.52	2.93	3.26

《解説》座標軸の描き方には，**図 C.1**（a）のように，縦軸と横軸を 1 本ずつ書く場合と，図 C.1（b）や図 C.1（c）のように 4 辺を書く場合がある．また，目盛線の付け方には，図 C.1（a）と図 C.1（b）のように，各軸に短い目盛線を付ける場合と，図全体に目盛線を付す場合（図 C.1（c））とがある．さらに，各軸には目盛が表す量とその軸が何を表すかの説明が必要である．軸が表す物理量は単位を有することが多い．その単位の表し方には，図 C.1（a）のように物理量のあとに / を付けて単位を書く方式と，図 C.1（b）や（c）のようにカッコのなかに単位を書く方式がある．なお，物理量が無次元（単位をもたない量）のときには，何も書かない方式と，〔−〕のように表す方式がある．また，縦軸が表す物理量の名称は，グラフを右からみたときに正しく読めるように，下から上に書く．シンボル（○，△など）はフリーハンドではなく，種々の大きさのシンボルが切り抜かれたテンプレート

（図 C.2）を用いて丁寧に書く．さらに，シンボルを通る円滑な曲線や理論的な計算で得られた線も，フリーハンドではなく，雲形定規（図 C.3）や自在定規を用いて滑らかに描く．

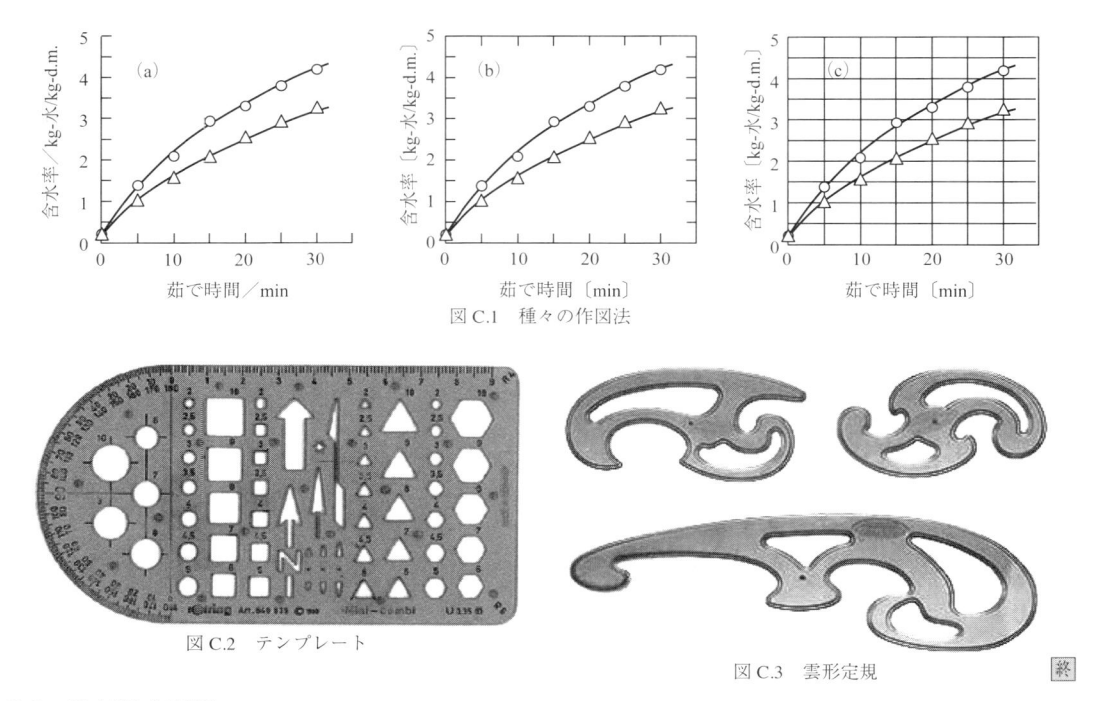

図 C.1　種々の作図法

図 C.2　テンプレート

図 C.3　雲形定規　[終]

C.2　片対数方眼紙

変数 x と y の関係が，

$$y = ae^{bx} \tag{C.1}$$

で表されるとき，両辺の（常用）対数をとると，

$$\log y = \log a + (b \log e)x \tag{C.2}$$

となる．ここで，a と b は定数である．したがって，$\log y$ と x をプロットすると直線となり，切片と傾きから定数 a と b を求めることができる．

このとき，電卓などで $\log y$ の値を計算し，普通方眼紙にプロットしてもよいが，対数の値が目盛られた特殊方眼紙が市販されている．そのうち，一方の軸は普通目盛で，もう一方の軸が（常用）対数目盛のものを片対数方眼紙という．

C.3　両対数方眼紙

変数 x と y の関係が

$$y = ax^{b} \tag{C.3}$$

と表されるとき，両辺の対数をとると，

$$\log y = \log a + b \log x \tag{C.4}$$

となる．ここで，a と b は定数である．したがって，$\log y$ と $\log x$ をプロットすると直線となり，傾きから定数 b が求められる．また，直線上の適当な点の値を読み取り，それを式（C.3）に代入すると，定数 a の値を求めることができる．このとき，**両対数方眼紙**を用いると，$\log y$ と $\log x$ の値を電卓などで計算することなく直接プロットできる．

D. パラメータの推定

実験や観測で得られた変数 x と y が式（D.1）で関係付けられるとき，

$$y = ax + b \tag{D.1}$$

x と y をグラフに描くと直線になる．実測値を作図して，式（D.1）の定数 a と b（直線の勾配と切片の値）を決めることを**パラメータの推定**という．実測した x と y を作図すると，**図 D.1** のシンボルのようになった．このとき，どのように直線を引き，定数 a と b を求めればよいであろうか．ある人は実線のように直線を引き，別の人は破線のように引くと，当然，求められる a と b の値は異なる．このように，すべての点を通るのにもっとも相応しいと思われる直線を直感的に引いても，そんなに大きな問題はないであろうが，誰が行っても同じ a と b の値が推定できる合理的な方法が望ましい．そのために広く用いられているのが**最小二乗法**である．ある変数 x に対して式（D.1）で計算される y の値を y_{cal} とする．また，その x に対応する y の測定値を y_{obs} とするとき，$y_{obs} - y_{cal}$（または，$y_{cal} - y_{obs}$）を**残差**という（**図 D.2**）．すべての測定点（プロット）に対する残差の和がもっとも小さくなるように定数 a と b を決めればよいように思われるが，各点に対する残差の値は正であったり，負であったりするので，単純に残差を足すと，正負が打ち消しあいゼロに近くな

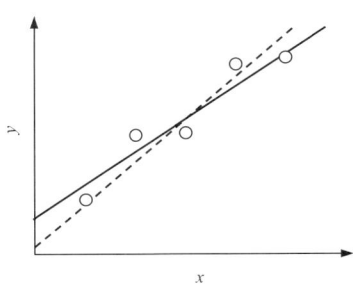

図 D.1 直観により実測値に適合するように引いた直線

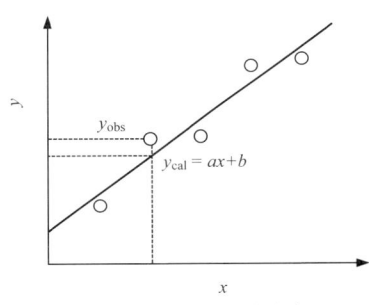

図 D.2 最小二乗法の考え方

る．そこで，各点の残差を 2 乗して正の値とし，足し合わせた**残差二乗和** M を最小とするように a と b を求める．このような方法を最小二乗法という．とくに，変数 x と y の関係が式（D.1）のように直線で表されるときを**線形最小二乗法**という．一方，変数 x と y の関係が直線とならない（曲線となる）式に含まれるパラメータを求める場合を**非線形最小二乗法**という．

表計算ソフトとして広く用いられているマイクロソフト社の Excel® には，2 つの変数 x と y が式（D.1）のように 1 次式（線形近似）で関係付けられる場合をはじめ，対数，指数，累乗などの標準的な関数形で表されるとき，データ（作図したプロット）にもっとも適合するようにパラメータを推定する機能がある．

【例題 D.1】 テーブルスプーンで 3 杯の小麦粉を静かに 250 mL 用のメスシリンダーに入れて体積 V を測定した．また，このメスシリンダーの重量 W を天秤で測定した．このような操作を繰り返して，表 D.1 を得た．この小麦粉の嵩（かさ）密度 ρ を求めよ．

表 D.1　小麦粉の嵩密度

体積 V 〔cm^3〕	46	88	133	185	228
重量 W 〔g〕	237	255	286	309	338

《解説》 小麦粉を容器に入れると隙間があるが，隙間も含めた単位体積あたりの重量を**嵩密度**という．上記の測定では，体積 V と重量 W の間に次式の関係があり，V と W をプロットして得られる直線の傾きから嵩密度 ρ が求められる．

$$W = \rho V + W_0 \tag{D.2}$$

ここで，W_0 は空のメスシリンダーの重量である．Excel がもつパラメータを推定する機能を利用して，嵩密度と空のメスシリンダーの重量を求める．ワークシートに表 D.1 の値を入力し，セル A2 からセル B6 の範囲を選択し，メニューの［挿入］－［グラフ］－［散布図］のシンボルのプロットのみを選択して（図 D.3）グラフを作成する．グラフオプションを適切に選択することにより，見やすいグラフにする（図 D.4）．グラフ上のシンボルを右クリックし，［近似曲線の追加］を選択する．［近似曲線の書式設定］に表示される「近似曲線のオプション」で「**線形近似**」のボタンをクリックすると，データにもっとも適合する直線がグラフに表示される．また，同じメニューにある「グラフに数式を表示する」に☑を入れると，グラフ上にその直線の式（$y = 0.555x + 209.52$）が表示される（図 D.5）．勾配が嵩密度 ρ を与えるので，$\rho = 0.555$ g/cm^3 が得られる．また，切片の値から $W_0 = 209.52$ g が得られる．なお，オプション・タグの「グラフに R-2 乗値を表示する」に☑を入れると，R-2 乗値もグラフ上に表示される（本例では，$R^2 = 0.9945$）．なお，R-2 乗値は**決定係数**と呼ばれ，近似曲線の予想値が実際のデータにどの程度近いかを示す値で，0 から 1 の値で示される．R-2 乗値が 1 に近づくほど，近似曲線の精度が高くなる．

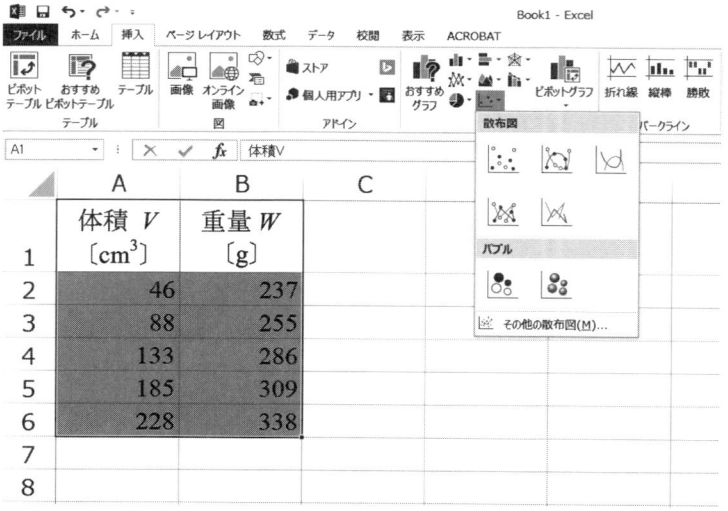

図 D.3　散布図の作成

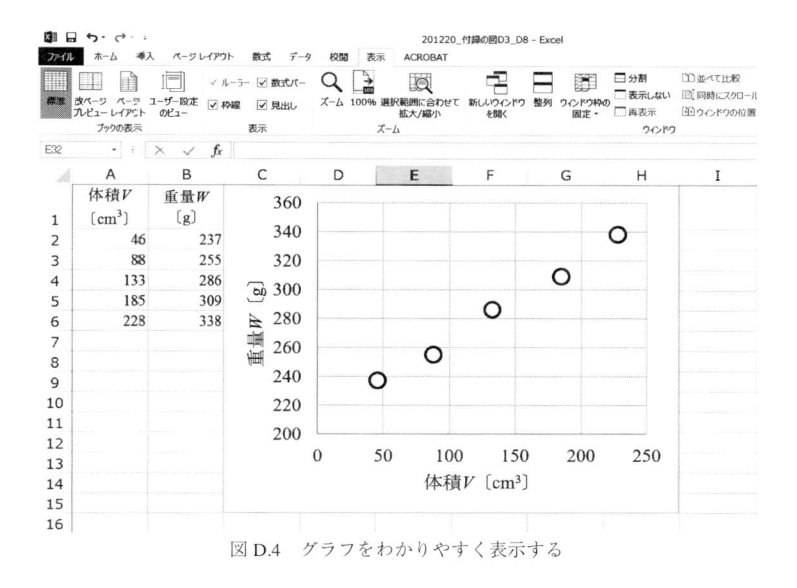

図 D.4　グラフをわかりやすく表示する

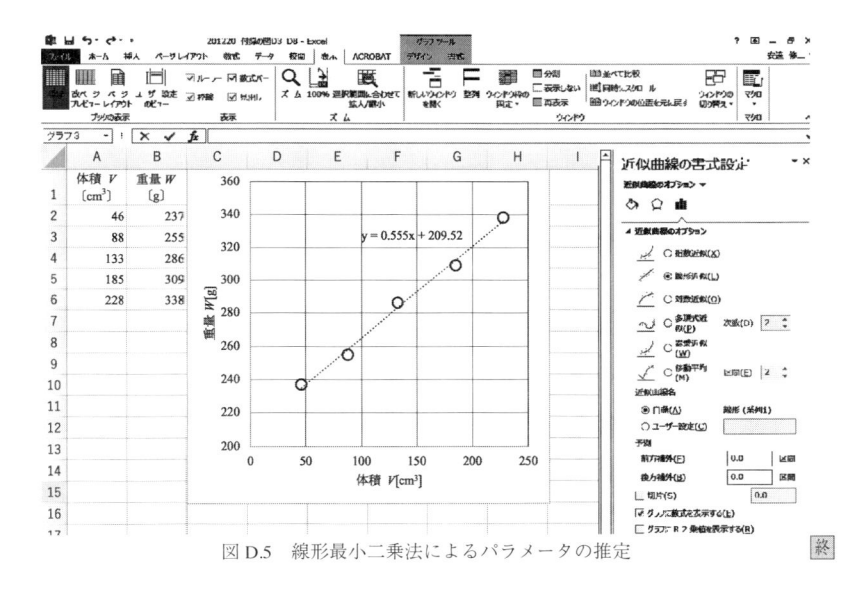

図 D.5　線形最小二乗法によるパラメータの推定

【例題 D.2】 例題 6.5 で，粉末香料を一定の条件に保持したときの香料の残存率 y の経時変化を
ワイブル式（式 (6.5)）で表現した．このとき，式 (6.5) を線形な式に変形し，パラメータ k と
n を推定した．線形な式に変形することなく，実測値にもっとも適合する k と n を求めよ．

$$y = \exp[-(kt)^n] \tag{6.5}$$

《解説》最小二乗法は実測値と計算値との差（残差）の二乗和が最小になるようにパラメータを決定
することである．式 (6.5) のように非線形な式の場合にも考え方は同様である．すなわち，香料の
残存率 y_{obs} と式 (6.5) による計算値 y_{cal} の残差の二乗和

$$M = \sum (y_{obs} - y_{cal})^2 \tag{D.3}$$

をもっとも小さくする k と n を求めることである．Excel にはこの目的に利用できるたいへん便利なツールである**ソルバー**（Solver）がある．

　まず，データをワークシートに入力する（図 D.6）．セル B2 とセル B3 はこれから求める k と n の値を表示するためのセルであり，セル A6 〜 A11 とセル B6 〜 B11 にそれぞれ時間 t と残存率の実測値 y_{obs} を入力した．つぎに，式（6.5）により残存率の計算値 y_{cal} を求める．しかし，まだ k と n が得られていない．ソルバーを用いたパラメータの推定では，パラメータに適切な初期値を設定し，その値を順次改良してもっとも妥当な値を求める（その過程をソルバーが行ってくれる）．ここでは，k と n の初期値としてそれぞれ 0.3 と 0.8 とした．これらの値を用い，計算式 "=EXP($-1*$(B2*A6)^B3)" により $t = 1$ d のときの残存率の計算値 y_{cal} を求める（セル C6）．このとき 1* を省略し，"=EXP($-$(B2*A6)^B3)" とするとエラーになる．これをコピーし，$t = 3$ 〜 15 d における残存率の計算値 y_{cal} を求める．なお，y_{cal} の計算では時間 t が変わっても参照する k と n の値は変わらない．一方，参照する時間 t の値が入力されているセルは変化する．そこで，k と n の値が入力されているセルは**絶対番地**で指定し，時間 t の値が入力されているセルは**相対番地**で指定する．例えば，セル B6 の計算式で，$ 記号を付けた「B2」と「B3」は絶対番地を表し，$ 記号のない「A6」は相対番地である．ここでは，暫定的に $k = 0.3$，$n = 0.8$ とした．つぎに，D6 に計算式 "=(B6 $-$ C6)^2" を用いて $t = 1$ のときの残差の 2 乗を求める．これをコピーして各時間での残差の 2 乗を求め，関数 SUM を用いて計算式 "=SUM(D6:D11)" により，残差二乗和 M をセル D12 に計算する．

　ここで，「ソルバー」を用いてセル D12 の値（残差二乗和 M）を最小にする k と n の値を推定する．メニューの［データ］→［ソルバー］を呼び出すと「ソルバーのパラメータ」というダイアログ・ボックスが現れる．いま，セル D12 の値を最小とするセル B2 と B3 の値を求めたいので，「目的セルの設定」は D12 を選択する．D12 と入力して Enter を押すと D12 と表示される．また，シート上のセル D12 をマウスで選択しても D12 と表示される．「目標値」は目的セルの値をもっとも小さくし

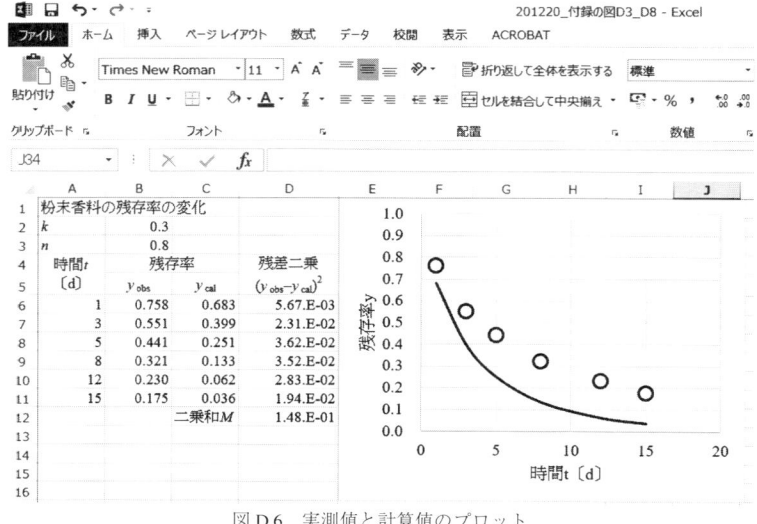

図 D.6　実測値と計算値のプロット

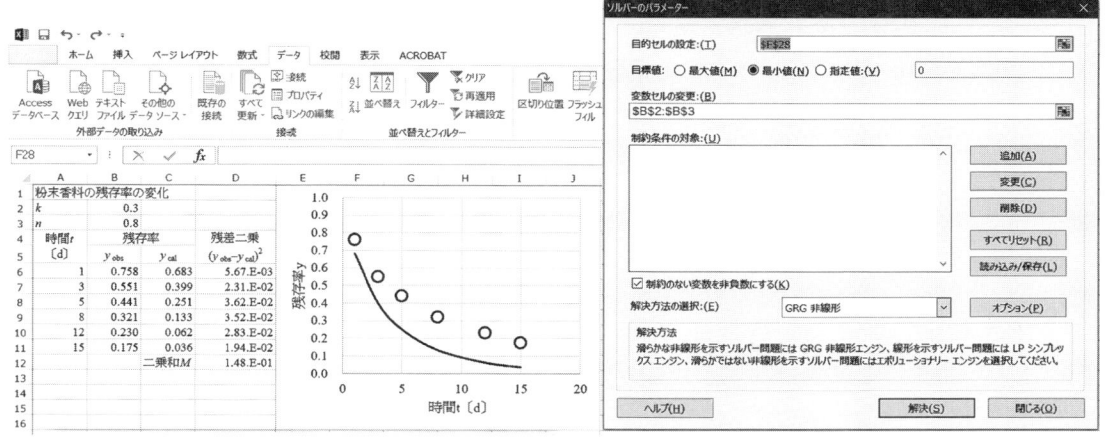

図 D.7　ソルバーによるパラメータの設定

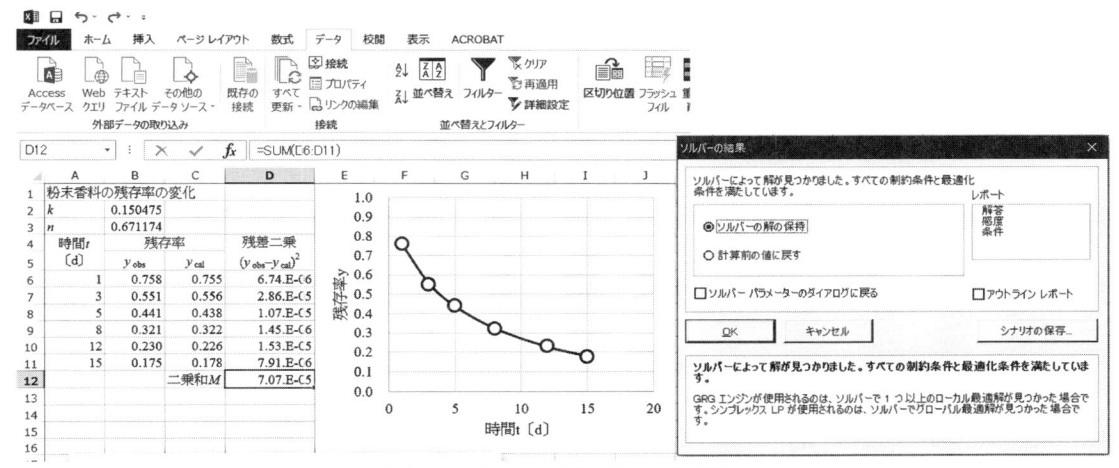

図 D.8　ソルバーによるパラメータの推定

たいので「最小値」を選択（◉）する．さらに，k と n の値を求めたいので，「変数セルの変更」には B2 と B3 を選ぶ（\$B\$2:\$B\$3）．この例題では，「制約条件の対象」は空欄でよい．等式や不等式などの制約条件がある場合には，ここに入力する（図 D.7）．ここで，［解決］をクリックすると，ただちに計算が行われ，図 D.8 のように，「ソルバーの結果」のダイアログ・ボックスが表示される．このとき，セル B2 と B3 の値およびセル D12 の値が初期値とは異なっている．ここで，セル B2 と B3 に表示された値が求めたい k と n の値である．すなわち，$k = 0.150\ \mathrm{d}^{-1}$，$n = 0.671$ である．それらの値は，式（6.5）を線形な形に変形して得られた値（$k = 0.150\ \mathrm{d}^{-1}$，$n = 0.674$）とほぼ一致しているが，やや異なる．終

E. 次元解析

　ある現象を支配する因子間に理論的関係が成立するとすれば，その式は次元的に健全でなければならない．この事実に基づいて多くの変数を数個の無次元項にまとめることができる．これを次元解析

という．なお，無次元項とは次元をもつ（単位をもつ）変数を適当に組み合わせることにより得られる次元をもたない（単位をもたない）変数のことである．変数の組み合わせによって得られる無次元項の数は，変数の数 n とそれらに含まれる基本単位の数 m の差 $(n - m)$ 個である．これを π 定理という．

次元解析により物体の自由落下を考える．物体が真空中を自由落下（静かに離したときの落下）するときの距離 s〔m〕は，質量 m〔kg〕，重力加速度 g〔m/s²〕，時間 t〔s〕が関係すると思われる（高校物理で質量は無関係なことを学んでいるが，直感的には関係しそうなので入れておく）．すなわち，

$$s = f(m, g, t) \tag{E.1}$$

次元解析では従属変数（ここでは距離 s）は独立変数（質量 m，重力加速度 g，時間 t）のそれぞれのべき乗の積に比例すると仮定する．

$$s = K m^a g^b t^c \tag{E.2}$$

ここで，K は無次元で単位をもたない比例定数であり，実験によって決定される．式（E.2）において単位の関係は次のようになる．

$$[\mathrm{m}] = [\mathrm{kg}]^a [\mathrm{m/s}^2]^b [\mathrm{s}]^c \tag{E.3}$$

式（E.3）が次元的に健全であるためには，左辺と右辺の単位が同じでなければならないので，

長さ（m について）　　　$1 = b$
質量（kg について）　　　$0 = a$
時間（s について）　　　$0 = -2b + c$

が成立し，$a = 0$，$b = 1$，$c = 2$ である．$a = 0$ であるので，質量は無関係であることになる．したがって，式（E.2）に関与する変数の数は $n = 3$（距離 s，重力加速度 g，時間 t），基本単位の数は $m = 2$（m と s）であり，π 定理より $n - m = 3 - 2 = 1$ で式（E.2）は 1 つの無次元項でまとめられる．式（E.2）で $b = 1$，$c = 2$ より，

$$s = K g t^2 \tag{E.4}$$

であり，

$$s/g t^2 = K \tag{E.5}$$

である．式（E.5）の左辺の単位を計算すると，m/[(m/s²)s²] で無次元である．すなわち，$s/g t^2$ が無次元項である．なお，高校物理では式（E.2）の比例定数 K が 1/2 であることを学んだが，次元解析ではこの値は求められず，例えば地上で物体が落下するときの距離と時間の関係を高速カメラで観察するなどの実験により求めなければならない．

また，$s = (1/2)g t^2$ の関係は微分方程式を解くことによっても得られる．

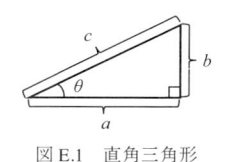

【例題 E.1】 次元解析により，直角三角形の3辺の長さ a, b, c（図 E.1）の間の関係を求めよ．なお，ピタゴラスの定理（三平方の定理）は使わない．

図 E.1　直角三角形

《解説》 対辺の長さ c は他の2辺 a と b の関数であるとする．

$$c = Kf(a,b) = Ka^{\alpha}b^{\beta} \tag{E.6}$$

ここで，正しくは次元であるが，便宜的に単位に着目すると，

$$[\mathrm{m}]^1 = K[\mathrm{m}]^{\alpha}[\mathrm{m}]^{\beta} \tag{E.7}$$

ここで，K は無次元の比例定数である．左辺と右辺の単位が同じ（次元的に健全）であるには，

$$\mathrm{m}: \quad 1 = \alpha + \beta \tag{E.8}$$

である．式の数が1で，未知数が2であるので，β を未知数とすると，$\alpha = 1 - \beta$ である．したがって，

$$c = Ka^{1-\beta}b^{\beta} = Ka(b/a)^{\beta} \tag{E.9}$$

より，

$$\frac{c}{a} = K\left(\frac{b}{a}\right)^{\beta} \tag{E.10}$$

と2つの無次元項（c/a と b/a）でまとめられる．なお，変数の数は a, b と c の3であり，基本単位の数は m（メートル）の1であるので，π 定理より無次元項の数は，$3 - 1 = 2$ である．式（E.10）の K と β は，形が同じ（相似）で大きさの異なる直角三角形の大きさを測り（すなわち，実験により），c/a と b/a を両対数方眼紙にプロットして得られる直線から決定する．なお，直角三角形に対する諸法則から $\beta = 1$，$K = 1/\sin\theta = \operatorname{cosec}\theta$ である．　終

【例題 E.2】 初期温度が T_0〔K〕の円柱を温度 T_∞〔K〕の
水中に漬けると，円柱の中心の温度 T〔K〕は時間 t〔s〕
とともに，図 E.2 のように変化する（非定常伝熱という）.
円柱の中心の温度 T は，時間 t や円柱の熱の伝わりやす
さ（温度伝導度（熱拡散率ともいう）α〔m^2/s〕），円柱の
半径 R〔m〕によって異なるが，変化するグラフの形状は
図 E.2 と同様である．すなわち，現象は相似である．次
元解析により，円柱の中心の温度 T の平衡温度 T_∞ への未
到達度 Θ

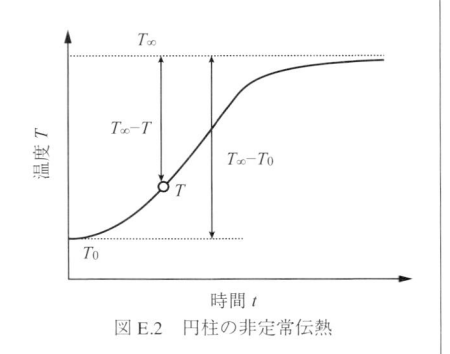

図 E.2　円柱の非定常伝熱

$$\Theta = \frac{T_\infty - T}{T_\infty - T_0} \tag{E.11}$$

と，温度伝導度 α，半径 R，時間 t の関係を求めよ．なお，平衡温度 T_∞ への未到達度 Θ は，一
般には無次元温度という．

《解説》 Θ は温度伝導度 α，半径 R，時間 t の関数で，それぞれのべき乗に比例するとおく.

$$\Theta = Kf(\alpha, R, t) = K\alpha^a R^b t^c \tag{E.12}$$

ここで，単位に着目すると，

$$[-] = [m^2/s]^a [m]^b [s]^c \tag{E.13}$$

であるので，左辺と右辺が次元的に健全であるには，基本単位（m と s）について

$$m: \quad 0 = 2a + b \tag{E.14}$$
$$s: \quad 0 = -a + c$$

が成立する．a を未知数とすると，$b = -2a$, $c = a$ であるので，

$$\Theta = K\alpha^a R^{-2a} t^a = K(\alpha t/R^2)^a \tag{E.15}$$

と表される．すなわち，無次元温度 Θ は無次元時間 $(\alpha t/R^2)$ のみの関数となる．したがって，種々
の大きさ（半径）や熱の伝わりやすさの異なる円柱について得られた結果は，Θ と $\alpha t/R^2$ を両対数方
眼紙にプロットすると 1 本の線で表される.

　式（E.12）のままで 3 つの係数 a，b および c を求めようとすると，a，R，t の 3 つの変数のうち 2
つを一定にして，他の 1 つの変数が異なる条件で Θ を求める実験を，すべての変数について行う必
要がある．すなわち，a と R が一定で t が異なる，a と t が一定で R が異なる，R と t が一定で a が
異なる実験を行う必要がある．R や t（とくに，t）を変えることは容易であるが，a の異なるいろい
ろな材料について実験することは容易ではない．しかし，式（E.15）のように，無次元温度 Θ は無
次元時間 $(\alpha t/R^2)$ の関数として表現できれば，必ずしも a の異なる材料について実験する必要はなく，
R や t が異なる条件で Θ の値を求め，定数の K と a を決定すれば，その式は a の異なる他の材料に

対しても適用できる.

なお，無次元温度 Θ と無次元時間 $(\alpha t/R^2)$ の関係については，すでに解析解が得られている. 終

F. 図的および数値的微積分

自動車のスピードメーターには速さとともに走行距離が表示される．走行距離は速さを積算（積分）したものである．食品加工プロセスで起こる現象を定量的に取り扱うためにも，簡単な微分や積分の知識が必要となる．微分や積分が解析的に行えることも多いが，そうでない場合もある．また，データが数式ではなく，(x_1, f_1)，(x_2, f_2)，……，(x_n, f_n) のようにデータ組として与えられることもある．そのような場合に微分や積分を行う方法として，図的および数値的な方法がある．

F.1 図積分

積分は，図 F.1 に示すように，被積分関数 $f(x)$ と x 軸で囲まれた部分の面積を求めることである．そこで，次のようにして積分値を求めることができる．

均質な方眼紙に $f(x)$ をプロットして滑らかな曲線で結ぶ．描いた図形の必要な部分（被積分区間）を切り抜き，その重量を天秤で正確に測定する．また，同一の方眼紙から基準となる正方形または長方形（面積は既知）を切り抜き，その重量を測定する．両者の重量比から積分値を求める．このような方法を**図積分**という．

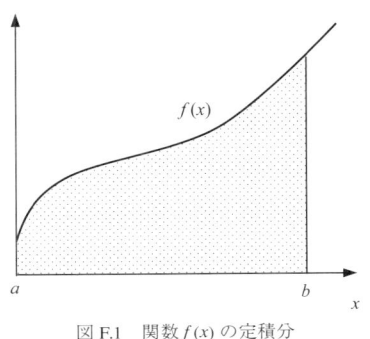

図 F.1　関数 $f(x)$ の定積分

【**例題 F.1**】図積分法と同様の考え方により，**図 F.2** に示す琵琶湖の面積を求めよ.

10 km

図 F.2　琵琶湖の面積

《**解説**》図 F.2 を A4 用紙に収まるように拡大コピーして，琵琶湖と 10 km 四方の正方形（100 km²）を切り取って天秤で秤量すると，それぞれ 0.6778 g と 0.1024 g であった．したがって，琵琶湖の面積は (100)(0.6778)/(0.1024) = 662 km² と求められる．なお，地図帳には 670 km² と記載されており，ほぼ一致する. 終

F.2 数値積分

数値積分は定積分

$$I = \int_a^b f(x)dx \tag{F.1}$$

を数値的に求めるものであり，幾何学的には上述したように，a と b の間の曲線 f と x 軸で囲まれた部分の面積を求めることである（図 F.1）．被積分関数 $f(x)$ は式で与えられることもあれば，数値表として与えられることもある．

　積分区間を n 個の長さ h の小区間に分割し，小区間 $x_{i-1} \sim x_i$ での関数 f の代表値を $x = x_{i-1}$ での f の値（$f(x_{i-1})$）で近似して，長方形の面積 $hf(x_{i-1})$ を足す方法（**図 F.3**（a），**後退差分法**による積分という），小区間 $x_{i-1} \sim x_i$ での関数 f の代表値を $x = x_i$ での f の値（$f(x_i)$）で近似して，長方形の面積 $hf(x_i)$ を足す方法（図 F.3（b），**前進差分法**による積分という）や，さらに各点を直線で結んでできる台形の面積を足して，区間 $x = a \sim b$ の積分値を求める方法（図 F.3（c），**台形公式**による積分という）などがある．台形公式による積分は，後退差分法による積分値と前進差分法による積分値の平均値であり，ある程度の精度で簡単に積分値を求めたいときに用いられる．

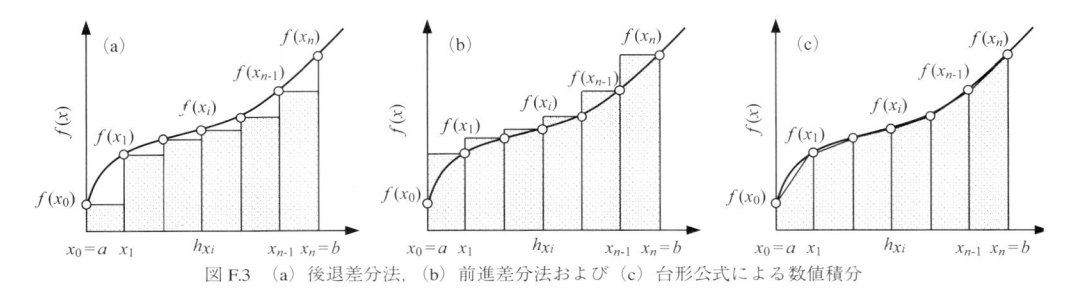

図 F.3　（a）後退差分法，（b）前進差分法および（c）台形公式による数値積分

　もう少し精度が高い方法に**シンプソン（Simpson）法**による数値積分がある．これは隣り合う 3 点（図 F.3 では，x_0，x_1，x_2 や x_2，x_3，x_4 などの組）を通る 2 次関数（放物線）を求め，各組の積分値を解析的に求め，それらを足し合わせることにより，区間 $x = a \sim b$ の積分値を求める方法である．積分区間 $a \leq x \leq b$（$a = x_0$，$b = x_{2n}$）を偶数個（$2n$）の等しい長さの小区間 $h = (b - a)/2n$ に分割すると，積分値は次式で与えられる．

$$\int_{x_0}^{x_{2n}} f(x)\,dx = \int_{x_0}^{x_2} f(x)\,dx + \int_{x_2}^{x_4} f(x)\,dx + \cdots + \int_{x_{2n-2}}^{x_{2n}} f(x)\,dx$$

$$= \frac{h}{3}\,(f_0 + 4f_1 + 2f_2 + 4f_3 + 2f_4 + \cdots + 2f_{2n-2} + 4f_{2n-1} + f_{2n}) \tag{F.2}$$

【例題 F.2】 $I = \int_0^1 (x^2 + 1)dx$ を，区間を 10 分割して，後退差分法，前進差分法，台形公式およびシンプソンの公式による数値積分により解き，解析解の値と比較せよ．

《解説》区間 $[0, 1]$ を 10 分割して 0.1 刻みで $x^2 + 1$ の値を計算すると表 F.1 のようになる．

表 F.1　0.1 刻みでの被積分関数の値

x	0	0.1	0.2	0.3	0.4	0.5	0.6	0.7	0.8	0.9	1.0
x^2+1	1.00	1.01	1.04	1.09	1.16	1.25	1.36	1.49	1.64	1.81	2.00

前進差分法による積分値は，

$$I = (0.1)(1.00 + 1.01 + 1.04 + 1.09 + 1.16 + 1.25 + 1.36 + 1.49 + 1.64 + 1.81) = 1.285$$

ある．また，後退差分法による積分値は，

$$I = (0.1)(1.01 + 1.04 + 1.09 + 1.16 + 1.25 + 1.36 + 1.49 + 1.64 + 1.81 + 2.00) = 1.385$$

である．台形公式による積分値は前進差分法と後退差分法による積分値の平均であるので，

$$I = (1.285 + 1.385)/2 = 1.335$$

である．さらに，シンプソンの公式を適用すると，

$$I = (0.1/3)[1.00 + (4)(1.01 + 1.09 + 1.25 + 1.49 + 1.81) + (2)(1.04 + 1.16 + 1.36 + 1.64) + 2.00] = 1.333$$

である．一方，解析解による値は

$$I = \int_0^1 (x^2 + 1)dx = \left[\frac{1}{3}x^3 + x\right]_0^1 = \frac{1}{3}(1^3 - 0^3) + (1 - 0) = 1.333$$

台形公式による積分値は解析解による値に近く，精度よく積分値が得られることがわかる．■

F.3 図微分

微分とは，関数（グラフ）の接線の傾きを求めることであるので，グラフの微分値（傾き）を求めたいところに定規をあてて直感的に接線を引き，その傾きを求めればよい．しかし，鏡を用いてもう少し精度よく微分値を求める方法がある．

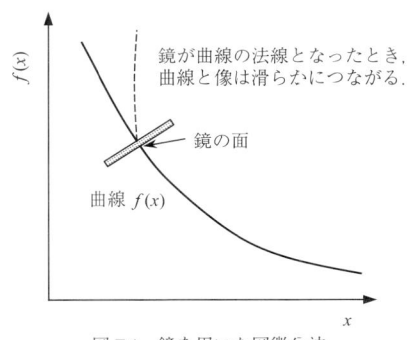

関数 $f(x)$ をプロットして滑らかな曲線で結ぶ．微分値を求めたいところで鏡を紙面に対して垂直に立てる．ほぼ真上から見ながら，鏡に映った曲線の像がグラフと滑らかに連なるように鏡の面を調整する．このとき，鏡の面は曲線に対する法線を与える（図 F.4）．この直線を引き，勾配を求める．それより，（接線の勾配）＝ −1/（法線の勾配）の関係を用いて，微係数を求めることができる．このような方法を**図微分**といい，注意深く行えば誤差は比較的少ない．

図 F.4 鏡を用いた図微分法

F.4 数値微分

等間隔 h で関数 f の値が表などで与えられているとき，関数 f の値の 3 点 (x_0, f_0), (x_1, f_1), (x_2, f_2) を通る 2 次式を求め，それを解析的に微分して導関数 f'（微係数）の近似値を求める方法を**数値微分**という．$x = x_0, x = x_1$ および $x = x_2$ における導関数の値はそれぞれ式（F.3），式（F.4）と式（F.5）で与えられる．

$$f'(x_0) = \frac{-3f_0 + 4f_1 - f_2}{2h} \tag{F.3}$$

$$f'(x_1) = \frac{-f_0 + f_2}{2h} \tag{F.4}$$

$$f'(x_2) = \frac{f_0 - 4f_1 + 3f_2}{2h} \tag{F.5}$$

多数の点がある場合には，左端と右端の点における微分値はそれぞれ式（F.3）と式（F.5）で求め，その他の点には式（F.4）を適用する．

【例題 F.3】 高速道路を走行中に，後部座席に座っている人が，15分ごとに走行距離を記録した（**表 F.2**）．記録を取り始めた直後（時間 $t = 0$），1時間後および2時間後の走行速度を求めよ．

表 F.2　走行時間と距離

走行時間〔h〕	0	0.25	0.5	0.75	1.0	1.25	1.5	1.75	2.0
走行距離〔km〕	0	22	40	61	86	110	132	146	164

《解説》表 F.2 をグラフに表すと**図 F.5** となる．プロットを円滑な曲線で結び，$t = 0, 1$ および $2\,h$ の点で図微分により法線を引き，その傾きから接線の傾きを計算すると，記録を取り始めた直後，1時間後および2時間後の走行速度はそれぞれ 82，100 および 85 km/h が得られる．なお，図微分の値は人によって異なる．

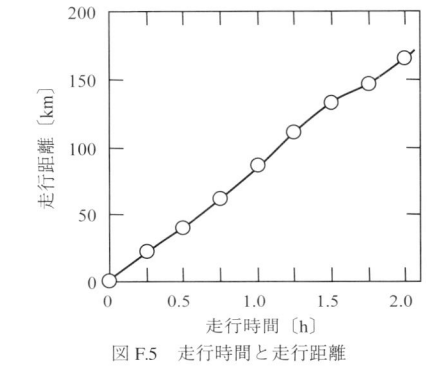

図 F.5　走行時間と走行距離

つぎに，記録を取り始めた直後，1時間後および2時間後の走行速度 v_0，v_1 と v_2 をそれぞれ式（F.3），式（F.4）および式（F.5）により求めると，

$$v_0 = \frac{(-3)(0) + (4)(22) - (40)}{(2)(0.25)} = 96 \text{ km/h}$$

$$v_1 = \frac{(-61) + (110)}{(2)(0.25)} = 98 \text{ km/h}$$

$$v_2 = \frac{(132) - (4)(146) + (3)(164)}{(2)(0.25)} = 80 \text{ km/h}$$

となる．終

G. 常微分方程式の解法

ある現象を記述するモデルが微分方程式で表されることが多い．ここでは，モデルが常微分方程式で表される場合を扱い，その解析解と数値解の求め方について述べる．

G.1　変数分離形の微分方程式

多くの1階微分方程式は，代数的な操作により，

$$g(y)dy = f(x)dx \tag{G.1}$$

の形に書き換えることができる．このような形の方程式は，x は右辺にだけ，y は左辺にだけ現れるので，**変数分離形**という．式（G.1）の両辺を積分すると，

$$\int g(y)dy = \int f(x)dx + c \tag{G.2}$$

が得られる．f と g が連続関数であれば式（G.2）の積分は存在し，式（G.1）の**一般解**が得られる．なお，農学や工学などでは，一般解ではなく，ある条件を満たす**特殊解**を求めたいことが多い．そのような場合には，初期条件から積分定数 c の値を決定する必要がある．

【例題 G.1】 液相反応 A→B の速度 $-r_A$ は次の 1 次反応速度式で表される．

$$-r_A = -\frac{dC_A}{dt} = kC_A \tag{G.3}$$

ここで，k は反応速度定数である．この反応を回分式反応器で行ったときの成分 A の濃度 C_A を時間 t の関数として表せ．ただし，成分 A の初期濃度は C_{A0} である．

《解説》式（G.3）は次のように変数が分離できる．

$$\frac{dC_A}{C_A} = -kdt \tag{G.4}$$

したがって，式（G.4）の両辺を積分すると，

$$\int \frac{dC_A}{C_A} = -k\int dt + c$$

$$\ln C_A = -kt + c \tag{G.5}$$

ここで，初期条件 $t = 0$ で $C_A = C_{A0}$ より，

$$c = \ln C_{A0} \tag{G.6}$$

よって，解は

$$\ln C_A = -kt + \ln C_{A0}$$
$$C_A = C_{A0}e^{-kt} \tag{G.7}$$

なお，上記では一般解を求めたのちに，初期条件を用いて積分定数 c を決定したが，$t = 0$ で $C_A = C_{A0}$ であり，かつ $t = t$ で $C_A = C_A$ であることから，式（G.4）を次の定積分によって解くと，これらの過程が簡単になる．

$$\int_{C_{A0}}^{C_A} \frac{dC_A}{C_A} = -k\int_0^t dt$$

$$\ln \frac{C_A}{C_{A0}} = -kt$$

$$C_A = C_{A0}e^{-kt} \tag{G.8}$$ 終

G.2　1 階線形微分方程式

1 階微分方程式が

$$y' + f(x)y = r(x) \tag{G.9}$$

の形で表されるとき線形であるという．さらに，$r(x) \equiv 0$ のとき，方程式は同次であるといい，そうでないときは，非同次であるという．

1 階線形同次微分方程式

$$y' + f(x)y = 0 \tag{G.10}$$

は，$dy/y = -f(x)dx$ と変形すると，変数分離形となる．一方，式（G.9）の非同次方程式の一般解は次式で与えられる．

$$y(x) = e^{-h}\left[\int e^{h}r dx + c\right], \quad h = \int f(x)dx \tag{G.11}$$

【例題 G.2】次の逐次反応の各段階は 1 次反応速度式に従う．

$$A \xrightarrow{k_1} Q \xrightarrow{k_2} P \tag{G.12}$$

ここで，k_1 と k_2 はいずれも反応速度定数である．回分式反応器を用いて本反応を行ったときの各成分濃度の経時変化を記述する式を導け．なお，本反応は均一液相反応であり，反応初期の成分 A の濃度は C_{A0} で，成分 Q や P は存在しない．

《解説》各成分濃度の変化は次式で表される．

$$\frac{dC_A}{dt} = -k_1 C_A \tag{G.13}$$

$$\frac{dC_Q}{dt} = k_1 C_A - k_2 C_Q \tag{G.14}$$

$$\frac{dC_P}{dt} = k_2 C_Q \tag{G.15}$$

式（G.13）は変数分離形の式であり，例題 G.1 より

$$C_A = C_{A0}e^{-kt} \tag{G.16}$$

である．式（G.16）を式（G.14）に代入して整理すると，次式を得る．

$$\frac{dC_Q}{dt} + k_2 C_Q = k_1 C_{A0}e^{-k_1 t} \tag{G.17}$$

式（G.17）は 1 階線形非同次方程式である．したがって，その解は式（G.11）を適用して次のように求められる．

$$h = \int k_2 dt = k_2 t \tag{G.18}$$

$$C_Q = e^{-k_2 t} \left[\int e^{k_2 t} k_1 C_{A0} e^{-k_1 t} dt + c \right] = e^{-k_2 t} \left[\frac{k_1 C_{A0}}{k_2 - k_1} e^{(k_2 - k_1)t} + c \right] \tag{G.19}$$

ただし，$k_1 \neq k_2$ である．初期条件 $t = 0$ で $C_Q = 0$ より，

$$c = -\frac{k_1 C_{A0}}{k_2 - k_1} \tag{G.20}$$

よって，

$$C_Q = C_{A0} \frac{k_1}{k_2 - k_1} \left[e^{-k_1 t} - e^{-k_2 t} \right] \tag{G.21}$$

である．なお，詳細は省略するが，$k_1 = k_2$ のときには，

$$C_Q = k_1 C_{A0} t e^{-k_1 t} \tag{G.22}$$

である．また，C_P は $C_P = C_{S0} - C_S - C_Q$ の量論関係により与えられる．　⬛

G.3　定数係数の2階同次線形方程式

方程式が

$$y'' + ay' + by = 0 \tag{G.23}$$

で表されるとき，式（G.23）を定数係数の2階同次線形方程式という．なお，a と b はともに定数である．

λ を適当に選んだとき，

$$y = e^{\lambda x} \tag{G.24}$$

が式（G.23）の解になると推測する．式（G.24）の導関数は，$y' = \lambda e^{\lambda x}$，$y'' = \lambda^2 e^{\lambda x}$ であるので，これらを式（G.23）に代入すると，

$$(\lambda^2 + a\lambda + b)e^{\lambda x} = 0 \tag{G.25}$$

が得られる．したがって，λ が2次方程式

$$\lambda^2 + a\lambda + b = 0 \tag{G.26}$$

の解であれば，式（G.24）は式（G.23）の解である．式（G.26）を式（G.23）の**特性方程式**という．式（G.26）は判別式により3つの場合があり，それぞれの場合の一般解は次のようになる．

式（G.26）が異なる2つの実数解 λ_1 と λ_2 をもつとき，一般解は次式となる．

$$y = c_1 e^{\lambda_1 x} + c_2 e^{\lambda_2 x} \tag{G.27}$$

ここで，c_1 と c_2 は定数であり，2つの x（時間や距離など）における y の値が与えられれば決定できる．

つぎに，式（G.26）が実重解 λ をもつときは，一般解は次式となる．

$$y = (c_1 + c_2 x)e^{\lambda x} \tag{G.28}$$

c_1 と c_2 は上記と同様に定数である.

　また, 式 (G.26) が共役複素解 $\lambda_1 = p + iq$ と $\lambda_2 = p - iq$ をもつときの一般解は次のようになる.

$$y = e^{px}(A\cos qx + B\sin qx) \tag{G.29}$$

ここで, A と B は初期条件によって定まる定数である.

【例題 G.3】 厚さ $2L$ 〔m〕の平板状の触媒があり, 液相反応 A → B を触媒する (図 G.1). この反応の速度は成分 A の濃度 C_A 〔mol/m³〕に比例する (1 次反応). 成分 A の触媒内での有効拡散係数は D 〔m²/s〕である. 定常状態における触媒内での成分 A の濃度分布を求めよ. ただし, 液本体における成分 A の濃度は C_{Ab} で一定とする.

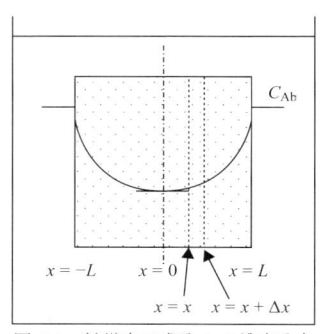

図 G.1　触媒内の成分 A の濃度分布

《解説》 平板の中心を $x = 0$ とする. 触媒内に厚さ Δx 〔m〕, 断面積 S 〔m²〕の微小体積要素における物質収支を考える. 収支式は次のように表される.

$$(蓄積量) = (入量) - (出量) + (生成量) \tag{G.30}$$

単位面積を単位時間に通過する物質量を物質流束 N_A といい, それは濃度勾配 (厳密には, 化学ポテンシャルの勾配) に比例し (フィック (Fick) の法則), 比例定数 D を拡散係数という.

$$N_A = -D \frac{dC_A}{dx} \tag{G.31}$$

式 (G.31) の右辺の負号は, 濃度勾配の向きと物質の移動方向が逆であることを表す. 微小体積要素 $S\Delta x$ 内に単位時間あたりに蓄積する成分 A の物質量は,

$$(蓄積量) = \frac{\partial(S\Delta x C_A)}{\partial t} = S\Delta x \frac{\partial C_A}{\partial t} \tag{G.32}$$

と表される. ここで, t 〔s〕は時間である. つぎに $x = x$ における単位時間あたりの入量は,

$$(入量) = SN_A\Big|_x = S\left(-D\frac{\partial C_A}{\partial x}\right)_x = -SD\left(-\frac{\partial C_A}{\partial x}\right)_x \tag{G.33}$$

である. また, $x = x + \Delta x$ における単位時間あたりの出量は,

$$(出量) = SN_A\Big|_{x+\Delta x} = S\left(-D\frac{\partial C_A}{\partial x}\right)_{x+\Delta x} = -SD\left(-\frac{\partial C_A}{\partial x}\right)_{x+\Delta x} \tag{G.34}$$

である. さらに, 反応速度は成分 A の濃度に比例 ($dC_A/dt = -kC_A$ (k は反応速度定数)) するので,

単位時間あたりの生成量は,

$$（生成量）= S\Delta x \frac{dC_\mathrm{A}}{dt} = S\Delta x(-kC_\mathrm{A}) = -S\Delta x k C_\mathrm{A} \tag{G.35}$$

である. 式 (G.32)〜式 (G.35) を式 (G.30) に代入すると,

$$S\Delta x \frac{\partial C_\mathrm{A}}{\partial t} = SN_\mathrm{A}\Big|_x - SN_\mathrm{A}\Big|_{x+\Delta x} - S\Delta x k C_\mathrm{A}$$

$$= -SD\left(\frac{\partial C_\mathrm{A}}{\partial x}\right)_x + SD\left(\frac{\partial C_\mathrm{A}}{\partial x}\right)_{x+\Delta x} - S\Delta x k C_\mathrm{A} \tag{G.36}$$

となる. 式 (G.36) の両辺を $S\Delta x$ で割る.

$$\frac{\partial C_\mathrm{A}}{\partial t} = -\frac{N_\mathrm{A}\big|_{x+\Delta x} - N_\mathrm{A}\big|_x}{\Delta x} - kC_\mathrm{A} = \frac{\left(\frac{\partial C_\mathrm{A}}{\partial x}\right)_{x+\Delta x} - \left(\frac{\partial C_\mathrm{A}}{\partial x}\right)_x}{\Delta x} - kC_\mathrm{A} \tag{G.37}$$

ここで, $\Delta x \to 0$ の極限をとる.

$$\frac{\partial C_\mathrm{A}}{\partial t} = -\frac{\partial N_\mathrm{A}}{\partial x} - kC_\mathrm{A} = D\frac{\partial^2 C_\mathrm{A}}{\partial x^2} - kC_\mathrm{A} \tag{G.38}$$

式 (G.38) は非定常状態における成分 A に対する物質収支式である.

　ここでは, 定常状態（単位時間あたりの（蓄積量）= 0 の状態）を考えているので, 式 (G.38) の左辺は 0 である. したがって, 定常状態における物質収支式は,

$$D\frac{d^2 C_\mathrm{A}}{dx^2} - kC_\mathrm{A} = 0 \tag{G.39}$$

となる. また, 式 (G.39) に対する境界条件の一つは, 液本体の濃度が C_Ab であることより,

$$x = L\,;\, C_\mathrm{A} = C_\mathrm{Ab} \tag{G.40}$$

である. さらに, 濃度分布は中心で対称でなければならないことより, もう一つの境界条件は次式で与えられる.

$$x = 0\,;\, dC_\mathrm{A}/dx = 0 \tag{G.41}$$

　式 (G.39) は定数係数の 2 階同次線形方程式である. したがって, 式 (G.39) に対する特性方程式は次のように表される.

$$\lambda^2 - \frac{k}{D} = 0 \tag{G.42}$$

式 (G.42) を解くと,

$$\lambda_1 = \sqrt{k/D}, \quad \lambda_2 = -\sqrt{k/D} \tag{G.43}$$

という 2 つの実数解をもつ. したがって, これらの解を式 (G.27) に代入すると,

$$C_\mathrm{A} = c_1 e^{\sqrt{k/D}\,x} + c_2 e^{-\sqrt{k/D}\,x} \tag{G.44}$$

を得る．ここで，c_1 と c_2 は境界条件によって定まる定数である．式（G.40）より，

$$c_1 e^{\sqrt{k/D}\,L} + c_2 e^{-\sqrt{k/D}\,L} = C_{Ab} \tag{G.45}$$

である．また，式（G.44）を x で微分して式（G.41）の条件を代入すると，

$$c_1 \sqrt{k/D} - c_2 \sqrt{k/D} = 0 \tag{G.46}$$

となる．式（G.45）と式（G.46）から積分定数を求めると，

$$c_1 = c_2 = \frac{C_{Ab}}{e^{\sqrt{k/D}L} + e^{-\sqrt{k/D}L}} \tag{G.47}$$

となる．したがって，式（G.47）を式（G.44）に代入して特殊解を求めると，

$$C_A = \frac{C_{Ab}}{e^{\sqrt{k/D}L} + e^{-\sqrt{k/D}L}} \left(e^{\sqrt{k/D}x} + e^{-\sqrt{k/D}x} \right) \tag{G.48}$$

を得る．ここで，

$$\cosh x = \frac{e^x + e^{-x}}{2} \tag{G.49}$$

を用いて式（G.48）を表すと，

$$C_A = \frac{C_{Ab}}{\cosh(\sqrt{k/D}L)} \cosh(\sqrt{k/D}x) \tag{G.50}$$

となる．さらに，

$$\phi = L\sqrt{k/D}, \quad \xi = x/L \tag{G.51}$$

とおくと，式（G.50）は

$$\frac{C_A}{C_{Ab}} = \frac{1}{\cosh \phi} \cosh(\phi\xi) \tag{G.52}$$

と表され，無次元濃度 C_A/C_{Ab} の分布は無次元パラメータ ϕ（チーレ（Thiele）数という）のみに依存する．　▨

G.4　常微分方程式の数値解法

微分方程式が解析的に解けない場合には，数値的に解く必要がある．いくつかの解法について述べる．

⑴ **オイラー法**　1 階常微分方程式

$$y' = f(x,y) \tag{G.53}$$

で，解が満足すべき 1 つの条件 $y(x_0) = y_0$ が与えられている初期値問題を考える．$y(x)$ を x の近傍でテーラー（Taylor）級数展開すると，

$$y(x + h) = \sum_{n=1}^{\infty} \frac{h^n}{n!} f^{(n)}(x) = y(x) + hy'(x) + \frac{h^2}{2} y''(x) + \cdots \tag{G.54}$$

となる．式（G.53）より $y' = f$ であり，また $y'' = f'$，……である．したがって，式（G.54）を書き直

すと，

$$y(x + h) = y(x) + hf + \frac{h^2}{2}f' + \cdots \tag{G.55}$$

となる．h が小さいとき，h^2, h^3, ……を含む項は非常に小さくなり，粗い近似として次式が成り立つ．

$$y(x + h) \approx y(x) + f(x, y) \tag{G.56}$$

この式を用いて式（G.53）を解く方法を**オイラー（Euler）法**という．

　まず，初期条件 $x = x_0$ で $y = y_0$ を用いて，$x_1 = x_0 + h$ における y の値 y_1 を求める．

$$y_1 = y_0 + hf(x_0, y_0) \tag{G.57}$$

これが $y(x_1) = y(x_0 + h)$ の近似値となる．つぎに $x_2 = x_1 + h = x_0 + 2h$ での近似値を

$$y_2 = y_1 + hf(x_1, y_1) \tag{G.58}$$

により計算する．以下，同様の計算を繰り返す．本法の精度は増分 h の大きさに依存し，一般に h が細かいほど精度がよい（ただし，h を細かくすると計算回数が多くなること，および計算機での丸め誤差が蓄積することに留意する必要がある）．

(2) **改良または繰り返しオイラー法**　上述したオイラー法は計算が簡単であるが，x_0 から x_1 の微係数として区間の入口 x_0 での値を用いているため，精度はあまり高くない．区間の両端 x_0 と $x_1 = x_0 + h$ において微係数を算出し，それらの平均値を採用することが好ましい．しかし，区間の出口 x_1 での y_1 の値が不明であるので，式（G.57）で算出した y_1 をその近似値 $y_1^{(1)}$ とみなし，次式によって y_1 の第 2 近似値 $y_1^{(2)}$ を求める．

$$y_1^{(2)} = y_0 + h\frac{f(x_0, y_0) + f(x_1, y_1^{(1)})}{2} \tag{G.59}$$

x_2, x_3, ……における y 値についても同様である．この方法を**改良オイラー法**という．

　このようにして得られた $y_1^{(2)}$ を再び式（G.59）に代入して，y_1 の改善値 $\bar{y}_1$ を求め，両者の誤差が許容値 ε より小さくなるまで繰り返し計算する方法を**繰り返しオイラー法**という．

(3) **Runge - Kutta - Gill（RKG）法**　本法は，常微分方程式を数値的に解く方法としてもっとも広く用いられ，精度も高い．

　常微分方程式が式（G.53）で表され，(x_n, y_n) が与えられているとき，$x_{n+1} = x_n + h$ における y の値をつぎのようにして計算する．

$$k_1 = hf(x_n, y_n) \tag{G.60}$$

$$r_1 = \frac{1}{2}(k_1 - 2q_0) \tag{G.61}$$

$$y^{(1)} = y_n + r_1 \tag{G.62}$$

$$q_1 = q_0 + 3r_1 - \frac{1}{2}k_1 \tag{G.63}$$

$$k_2 = hf(x_n + \frac{h}{2}, y^{(1)}) \tag{G.64}$$

$$r_1 = \left(1 - \frac{\sqrt{2}}{2}\right)(k_2 - q_1) \tag{G.65}$$

$$y^{(2)} = y^{(1)} + r_2 \tag{G.66}$$

$$q_2 = q_1 + 3r_2 - \left(1 - \frac{\sqrt{2}}{2}\right)k_2 \tag{G.67}$$

$$k_3 = hf(x_n + \frac{h}{2}, y^{(2)}) \tag{G.68}$$

$$r_3 = \left(1 + \frac{\sqrt{2}}{2}\right)(k_3 - q_2) \tag{G.69}$$

$$y^{(3)} = y^{(2)} + r_3 \tag{G.70}$$

$$q_3 = q_2 + 3r_3 - \left(1 + \frac{\sqrt{2}}{2}\right)k_3 \tag{G.71}$$

$$k_4 = hf(x_n + h, y^{(3)}) \tag{G.72}$$

$$r_4 = \frac{1}{6}(k_4 - 2q_3) \tag{G.73}$$

$$y_{n+1} = y^{(3)} + r_4 \tag{G.74}$$

$$q_4 = q_3 + 3r_4 - \frac{1}{2}k_4 \tag{G.75}$$

ここで，q_0 は 1 つ前のステップで計算した q_4 を使用する．なお，計算を開始する際の初期値は 0 とする．この一連の計算を終了したのち，(x_{n+1}, y_{n+1}) を (x_n, y_n) と置き換え，さらに q_4 を q_0 に代入して，次のステップの計算を繰り返す．

　上述したオイラー法，改良または繰り返しオイラー法および RKG 法は，従属変数が一つの常微分方程式を例として説明したが，いずれの方法も連立常微分方程式の数値解にも適用できる．

H. 主要数値

おもな重要数値

アボガドロ数	6.022×10^{23}
重力加速度	9.807 m/s^2
	32.174 ft/s^2
気体定数	8.314 J/(mol·K)
	0.08205 L·atm/(mol·K)
	1.987 cal/(mol·K)
	1.986 Btu/(lb-mol·K)
理想気体の0℃，1 atm（＝1.013×10^5 Pa）における1 molの気体の体積	22.41×10^{-3} m^3/mol
	359.0 ft^3/mol
空気の平均分子量	28.97
絶対温度と摂氏温度	T〔K〕$= t$〔℃〕$+273.15$
摂氏温度と華氏温度	t〔℃〕$= (t'$〔°F〕$-32) \times (9/5)$
	t'〔°F〕$= (9/5)t$〔℃〕$+32$

I. 単位の換算

単位の換算表

長さ

m	ft	in
1	3.281	39.37
0.01	0.03281	0.3937
0.001	3.28×10^{-3}	0.03937
0.3048	1	12
0.0254	0.08333	1

ft：フィート，in：インチ

質量

kg	lb	t
1	2.205	0.001
0.001	2.205×10^{-3}	1×10^{-6}
0.4536	1	4.536×10^{-4}
1000	2205	1

lb：ポンド，t：トン

密度

kg/m^3	g/cm^3	lb/ft^3
1	0.001	0.06243
10^6	1000	6.423×10^4
1000	1	62.43
16.02	0.01602	1

力

N	dyn	kgf
1	10^5	0.102
10^{-5}	1	1.02×10^{-6}
9.807	9.807×10^5	1

dyn：ダイン，
kgf（kg-fとも書く）：キログラム重

圧力

Pa	kgf/cm^2	mmHg	atm	bar
1	1.02×10^{-5}	7.501×10^{-3}	9.869×10^{-6}	10^{-5}
9.807×10^4	1	735.6	0.9678	0.9807
133.3	1.36×10^{-3}	1	1.316×10^{-3}	1.333×10^{-3}
1.013×10^5	1.033	760	1	1.013
10^5	1.02	750.1	0.9869	1

mmHg：ミリメートル水銀柱，atm：アトム（気圧），bar：バール

エネルギー，仕事量，熱量

J	erg	cal	Btu	kW·h
1	10^7	0.2389	9.478×10^{-4}	2.777×10^{-7}
10^{-7}	1	2.3891×10^{-8}	9.478×10^{-11}	2.777×10^{-14}
4.184	4.18×10^7	1	3.968×10^{-3}	1.162×10^{-6}
1055	1.055×10^{10}	252	1	2.931×10^{-4}
3.6×10^6	3.6×10^{13}	8.599×10^5	3412	1

erg：エルグ，cal：カロリー，Btu：英国熱量単位（英式熱量単位），
kW·h：キロワットアワー（キロワット時）

動力，仕事率，工率

W	kgf·m/s	PS	HP	cal/s
1	0.102	1.36×10^{-3}	1.341×10^{-3}	0.2388
9.807	1	0.01333	0.01315	2.342
735.5	75	1	0.9863	175.7
745.7	76.04	1.014	1	178.1
4.187	0.4269	5.692×10^{-3}	5.615×10^{-3}	1

PS：仏馬力（Pferdestärke（ドイツ語）に由来），HP：英馬力（Horse power（英語）に由来）

熱伝導度

W/(m·K)	kcal/(m·h·℃)	Btu/(ft·h·°F)
1	0.8598	0.5778
1.163	1	0.672
1.73	1.488	1

伝熱係数

W/(m²·K)	kcal/(m²·h·℃)	Btu/(ft²·h·°F)
1	0.86	0.176
1.163	1	0.2048
5.678	4.88	1

粘度

Pa·s	kg/(m·h)	P	lb/(ft·s)
1	3600	10	0.672
2.778×10^{-4}	1	2.778×10^{-3}	1.867×10^{-4}
0.1	360	1	0.0672
1.488	5357	14.88	1

P：ポアズ

索　引

安達修二（あだち しゅうじ）
1951 年 兵庫県生まれ

1974 年 京都大学農学部食品工学科 卒業，1978 年 京都大学大学院農学研究科食品工学専攻博士課程 中途退学，1978 年 京都大学工学部化学工学科 助手，1982 年 京都大学農学博士，1984 年 新居浜工業高等専門学校工業化学科 助教授，1988 年 静岡県立大学食品栄養科学部食品学科 助教授，1990 年 京都大学農学部食品工学科 助教授，2003 年 京都大学大学院農学研究科食品生物科学専攻 教授，2017 年 京都学園大学バイオ環境学部食農学科 教授，2019 年 京都先端科学大学（名称変更）バイオ環境学部食農学科 特任教授（2024 年退職），2017 年 京都大学名誉教授，現在に至る

古田　武（ふるた たけし）
1943 年 兵庫県生まれ

1966 年 姫路工業大学産業機械工学科 卒業，1966 年 京都大学工学部化学工学科 助手，1978 年 京都大学工学博士，1983 年 東亜大学工学部食品工業科学科 教授，1991 年 鳥取大学工学部生物応用工学科 助教授，1993 年 鳥取大学工学部生物応用工学科 教授，2009 年 鳥取大学 名誉教授，現在に至る

はじめて学ぶ・もう一度学ぶ食品工学 ［第 2 版］

安達修二・古田　武 著

2021 年 3 月 1 日　　初版 1 刷発行
2024 年 9 月 5 日　　第 2 版 1 刷発行

発行者　　　　　片岡 一成
印刷・製本　　　株式会社ディグ
発行所　　　　　株式会社恒星社厚生閣
　　　　　　　　〒 160-0008 東京都新宿区四谷三栄町 3-14
　　　　　　　　TEL：03（3359）7371
　　　　　　　　FAX：03（3359）7375
　　　　　　　　http://www.kouseisha.com/

ISBN978-4-7699-1707-6　C0060
©Shuji Adachi and Takeshi Furuta, 2024
（定価はカバーに表示）　．

食品製造に役立つ食品工学事典

日本食品工学会 編
B5判・322頁・定価8,800円（税込）

製造プロセスにおける単位操作とその繋がりを明確にし、現場向けに食品工学的手法を簡潔明瞭に解説する。

e-水産学シリーズ 6
生鮮水産物品質の非破壊計測技術

岡﨑惠美子・木宮 隆・鈴木敏之・今野久仁彦 編
A5判（オールカラー）・328頁・定価7,700円（税込）

非破壊計測技術の原理や解析を解説し、実際に水産物の高付加価値化や地域振興に取り組む事例を紹介。

e-水産学シリーズ 1
水圏生物タンパク質科学の新展開

尾島孝男・落合芳博 編
A5判（オールカラー）・334頁・定価7,700円（税込）

多様な水圏生物タンパク質についてオールカラーで詳細に解説。水産物の機能や貯蔵への応用研究等も紹介。

水産・食品化学実験ノート

落合芳博・石崎松一郎・神保 充 編
B5判（2色刷）・200頁・定価3,080円（税込）

水産系・食品系の学生が身につけておくべき実験を見開きでわかりやすく紹介。

食品加工技術概論

高野克己・竹中哲夫 編
B5判（2色刷）・160頁・定価3,080円（税込）

食品加工の基礎理論から最新の加工技術までを2色刷りで平易にまとめたテキスト。

水産利用化学の基礎

渡部終五 編
B5判・224頁・定価4,180円（税込）

魚介肉利用の基礎から最新情報まで、わかりやすく解説したテキスト。

水圏生化学の基礎

渡部終五 編
B5判・245頁・定価4,180円（税込）

水生生物の生化学分野の基礎をコンパクトにまとめたテキスト。

水産食品の加工と貯蔵

小泉千秋・大島敏明 編
A5判・350頁・定価4,620円（税込）

水産物の加工、消費者嗜好、製造技術、食品貯蔵法を平易な記述で解説する水産加工ハンドブック。

新・食品衛生学 第三版

藤井建夫・塩見一雄 著
A5判・322頁・定価3,080円（税込）

2018年食品衛生法改正に踏まえ最新データで改訂。食品衛生に関わる全領域をカバー。

恒星社厚生閣